改訂第2版

大学入学共通テスト

数学I・A

の点数が面白いほどとれる本

東進ハイスクール・東進衛星予備校講師

志田 晶

JN021621

＊この本は，小社より 2022 年に刊行された『改訂版　大学入学共通テスト　数学I・A の点数が面白いほどとれる本』に，最新の学習指導要領と出題傾向に準じた加筆・修正を施し，令和 7 年度以降の大学入学共通テストに対応させた改訂版です。

はじめに

▶執筆にあたって

こんにちは，志田 晶です。

本書は，2005年に出版された『**センター試験　数学Ⅰ・Aの点数が面白い
ほどとれる本**』（以下，センター本）の改訂版です。おかげさまでセンター本
は５度の改訂を重ね，2020年からは共通テスト版に移行し，初版から約20年
経過してなお多くの受験生に愛用いただいています。今回は新課程移行に伴う
改訂で，センター本の初版から通算すると７度目の改訂となります。

センター本は，初版の時点からセンター試験用の対策本としてのみなら
ず，日常学習用としての用途も多かったため，僕の知り合いが勤める高
校の補修用教材にしていただくなど，本書に関する嬉しい話は，刊行以来たく
さん耳にしました。

本書は

共通テストは普通の問題が普通に解ければよい !!

という思いのもと，すべての分野のすべての単元を学習できるように構
成してあります。また，大学入試センターは，難問・奇問を避け，本書に収録
されているような標準的な問題を意識して出題する傾向にあるようです（セン
ター試験時代も共通テストになってからも，本書の 例題 とほぼ同じものが
数多く出題されています）。

ですから，共通テストの対策はもちろん，２次試験の基礎固めにもなればよ
いという思いのもと，今回の改訂版の執筆にあたりました。

▶改訂版のポイント

今回は，大学入試センターが発表した試作問題，および旧課程の本試験，追
試験を踏まえて次のように改訂しました。

❶ パターン 編の表現を見直し，共通テスト形式に合わせた。また、新課程で
新たに追加された「仮説検定の考え方」「期待値」のページを追加した。

❷ チャレンジ 編では，旧課程の共通テスト本試験，追試験の問題を分析し，
取り組むべき良問を厳選しそれらを多く取り入れた。特に，受験生が目に
する機会が少ないであろう数学Ⅰの問題を積極的に採用した。

❸ 本文は改訂に際しすべて見直し，数学的な観点から不適切な表現の改
訂・加筆を行った。

以上のような改訂を行った結果

　　　　共通テストにも基礎固めにも役立つ本

という目標は達成できたと思っています。

▶この本のポイント

　僕は，従来の参考書には非常に強い不満をもっています。教室での授業の際，僕は数学の原理に関する説明を重視していますが，類書では，「この問題はこう解く」という解法手順のまとめはあっても，その解法が成り立つしくみ（原理）にはほとんど触れられていないからです。

　本書では，東進ハイスクール，東進衛星予備校で展開されている僕の授業スタイルをそのままに，１つひとつの解法について，そのしくみがていねいに解説してあります。ですから，教科書が理解できるかどうかというレベルの人が読んでも，すらすらと理解できる内容となっています。それだけでなく，中級レベル以上の人でも驚くような，感動的で鮮やかな解法も満載しています。

　さらには，類書のように一部のテーマのみを扱うのではなく，各分野におけるすべてのテーマを パターン としてまとめています。教科書と本書があれば，共通テスト「数学Ⅰ・Ａ」対策は十分です。

▶感謝の言葉

　僕の釧路湖陵高校時代の数学の恩師である佐々木雅弘先生，それから院生時代も含め，長いこと名古屋大学代数学研究室でご指導いただいた　故・松村英之先生，橋本光靖先生，吉田健一先生などをはじめ，多くの方々に「数学とは何か」を教えていただきました。心からお礼を申し上げます。

　また，この本の出版にあたっては，㈱KADOKAWAの原 賢太郎さん，小嶋康義さんほか，スタッフの皆さんに多大なるご尽力をいただきました。本当にありがとうございました。

　最後に……

　この本を手に取ってくれた読者の皆さんが，この本を通じて飛躍的に数学の力を伸ばしてくれることを期待しています。

志田　晶

もくじ

数と式

2次関数

データの分析

場合の数・確率

図形と計量

図形の性質

チャレンジ編

本文デザイン：長谷川有香（ムシカゴグラフィクス）

分配法則と展開公式がすべての基本!!

多項式の掛け算の基本は分配法則です。

$$A(B+C) = AB + AC$$

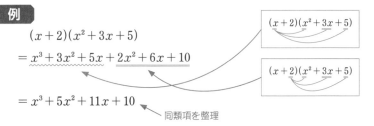

分配法則を使えばすべての式が展開できます。

例

$$(x+2)(x^2+3x+5)$$
$$= x^3+3x^2+5x+2x^2+6x+10$$
$$= x^3+5x^2+11x+10$$

同類項を整理

ただ，全部を分配法則でやると大変なので，次の展開の公式を覚えて，利用できるものは利用する!! これが**展開の基本**です。

公式を忘れたら，分配法則で地道にやります

展開の公式(重要なもの)

(i) $\begin{cases} (a+b)^2 = a^2+2ab+b^2 \\ (a-b)^2 = a^2-2ab+b^2 \end{cases}$

(ii) $(a+b)(a-b) = a^2-b^2$

(iii) $\begin{cases} (a+b)^3 = a^3+3a^2b+3ab^2+b^3 \\ (a-b)^3 = a^3-3a^2b+3ab^2-b^3 \end{cases}$

(iv) $\begin{cases} (a+b)(a^2-ab+b^2) = a^3+b^3 \\ (a-b)(a^2+ab+b^2) = a^3-b^3 \end{cases}$

(v) $(x+y+z)^2 = x^2+y^2+z^2+2xy+2yz+2zx$

((iii)，(iv) は数学Ⅱの公式)

覚え方

それぞれの2乗 x^2，y^2，z^2 と $(x+y+z)^2$

このように掛けて2倍

例題 ①

次の式を展開せよ。

(1) $(2x+1)(3x+2)$ (2) $(x+y-1)(x-y+1)$

(3) $(x+2a-3)^2$ (4) $(x+1)(x+2)(x+3)(x+4)$

ポイント (1) 分配法則で展開！

(2) $(A+B)(A-B)$ の形なのですが，わかりますか？

(3) $\{x+(2a-3)\}^2$ として「公式(i)」を使います。

(4) $1+4=2+3$ に注目して $x+1$ と $x+4$, $x+2$ と $x+3$ を先に掛けます（下のポイント□□□を見よ）。

解答 (1) $(2x+1)(3x+2)$ ← 分配法則

$$= 6x^2+4x+3x+2$$
$$= 6x^2+7x+2 \quad ← 同類項を整理$$

(2) $(x+y-1)(x-y+1) = \{x+(y-1)\}\{x-(y-1)\}$

$y-1=B$ とおくと，$(x+B)(x-B)$ の形!!

$$= x^2-(y-1)^2 \quad 公式(ii)$$
$$= x^2-(y^2-2y+1) \quad 公式(i)$$
$$= x^2-y^2+2y-1$$

(3) $(x+2a-3)^2 = \{x+(2a-3)\}^2 \quad 公式(i)$

解答欄が $x^2+\bigcirc x+\triangle$ の形になっている場合，公式(v)よりもこのやり方のほうが有効

$$= x^2+2(2a-3)x+(2a-3)^2 \quad 公式(i)$$
$$= x^2+(4a-6)x+4a^2-12a+9$$

(4) $(x+1)(x+2)(x+3)(x+4)$

先に掛ける

$$= (x^2+5x+4)(x^2+5x+6)$$

ポイント

$1+4=2+3=5$ だから $x^2+\overset{\cdot}{5}x$ が2回出てくる **ココが狙い目!!**

ここで，$t=x^2+5x$ とおくと，

$$（与式）= (t+4)(t+6)$$
$$= t^2+10t+24$$
$$= (x^2+5x)^2+10(x^2+5x)+24 \quad ← t=x^2+5x を代入$$

公式(i)

$$= (x^4+10x^3+25x^2)+(10x^2+50x)+24 \quad ← 同類項を整理$$
$$= x^4+10x^3+35x^2+50x+24$$

次数の低い文字について整理せよ!!

因数分解は，**展開の逆**です。

$$(x+2)(2x+1) \xrightarrow[\text{因数分解}]{\text{展開}} 2x^2+5x+2$$

まずは "タスキガケ" から。

Ax^2+Bx+C の因数分解 ← 展開公式 $(ax+b)(cx+d)=acx^2+(ad+bc)x+bd$ の逆

(ⅰ) 積が A となる2数 a，c，積が C となる

2数 b，d を考える (いろいろ考えられる)。
タスキガケといいます

(ⅱ) 右図のように斜めに掛けて，右下が B

になるようなものを探す。　　ココ

この図がポイント

> **例**　$3x^2+8x+4$ の因数分解

積が3，積が4になるような a，b，c，d を考えてみると，

たとえば

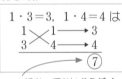

$1\cdot3=3,\ 1\cdot4=4$ は

⑦

8になってないから**ダメ**

たとえば

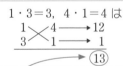

$1\cdot3=3,\ 4\cdot1=4$ は

⑬

8になってないから**ダメ**

たとえば

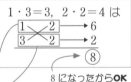

$1\cdot3=3,\ 2\cdot2=4$ は

⑧

8になったから**OK**

$$\therefore\quad 3x^2+8x+4 = \underline{(x+2)}\,\underline{(3x+2)}$$

2つ以上文字があるときの因数分解は次のようにします。

(ⅰ)　**次数の低い文字について整理する。** ← ポイント

(ⅱ)　各項ごとに因数分解できるかを考え，共通因数があるときはくくる。

(ⅲ)　全体でタスキガケできないかを考える。

> **例題 2**
>
> 次の式を因数分解せよ。
>
> (1)　$16x^2-9y^2$　　　　(2)　$6x^2-7x-5$
>
> (3)　$a^2+2bc-ab-4c^2$　　(4)　$2x^2-3xy-2y^2+x+3y-1$

パターン編

数と式

2次関数

データの分析

場合の数・確率

図形と計量

図形の性質

ポイント (1) **(2乗)** − **(2乗)** の形に注目。

(2) タスキガケ。a, b, c, d をどうとるかを考えてください。

(3) 次数が一番低いのは b なので，b について整理します。

(4) x, y どちらについても 2 次なので，どちらで整理しても OK。

解答

(1) $16x^2 - 9y^2 = (4x)^2 - (3y)^2$

$\qquad\qquad\qquad = (4x + 3y)(4x - 3y)$ ← $A^2 - B^2 = (A+B)(A-B)$

(2) $6x^2 - 7x - 5 = (2x+1)(3x-5)$

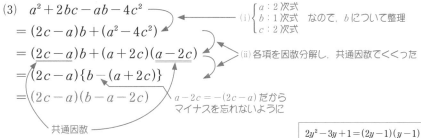

積が 6，積が −5 でタスキガケして −7 だから……

$$\begin{array}{ccc} 2 & \diagdown & 1 \rightarrow 3 \\ 3 & \diagup & -5 \rightarrow -10 \\ \hline & & -7 \end{array}$$

(3) $a^2 + 2bc - ab - 4c^2$

$\quad = (2c - a)b + (a^2 - 4c^2)$ ←(i) $\begin{cases} a : 2 次式 \\ b : 1 次式 \\ c : 2 次式 \end{cases}$ なので，b について整理

$\quad = (2c - a)b + (a + 2c)(a - 2c)$ (ii)各項を因数分解し，共通因数でくくった

$\quad = (2c - a)\{b - (a + 2c)\}$

$\quad = (2c - a)(b - a - 2c)$ $\qquad a - 2c = -(2c - a)$ だからマイナスを忘れないように

共通因数

(4) $2x^2 - 3xy - 2y^2 + x + 3y - 1$ (i)x について整理

$\quad = 2x^2 + (1 - 3y)x - (2y^2 - 3y + 1)$ (ii)各項（この場合は定数項）を因数分解

$\quad = 2x^2 + (1 - 3y)x - (2y - 1)(y - 1)$

$\quad = \{2x + (y-1)\}\{x - (2y-1)\}$

$\quad = (2x + y - 1)(x - 2y + 1)$

$2y^2 - 3y + 1 = (2y-1)(y-1)$

$$\begin{array}{ccc} 2 & \diagup & -1 \rightarrow -1 \\ 1 & \diagdown & -1 \rightarrow -2 \\ \hline & & -3 \end{array}$$

(iii) 全体をタスキガケ

$$\begin{array}{ccc} 2 & \diagup & (y-1) \rightarrow y-1 \\ 1 & \diagdown & -(2y-1) \rightarrow -4y+2 \\ \hline & & -3y+1 \end{array}$$

コメント (4)を y について整理すると，次のようになります。

(与式) $= -2y^2 + (3 - 3x)y + 2x^2 + x - 1$

$\qquad = -2y^2 + (3 - 3x)y + (x + 1)(2x - 1)$

$\qquad = \{-2y + (x+1)\}\{y + (2x-1)\}$

$\qquad = (-2y + x + 1)(y + 2x - 1)$

同じ答

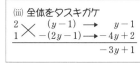

定数項を因数分解

$$\begin{array}{ccc} 1 & \diagup & 1 \rightarrow 2 \\ 2 & \diagdown & -1 \rightarrow -1 \\ \hline & & 1 \end{array}$$

全体をタスキガケ

$$\begin{array}{ccc} -2 & \diagup & (x+1) \rightarrow x+1 \\ 1 & \diagdown & (2x-1) \rightarrow -4x+2 \\ \hline & & -3x+3 \end{array}$$

2つの考え方（場合分け，距離）をおさえろ!!

具体的な数の絶対値はカンタンです。たとえば，

$$|3| = 3, \ |-4| = 4$$

ところが，これが $|x-2|$ とかになると難しくなります。

> 場合分けが入ると難しくなる

ここでは，グラフを利用した**絶対値のはずし方**を紹介します。

● ＝ 0 となるところ

絶対値 | ● | のはずし方

(ⅰ) $y = ●$ のグラフをかく（<u>横軸との交点</u>を求めておく）。

(ⅱ) $\begin{cases} x \text{ 軸より上側は } |●| = ● \text{（そのまま）} \\ x \text{ 軸より下側は } |●| = -● \text{（マイナスを付ける）} \end{cases}$

$|a| = \begin{cases} a \Rightarrow a \geqq 0 \text{ のとき} \\ -a \Rightarrow a < 0 \text{ のとき} \end{cases}$ という意味になります

これも重要

例 $|2x-3|$ の絶対値のはずし方

(ⅰ) $y = 2x - 3$ のグラフを考える

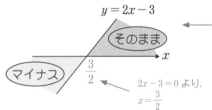

$y = 2x - 3$

そのまま

マイナス

$\dfrac{3}{2}$

$2x - 3 = 0$ より，
$x = \dfrac{3}{2}$

$\begin{cases} x \geqq \dfrac{3}{2} \text{ のとき} \Rightarrow \text{グラフは } x \text{ 軸の上側} \\ x < \dfrac{3}{2} \text{ のとき} \Rightarrow \text{グラフは } x \text{ 軸の下側} \end{cases}$ と読みとれます

等号はどちらにつけてもよいので

$|2x-3| = \begin{cases} 2x-3 \Rightarrow x > \dfrac{3}{2} \text{ のとき} \\ -(2x-3) \Rightarrow x \leqq \dfrac{3}{2} \text{ のとき} \end{cases}$

としても OK

(ⅱ) グラフを読みとると，

$$|2x-3| = \begin{cases} 2x-3 \ \left(x \geqq \dfrac{3}{2} \text{ のとき}\right) \\ -(2x-3) \ \left(x < \dfrac{3}{2} \text{ のとき}\right) \end{cases}$$

となります。

絶対値にはもう1つ大切な考え方があります。それは，

$$|b-a| = \text{数直線上における } b \text{ と } a \text{ の距離}$$

です。

$|b-a|$

a　　　b

特に $|a|$ は

$$|a| = |a - 0| \Rightarrow \text{数直線上で } a \text{ と } 0 \text{ の距離}$$

となります。状況に応じて使い分けます。

例題 ③

(1) $|x-3| = 5$ を解け。

(2) $A = |t-1| + |t-3|$ を簡単にせよ。

ポイント

(1) $|b-a|$ は b と a の距離。

(2) 絶対値を場合分けしてはずします。

解答

(1) $|x-3| = 5$ より

x と 3 の距離が 5 となればよい。

よって，$x = -2,\ 8$

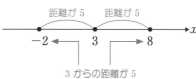

(2) $y = t-1$ と $y = t-3$ のグラフを考える。

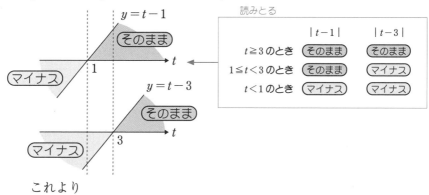

これより

$$A = |t-1| + |t-3| = \begin{cases} (t-1) + (t-3) = 2t-4 & (t \geqq 3 \text{ のとき}) \\ (t-1) - (t-3) = 2 & (1 \leqq t < 3 \text{ のとき}) \\ -(t-1) - (t-3) = -2t+4 & (t < 1 \text{ のとき}) \end{cases}$$

補足

$|a|^2 = a^2$ ◀── 絶対値記号は 2 乗するとなくなる

は重要公式です。これを使うと

(1)は

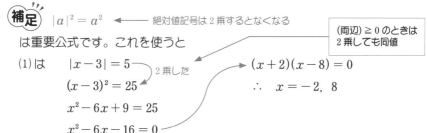

$|x-3| = 5$

$(x-3)^2 = 25$ ← 2乗した

$x^2 - 6x + 9 = 25$

$x^2 - 6x - 16 = 0$

$(x+2)(x-8) = 0$

$\therefore\ \ x = -2,\ 8$

（両辺）$\geqq 0$ のときは 2 乗しても同値

数と式

2次関数

データの分析

場合の数・確率

図形と計量

図形の性質

(i) baseとなる数字を見つけろ!!
(ii) $(a+b)(a-b)=a^2-b^2$ を利用して有理化せよ

平方根の計算では，**どこが計算できるか**を見つけることがポイントです。

たとえば，$\sqrt{12}+\sqrt{8}+\sqrt{27}$ だったらどこかわかりますか？

$$\begin{cases} \sqrt{12}=2\sqrt{3} \Rightarrow \text{base}^{\text{ベース}} \text{ となる数字は } \sqrt{3} \\ \sqrt{8}=2\sqrt{2} \Rightarrow \text{base となる数字は } \sqrt{2} \\ \sqrt{27}=3\sqrt{3} \Rightarrow \text{base となる数字は } \sqrt{3} \end{cases}$$

とすると，$\sqrt{12}$ と $\sqrt{27}$ は計算できることがわかります。このように，base とな

る数字が同じときは計算できて，

$$\sqrt{12}+\sqrt{8}+\sqrt{27}=\underline{2\sqrt{3}}+2\sqrt{2}+\underline{3\sqrt{3}}=\underline{5\sqrt{3}}+2\sqrt{2}$$

$\sqrt{2}$ とか $\sqrt{3}$ のこと
をいいます

計算可能

となります。

◎**分母の有理化について**

当たり前の話ですが……，$\dfrac{2}{3}=\dfrac{4}{6}$ です。

では，なぜこの2つの分数は同じ数なのかわかりますか？　分数には，

『**分母と分子に同じ数を掛けてもよい**』 ← 値は変わらない

というルールがあります。これにより，

$$\dfrac{2}{3}=\dfrac{2}{3}\times\dfrac{2}{2}=\dfrac{4}{6}$$

分母，分子に2を掛けた

これを利用すると，たとえば，

分母，分子に $2+\sqrt{2}$ を掛けた

$$\dfrac{3}{2-\sqrt{2}}=\dfrac{3}{2-\sqrt{2}}\times\dfrac{2+\sqrt{2}}{2+\sqrt{2}}$$

$$=\dfrac{3(2+\sqrt{2})}{2^2-(\sqrt{2})^2}$$

$(a-b)(a+b)=a^2-b^2$
を利用すると，
分母のルートはなくなる!!

$$=\dfrac{3(2+\sqrt{2})}{2}$$ ← 分母の有理化

例題 4

次の式を計算せよ。

(1) $(\sqrt{3}+\sqrt{2})(\sqrt{3}+2\sqrt{2})$

(2) $\sqrt{12}-\dfrac{1}{\sqrt{3}}+\sqrt{48}$

(3) $\dfrac{1}{1+\sqrt{2}}-\dfrac{7}{3-\sqrt{2}}$

(4) $\dfrac{1}{1+\sqrt{2}+\sqrt{3}}$

数と式

2次関数

データの分析

場合の数・確率

図形と計量

図形の性質

ポイント

(1) 公式：「$a > 0$, $b > 0$ のとき $\sqrt{a}\sqrt{b} = \sqrt{ab}$」を利用します。

(2) base となる数字はすべて $\sqrt{3}$ になります。

(3) $(a+b)(a-b) = a^2 - b^2$ を使って分母を有理化します。

(4) 2回に分けて分母を有理化します。

解答

$\sqrt{3} \cdot 2\sqrt{2} = 2\sqrt{6}$

(1) $(\sqrt{3} + \sqrt{2})(\sqrt{3} + 2\sqrt{2}) = 3 + 2\sqrt{6} + \sqrt{6} + 4$

分配法則

$\qquad\qquad\qquad\qquad\qquad\quad = 7 + 3\sqrt{6}$

(2) $\sqrt{12} = 2\sqrt{3}$, $\dfrac{1}{\sqrt{3}} = \dfrac{1}{\sqrt{3}} \times \dfrac{\sqrt{3}}{\sqrt{3}} = \dfrac{\sqrt{3}}{3}$, $\sqrt{48} = 4\sqrt{3}$

分母, 分子に $\sqrt{3}$ を掛けた

となるので

$\qquad (\text{与式}) = 2\sqrt{3} - \dfrac{\sqrt{3}}{3} + 4\sqrt{3}$

$\qquad\qquad\quad = \left(2 - \dfrac{1}{3} + 4\right)\sqrt{3}$

$\qquad\qquad\quad = \dfrac{17}{3}\sqrt{3}$

有理化

(3) $\begin{cases} \dfrac{1}{1+\sqrt{2}} = \dfrac{1}{1+\sqrt{2}} \times \dfrac{\sqrt{2}-1}{\sqrt{2}-1} = \dfrac{\sqrt{2}-1}{2-1} = \sqrt{2} - 1 \\ \dfrac{7}{3-\sqrt{2}} = \dfrac{7}{3-\sqrt{2}} \times \dfrac{3+\sqrt{2}}{3+\sqrt{2}} = \dfrac{7(3+\sqrt{2})}{9-2} = 3 + \sqrt{2} \end{cases}$

となるので

$\qquad (\text{与式}) = (\sqrt{2} - 1) - (3 + \sqrt{2}) = -4$

> **方針1** まずは $\sqrt{3}$ をなくす!!
> $a = 1 + \sqrt{2}$, $b = \sqrt{3}$ として
> $(a+b)(a-b) = a^2 - b^2$ を利用

(4) $\dfrac{1}{1 + \sqrt{2} + \sqrt{3}} = \dfrac{1}{1 + \sqrt{2} + \sqrt{3}} \times \dfrac{(1 + \sqrt{2}) - \sqrt{3}}{(1 + \sqrt{2}) - \sqrt{3}}$

$\qquad\qquad\qquad\quad = \dfrac{1 + \sqrt{2} - \sqrt{3}}{(1 + \sqrt{2})^2 - 3}$ ← 分母の $\sqrt{3}$ が消えた

$\qquad\qquad\qquad\quad = \dfrac{1 + \sqrt{2} - \sqrt{3}}{2\sqrt{2}} \times \dfrac{\sqrt{2}}{\sqrt{2}}$

> **方針2** 次に $\sqrt{2}$ をなくす!!
> 分母, 分子に $\sqrt{2}$ を掛ける

$\qquad\qquad\qquad\quad = \dfrac{\sqrt{2} + 2 - \sqrt{6}}{4}$

$\sqrt{a^2} = a$ ではない!!

間違っている人が多いのですが，一般に

$$\sqrt{a^2} = a$$

ではありません。

(左辺) $= \sqrt{16} = 4$
なので，
(左辺) $\neq$ (右辺)

たとえば，$\sqrt{3^2} = 3$ ですが，$\sqrt{(-4)^2} = -4$ は正しくありません。

正しくは

$$\sqrt{a^2} = |a|$$

となります。つまり，上の例だと $\sqrt{(-4)^2} = |-4|$ ◀── 左辺も右辺も 4

絶対値なので，パターン**3**を利用します。

例題 5

(1) 次の式を計算し，絶対値をはずせ。

(i) $x > 0$，$y < 0$ のとき $\sqrt{x^4 y^2}$

(ii) $\sqrt{a^2} + 2\sqrt{(a-1)^2} + 3\sqrt{(a-4)^2}$ （ただし，$1 < a < 4$）

(iii) $\sqrt{(a-2)^2}$

(2) 方程式

$$\sqrt{(x-2)^2} + \sqrt{(x-3)^2} = 7$$

を解け。

ポイント (1) (i) $x^4 y^2 = (x^2 y)^2$ です。$\sqrt{a^2} = |a|$ に注意します。◀─

絶対値がどうはずれるか考えてください

(ii) $\sqrt{x^2} = |x|$ を使います。$1 < a < 4$ なので，場合分けせずに絶対値がはずれます。

(iii) これも $\sqrt{x^2} = |x|$ です。今度は場合分けが必要です。

(2) まずは，左辺を 3 つに場合分けして処理します。これにより，この方程式は **3 つの方程式**になります。

解答 (1) (i) $\sqrt{x^4 y^2} = \sqrt{(x^2 y)^2} = |x^2 y| = -x^2 y$

$x > 0$，$y < 0$ なので $x^2 y < 0$

(ii) $\sqrt{a^2} + 2\sqrt{(a-1)^2} + 3\sqrt{(a-4)^2}$

$= |a| + 2|a-1| + 3|a-4|$

$= a + 2(a-1) - 3(a-4)$

$= 10$

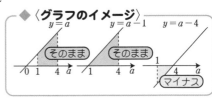

◆〈グラフのイメージ〉

(iii) $\sqrt{(a-2)^2} = |a-2|$

$$= \begin{cases} a-2 & (a \geqq 2 \text{ のとき}) \\ -(a-2) & (a < 2 \text{ のとき}) \end{cases}$$ ◀── $a = 2$ で場合分け

(2) 左辺は,

（左辺）$= |x-2| + |x-3|$

$$= \begin{cases} (x-2) + (x-3) & \Longleftarrow x \geqq 3 \text{ のとき} \\ (x-2) - (x-3) & \Longleftarrow 2 \leqq x < 3 \text{ のとき} \\ -(x-2) - (x-3) & \Longleftarrow x < 2 \text{ のとき} \end{cases}$$

となる。これより，方程式は

絶対値のはずし方

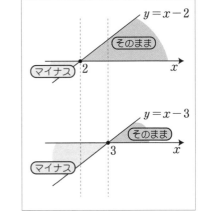

(i) **$x \geqq 3$ のとき**

$(x-2) + (x-3) = 7$

$2x - 5 = 7$

となり，$x = 6$ ◀── これは $x \geqq 3$ に適

(ii) **$2 \leqq x < 3$ のとき**

$(x-2) - (x-3) = 7$

$1 = 7$

となり，これは不適。

(iii) **$x < 2$ のとき**

$-(x-2) - (x-3) = 7$

$-2x + 5 = 7$

となり，$x = -1$ ◀────── これは $x < 2$ に適

(i), (ii), (iii) より，$x = 6, \ -1$

注意　たとえば，$x \geqq 3$ のとき，$x = -2$ という答が出たら，

答として認められない（不適である）

ので注意してください（$x \geqq 3$ の範囲に入ってないとダメ!!）。

パターン編

数
と
式

2
次
関
数

デ
ー
タ
の
分
析

場
合
の
数
・
確
率

図
形
と
計
量

図
形
の
性
質

2重根号はとにかく2を作れ!!

平方根の計算の最後に2重根号のはずし方をマスターしてください。

2重根号のはずし方

(i) $\sqrt{p \pm 2\sqrt{q}}$ の形にする。 ←── 2を作れ!!

(ii) 足して p, 掛けて q となる2数 a, b $(0 < a < b)$ を見つける。

(iii) $\begin{cases} \sqrt{p + 2\sqrt{q}} = \sqrt{b} + \sqrt{a} \\ \sqrt{p - 2\sqrt{q}} = \sqrt{b} - \sqrt{a} \end{cases}$ ←── $\sqrt{a} - \sqrt{b}$ としてはいけない!!

となる。

例 $\sqrt{7 - \sqrt{48}}$ の2重根号をはずせ。

(i) $\sqrt{48} = 2\sqrt{12}$ なので $\sqrt{7 - \sqrt{48}} = \sqrt{7 - 2\sqrt{12}}$ ←── 2を作ることがポイント！
($\sqrt{48} = 4\sqrt{3}$ としてはいけない)

(ii) 足して7, 掛けて12となる2数を見つける。

(➡4と3)

(iii) これより,

$$\sqrt{7 - 2\sqrt{12}} = \sqrt{4} - \sqrt{3} = 2 - \sqrt{3}$$

4, 3を逆にして
$\sqrt{7 - 2\sqrt{12}} = \sqrt{3} - \sqrt{4}$ はダメ!!
正の数 = 負の数
ありえない

(iii) の数学的原理は下の通り。

$$\sqrt{7 - 2\sqrt{12}} = \sqrt{(\sqrt{4})^2 + (\sqrt{3})^2 - 2\sqrt{4 \cdot 3}} = \sqrt{(\sqrt{4} - \sqrt{3})^2} = |\sqrt{4} - \sqrt{3}| = \sqrt{4} - \sqrt{3}$$

(ii) より $\begin{cases} 7 = 4 + 3 \\ 12 = 4 \times 3 \end{cases}$

$\sqrt{a^2} = |a|$
（パターン **5**）

絶対値なので
$\sqrt{3} - \sqrt{4}$ にはなりません

実際に計算するときは, 上の話を省略して,

$$\sqrt{7 - 2\sqrt{12}} = \sqrt{4} - \sqrt{3} = 2 - \sqrt{3}$$

とします。 省略

例題 **6**

次の式の2重根号をはずして, 簡単にせよ。

(1) $\sqrt{5 + 2\sqrt{6}}$　　　　　(2) $\sqrt{7 - 2\sqrt{10}}$

(3) $\sqrt{10 - \sqrt{84}}$　　　　　(4) $\sqrt{15 + 6\sqrt{6}}$

(5) $\sqrt{2 - \sqrt{3}}$

パターン編

数と式

2次関数

データの分析

場合の数・確率

図形と計量

図形の性質

ポイント

とにかく **2 を作る**。ココがポイントです。

(1), (2)は 2 が最初からあります。(3)は $\sqrt{84}$ から 2 を作ります。(4)は $6 = 2 \cdot 3$ に注目して 2 を作ります。(5)は (3), (4)と同じようには 2 は作れません。こういうときでも無理やり 2 を作ります。

解答

(1) 和が 5, 積が 6 となる 2 数は 2 と 3 。これより,

$$\sqrt{5 + 2\sqrt{6}} = \sqrt{3} + \sqrt{2}$$

(2) 和が 7, 積が 10 となる 2 数は 5 と 2 。これより,

$$\sqrt{7 - 2\sqrt{10}} = \sqrt{5} - \sqrt{2} \quad \longleftarrow \sqrt{2} - \sqrt{5} \text{ にしないように!!}$$

(3) $\sqrt{10 - \sqrt{84}} = \sqrt{10 - 2\sqrt{21}}$ ← 2を作る!!

ここで, 和が 10, 積が 21 となる 2 数は 7 と 3 。これより,

$$(\text{与式}) = \sqrt{7} - \sqrt{3}$$

(4) $6\sqrt{6} = 2\sqrt{54}$ より, ← 2を作るために $6 = 2 \cdot 3$ として 3 を $\sqrt{}$ の中に入れた

$$\sqrt{15 + 6\sqrt{6}} = \sqrt{15 + 2\sqrt{54}}$$

ここで, 和が 15, 積が 54 となる 2 数は 9 と 6 。これより,

$$(\text{与式}) = \sqrt{9} + \sqrt{6} = 3 + \sqrt{6}$$

(5) $2 - \sqrt{3} = \dfrac{4 - 2\sqrt{3}}{2}$ より, ←

> 2を作るために分数にした。
> **とにかく 2 を作る !**
> ココがポイント

$$\sqrt{2 - \sqrt{3}} = \frac{\sqrt{4 - 2\sqrt{3}}}{\sqrt{2}}$$

ここで, 和が 4, 積が 3 となる 2 数は 3 と 1 。これより,

$$(\text{与式}) = \frac{\sqrt{3} - \sqrt{1}}{\sqrt{2}}$$

$$= \frac{\sqrt{3} - 1}{\sqrt{2}} \times \frac{\sqrt{2}}{\sqrt{2}} \quad \longleftarrow \text{有理化}$$

$$= \frac{\sqrt{6} - \sqrt{2}}{2}$$

基本対称式 $x+y$, xy をおさえろ!!

◎ **対称式とは?**

x, y **を入れ替えてももとの式とまったく同じになる式**を x, y の**対称式**といいます。

たとえば,

$$\begin{cases} \text{(i)} & 2x+y \\ \text{(ii)} & 2x^2+2y^2+3xy \\ \text{(iii)} & 4x+4y^2 \end{cases}$$

> x, y を入れ替えた式 (右辺) は もとの式 (左辺) とまったく同じ!!

のうち対称式はどれかわかりますか?　正解は (ii) です。x, y を入れ替えると,

$$\begin{cases} \text{(i) は } 2y+x \text{ となり, } 2x+y \neq 2y+x \text{ なので, 対称式ではない。} \\ \text{(ii) は } 2y^2+2x^2+3yx \text{ となり, } 2x^2+2y^2+3xy = 2y^2+2x^2+3yx \\ \text{(iii) は } 4y+4x^2 \text{ となり, } 4x+4y^2 \neq 4y+4x^2 \text{ なので, 対称式ではない。} \end{cases}$$

対称式には次の重要な定理があります。

> 高校の範囲では証明できません

$$\boxed{\quad x, \ y \text{ のすべての対称式は } x+y \text{ と } xy \text{ で表される} \quad}$$

たとえば, 対称式 $\dfrac{1}{x}+\dfrac{1}{y}$ は

$$\frac{1}{x}+\frac{1}{y} = \frac{x+y}{xy}$$

> これを **基本対称式** といいます

というように, $x+y$, xy で表現できます。よって, $x+y$, xy の値がわかれば, すべての対称式の値を求めることができます。

また, 下の 3 つは重要な公式です。

$$\boxed{\begin{array}{l} \textbf{対称式の重要公式} \\ \text{(i)} \quad x^2+y^2 = (x+y)^2-2xy \\ \text{(ii)} \quad x^3+y^3 = (x+y)^3-3xy(x+y) \\ \text{(iii)} \quad |x-y| = \sqrt{(x+y)^2-4xy} \end{array}}$$

〈**(iii) の** 証明 〉

$$(x+y)^2-4xy = x^2+y^2-2xy = (x-y)^2 \text{ より,}$$

> $\sqrt{a^2} = |a|$
> (パターン **5**)

$$(\text{右辺}) = \sqrt{(x+y)^2-4xy} = \sqrt{(x-y)^2} = |x-y| = (\text{左辺})$$

例題 ⑦

$\alpha + \beta = 3$, $\alpha\beta = 1$ のとき，次の式の値を求めよ。

(1) $\alpha^2 + \beta^2$　　　(2) $\alpha^3 + \beta^3$　　　(3) $\dfrac{\beta^2}{\alpha} + \dfrac{\alpha^2}{\beta}$

(4) $\beta - \alpha$　　　(5) $\alpha^5 + \beta^5$

ポイント

(1)，(2)は左ページ下の公式(i)，(ii)を使います。(3)は通分します。

(4)は$|\beta - \alpha|$を(iii)の公式で求めて，次を利用!!

公式

$a \geqq 0$ のとき　$|x| = a \Leftrightarrow x = \pm a$　　←　パターン⑩ の公式(i)

(5)は公式にないので自分で作ります!!

$$(5\text{乗}) = (2\text{乗}) \times (3\text{乗})$$

と考えます。

解答

(1)　$\alpha^2 + \beta^2 = (\alpha + \beta)^2 - 2\alpha\beta$　←　公式(i)
　　　　　　　$= 3^2 - 2 \cdot 1 = 7$

(2)　$\alpha^3 + \beta^3 = (\alpha + \beta)^3 - 3\alpha\beta(\alpha + \beta)$　←　公式(ii)
　　　　　　　$= 3^3 - 3 \cdot 1 \cdot 3 = 18$

(3)　$\dfrac{\beta^2}{\alpha} + \dfrac{\alpha^2}{\beta} = \dfrac{\beta^3 + \alpha^3}{\alpha\beta}$　←　通分した
　　　　　　　$= \dfrac{18}{1}$　←　$\alpha\beta = 1$，(2)より $\alpha^3 + \beta^3 = 18$
　　　　　　　$= 18$

公式(iii)

(4)　$|\beta - \alpha| = \sqrt{(\alpha + \beta)^2 - 4\alpha\beta}$
　　　　　　　$= \sqrt{3^2 - 4 \cdot 1}$
　　　　　　　$= \sqrt{5}$
　　　これより，$\beta - \alpha = \pm\sqrt{5}$

$(2\text{乗}) \times (3\text{乗}) = (5\text{乗})$ と考えると，

$(\alpha^2 + \beta^2)(\alpha^3 + \beta^3) = \alpha^5 + \beta^5 + \alpha^2\beta^3 + \alpha^3\beta^2$

～～の部分を移項して
$\alpha^5 + \beta^5 = (\alpha^2 + \beta^2)(\alpha^3 + \beta^3) - \alpha^2\beta^2(\alpha + \beta)$
出題頻度が低いものは，覚えるのではなく，作れるようにしておくこと!!

(5)　$\alpha^5 + \beta^5 = (\alpha^2 + \beta^2)(\alpha^3 + \beta^3) - \alpha^2\beta^2(\alpha + \beta)$
　　　　　　　$= 7 \cdot 18 - 1^2 \cdot 3$
　　　　　　　$= 123$

（整数部分）＋（小数部分）＝（全体）

3.51 の整数部分と小数部分はわかりますか？

もちろん $\begin{cases} （整数部分）= 3 \\ （小数部分）= 0.51 \end{cases}$ です。では，$\sqrt{2}$ の整数部分と小数部分は？

$\sqrt{2} = 1.41421356\cdots\cdots$ だから，（整数部分）$= 1$，（小数部分）$= 0.41421356\cdots\cdots$

これでは，問題解決につながりません。そこで次の公式を使います。

> 整数部分を A，小数部分を B とすると
> $$A + B = （全体）$$

たとえば，3.51 の場合，
$A = 3$，$B = 0.51$ なので
$3 + 0.51 = 3.51$（当たり前）

$\sqrt{2}$ の場合，$A = 1$ です。よって，

$$1 + B = \sqrt{2}$$
$$\therefore \quad B = \sqrt{2} - 1$$

このように，$\sqrt{2}$ の小数部分は $\sqrt{2} - 1$ と求められます。

それから，$\sqrt{2}$，$\sqrt{3}$，$\sqrt{5}$ の近似値は覚えておいてください。

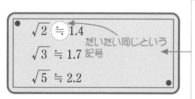

$$\sqrt{2} \fallingdotseq 1.4$$
$$\sqrt{3} \fallingdotseq 1.7$$
$$\sqrt{5} \fallingdotseq 2.2$$

だいたい同じという記号

ここに出てこないものも必要に応じて自分で作れます。
たとえば，$\sqrt{6}$ は

$$\begin{cases} 2 \xrightarrow{2乗} 4 \\ \sqrt{6} \xrightarrow{2乗} 6 \\ \dfrac{5}{2} \xrightarrow{2乗} \dfrac{25}{4} \end{cases} \Rightarrow \begin{cases} 4 < 6 < \dfrac{25}{4} \text{ なので} \\ 2 < \sqrt{6} < \dfrac{5}{2} \\ （\sqrt{6} \text{ は } 2 \text{ と } 2.5 \text{ の間}） \end{cases}$$

2 乗するのがコツ

例題 8

(1) $\sqrt{12 + 6\sqrt{3}}$ の整数部分 A と小数部分 B を求めよ。

(2) $X = 2 + \sqrt{5}$ の整数部分を y，小数部分を z とするとき，次の値を求めよ。

　(i) y, z 　　　　　　　　　(ii) $y^2 + 2yz + z^2$

　(iii) $z + \dfrac{1}{z}$, $z^3 + \dfrac{1}{z^3}$

ポイント

(1) まずは2重根号をはずします。そして、$A+B=$ (全体) を利用します。

(2) (ii)は(i)で求めた y と z を先に代入すると、時間のロス!! まず、因数分解します。

(iii)は対称式の公式（**パターン7**）を使います。

解答

(1) $\sqrt{12+6\sqrt{3}} = \sqrt{12+2\sqrt{27}}$ ← 2重根号は2を作れ！（**パターン6**）

$= \sqrt{9}+\sqrt{3}$ ← 和が12、積が27となる2数は3と9

$= 3+\sqrt{3}$

$\fallingdotseq 4.7$ ($\fallingdotseq 1.7$)

∴ $A=4$

また、$A+B = 3+\sqrt{3}$ なので、 ← $A+B=$(全体)

$B = 3+\sqrt{3}-A$

$= -1+\sqrt{3}$ ← $A=4$ を代入

(2) (i) $X = 2+\sqrt{5} \fallingdotseq 2+2.2 = 4.2$ より、$y=4$

また、$y+z = 2+\sqrt{5}$ なので、 ← $y+z=$(全体)

$z = 2+\sqrt{5}-y$

$= -2+\sqrt{5}$ ← $y=4$ を代入

(ii) $y^2+2yz+z^2 = (y+z)^2$ ← $y+z=$ (全体) $= 2+\sqrt{5}$

$= (2+\sqrt{5})^2$

$= 9+4\sqrt{5}$

$\dfrac{1}{\sqrt{5}-2} = \dfrac{1}{\sqrt{5}-2}\times\dfrac{\sqrt{5}+2}{\sqrt{5}+2}$

$= \dfrac{\sqrt{5}+2}{5-4} = \sqrt{5}+2$ (有理化)

（**パターン4**）

(iii) $z+\dfrac{1}{z} = (\sqrt{5}-2)+\dfrac{1}{\sqrt{5}-2}$

$= (\sqrt{5}-2)+(\sqrt{5}+2)$

$= 2\sqrt{5}$

$\alpha^3+\beta^3 = (\alpha+\beta)^3-3\alpha\beta(\alpha+\beta)$ を利用

（**パターン7**）

$z^3+\dfrac{1}{z^3} = \left(z+\dfrac{1}{z}\right)^3-3z\cdot\dfrac{1}{z}\left(z+\dfrac{1}{z}\right)$

$= (2\sqrt{5})^3-3\cdot 2\sqrt{5}$

$= 40\sqrt{5}-6\sqrt{5}$

$= 34\sqrt{5}$

$(2\sqrt{5})^3 = 2\sqrt{5}\times 2\sqrt{5}\times 2\sqrt{5} = 40\sqrt{5}$

パターン編

数と式

2次関数

データの分析

場合の数・確率

図形と計量

図形の性質

解とは……方程式または不等式を成立させる値

◎方程式の解について

方程式 $2x - 5 = 4x - 9$ …① の解はわかりますか？

$$\begin{array}{l} 2x - 5 = 4x - 9 \\ -2x = -4 \\ \therefore \quad x = 2 \end{array}$$

もちろん，$x = 2$ です。◄───────

この $x = 2$ という値は，①を成立させる値になっています。

実際，①に $x = 2$ を代入すると，

$$2 \cdot 2 - 5 = 4 \cdot 2 - 9 \text{（成立）}$$

逆に，$x = 2$ 以外の値では①は成立しません。◄───

このように，方程式①の解は，**①を成立させる値**（の集合）です。

> たとえば
> $x = 3$ なら，
> $2 \cdot 3 - 5 \neq 4 \cdot 3 - 9$
> **（不成立）**

◎不等式の解について

不等式の解についても同様のことが成り立ちます。

たとえば，不等式 $-x + 4 \geq 2x - 11$ …② の解は

$$-3x \geq -15$$
$$\therefore \quad x \leq 5$$

> たとえば
> $x = 3$ なら，
> $-3 + 4 \geq 2 \cdot 3 - 11$
> **（成立）**

なので，解は $x \leq 5$ です。このことは，

> x が 5 以下の値（$x \leq 5$）ならば②は成立し，
>
> x が 5 よりも大きい値（$x > 5$）ならば②は成立しない

ということを意味します。

―― ②を成立させる
値の集合が解

> たとえば
> $x = 6$ なら，
> $-6 + 4 \geq 2 \cdot 6 - 11$
> **（不成立）**

まとめ

解とは，方程式（不等式）を成立させる値（の集合）である。

パターン編

数 と 式

2次関数

データの分析

場合の数・確率

図形と計量

図形の性質

例題 ⑨

(1) 2つの方程式 $ax+b=0$ と $2x+a+b=0$ がともに $x=2$ を解にもつように定数 a, b の値を求めよ。

(2) 次の(i), (ii)が，不等式 $|x+3|+|x^2+2x-1| \leqq 5$ の解であるかどうか調べよ。

    (i) $x=0$ (ii) $x=1$

(3) 不等式 $2x+a \leqq 0$ が，次の条件($*$)を満たすように，定数 a の値の範囲を求めよ。

    ($*$) $x=2$ は解であるが，$x=3$ は解ではない

ポイント

(1) $x=2$ が解とは，「$x=2$ を代入して成立する」ということ!!

(2) 不等式を解く必要はありません。$x=0$, 1 が解かどうか調べればよいので，

代入して成立か不成立かを調べます。

(3) 解は「代入して成立」，解でないものは「代入して不成立」。

解答

(1) $x=2$ が解なので，

代入して成立する

$$\begin{cases} a \cdot 2 + b = 0 & \cdots ① \\ 2 \cdot 2 + a + b = 0 & \cdots ② \end{cases}$$

が成立する。

①，②を解いて，$a=4$, $b=-8$

$$\begin{cases} 2a+b=0 & \cdots ① \\ 4+a+b=0 & \cdots ② \end{cases}$$
①$-$② ➡ $-4+a=0$ ∴ $a=4$
①より $8+b=0$ だから $b=-8$

(2) $|x+3|+|x^2+2x-1| \leqq 5$

  (i) $x=0$ を代入すると，$|3|+|-1| \leqq 5$ （成立） ◀ $4 \leqq 5$ は成り立つ

  (ii) $x=1$ を代入すると，$|4|+|2| \leqq 5$ （不成立） ◀ $6 \leqq 5$ は成り立たない

    よって，$x=0$ は解であるが，$x=1$ は解ではない。

(3) 条件は

    $2 \cdot 2 + a \leqq 0$ $\cdots ③$ ◀ $x=2$ を代入して成立

    $2 \cdot 3 + a > 0$ $\cdots ④$ $x=3$ を代入すると$\leqq$は不成立（ということは，$>$ が成立）

    ③を解いて，$a \leqq -4$

    ④を解いて，$a > -6$

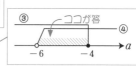

    これより，求める範囲は $-6 < a \leqq -4$

絶対値が1つのときは公式に当てはめろ!!

　絶対値の入った方程式・不等式は,基本的には場合分けをすれば全部解けます。

　しかし,場合分けは処理が複雑です。僕は,絶対値が1つのときは,次の公式を使って場合分けをせずに解くようにしています。

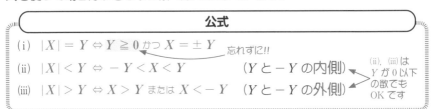

公式

(i) $|X| = Y \Leftrightarrow Y \geq 0$ かつ $X = \pm Y$ 　忘れずに!!

(ii) $|X| < Y \Leftrightarrow -Y < X < Y$ 　　（Y と $-Y$ の**内側**）

(iii) $|X| > Y \Leftrightarrow X > Y$ または $X < -Y$ 　（Y と $-Y$ の**外側**）

(ii), (iii)は Y が0以下の数でもOKです

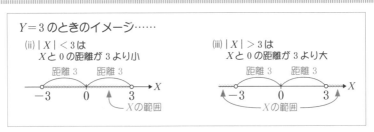

$Y = 3$ のときのイメージ……

(ii) $|X| < 3$ は
　　X と0の距離が3より小

距離3　距離3

-3　　0　　3　　X

X の範囲

(iii) $|X| > 3$ は
　　X と0の距離が3より大

距離3　距離3

-3　　0　　3　　X

X の範囲

〈(i) の 証明〉

（左側）

　場合分けをして,$Y = |X|$ の絶対値をはずすと,

$$Y = \begin{cases} X \Rightarrow X \geq 0 \text{ のとき} \\ -X \Rightarrow X < 0 \text{ のとき} \end{cases}$$

これを図示すると

$Y = -X$　　Y　　$Y = X$

O　　　X

（右側）

　$Y \geq 0$ かつ $X = \pm Y$ を図示すると,

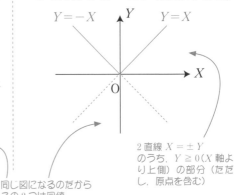

$Y = -X$　　Y　　$Y = X$

O　　　X

2直線 $X = \pm Y$ のうち,$Y \geq 0$（X 軸より上側）の部分（ただし,原点を含む）

同じ図になるのだからこの2つは同値

例題 ⑩

次の方程式，不等式を解け。

(1) $|x| \leqq 4$ 　　　　　(2) $|2x-1| \geqq x+1$

(3) $|2x+2| = 3x-4$

ポイント

(1) (ii)に当てはめるだけ。

$x+1$ の符号に関係なく (iii)は成り立ちます

(2) $X = 2x-1$, $Y = x+1$ として (iii)に当てはめます。

(3) (i)に当てはめます。$3x-4 \geqq 0$ を忘れないようにしてください。

解答

(1) $|x| \leqq 4 \iff -4 \leqq x \leqq 4$ ◀──(ii)を利用

(2) $|2x-1| \geqq x+1$

$X = 2x-1$, $Y = x+1$ とみなして (iii)を利用

$\iff 2x-1 \geqq x+1$ …① または $2x-1 \leqq -(x+1)$ …②

①は

$\qquad x \geqq 2$

②は

$\qquad x \leqq 0$

これより，$x \leqq 0$, $x \geqq 2$

(3) $|2x+2| = 3x-4$

$\iff 3x-4 \geqq 0$ …③ かつ $2x+2 = \pm(3x-4)$ ◀── $X = 2x+2$, $Y = 3x-4$ とみなして (i)を利用

ここで，$2x+2 = 3x-4$ を解くと，

$\qquad\qquad x = 6$ ◀────── これは③に適する

一方，$2x+2 = -(3x-4)$ を解くと，

$\qquad\qquad x = \dfrac{2}{5}$ ◀────── これは③に不適

これより，方程式の解は $x = 6$

絶対値が2つ以上あるときは場合分け

絶対値が2つ以上あるときは、場合分けをする必要があります。この場合、

「〜のとき」と

共通部分をとる!!

のを忘れないようにしてください。

イメージ

● ▭ のとき
(与不等式)⇔ 〜〜〜
⇔ 解

この2つの共通部分がこの場合の答

例 不等式 $|x| \leqq 4$ …① を解け。

例題10 (1)と同じ

これは **パターン10** の公式を使って解いたほうが速い

〈**場合分けする 答**〉

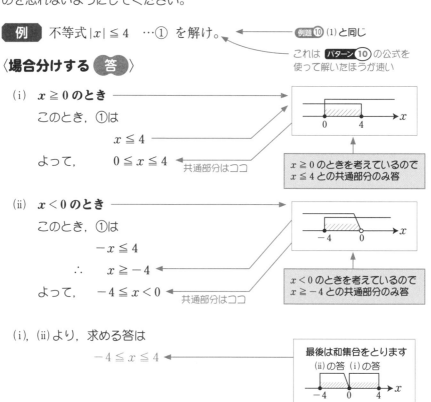

(i) $x \geqq 0$ **のとき**

このとき、①は

$$x \leqq 4$$

よって、 $0 \leqq x \leqq 4$

共通部分はココ

$x \geqq 0$ のときを考えているので $x \leqq 4$ との共通部分のみ答

(ii) $x < 0$ **のとき**

このとき、①は

$$-x \leqq 4$$

$$\therefore \quad x \geqq -4$$

よって、 $-4 \leqq x < 0$

共通部分はココ

$x < 0$ のときを考えているので $x \geqq -4$ との共通部分のみ答

(i), (ii)より、求める答は

$$-4 \leqq x \leqq 4$$

最後は和集合をとります

(ii)の答 (i)の答

例題 ⑪

不等式 $|x-2|+|2x-6| \leq 5$ を解け。

ポイント

パターン❸ で学んだようにグラフを考
えると，右のようになります。したがって，

$\begin{cases} \text{(i)} & x \geq 3 \text{ のとき} \\ \text{(ii)} & 2 \leq x < 3 \text{ のとき} \quad \leftarrow \small{場合分けの等号は} \\ & \qquad \qquad \qquad \qquad \small{どちらにつけてもOK} \\ \text{(iii)} & x < 2 \text{ のとき} \end{cases}$

と場合分けします。

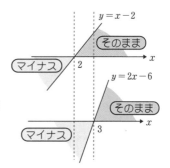

解答

$$|x-2|+|2x-6| \leq 5 \quad \cdots ①$$

(i) $\underline{x \geq 3 \text{ のとき}}$

①は，$(x-2)+(2x-6) \leq 5$

$\therefore \quad x \leq \dfrac{13}{3}$

よって，$3 \leq x \leq \dfrac{13}{3}$

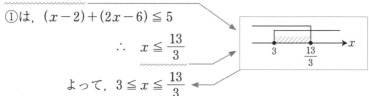

(ii) $\underline{2 \leq x < 3 \text{ のとき}}$

①は，$(x-2)-(2x-6) \leq 5$

$\therefore \quad x \geq -1$

よって，$2 \leq x < 3$

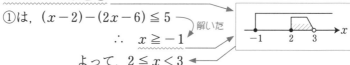
解いた

(iii) $\underline{x < 2 \text{ のとき}}$

①は，$-(x-2)-(2x-6) \leq 5$

$-3x+8 \leq 5$

$\therefore \quad x \geq 1$

よって，$1 \leq x < 2$

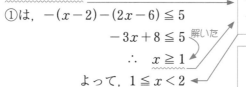
解いた

(i), (ii), (iii) より，

$$1 \leq x \leq \dfrac{13}{3}$$

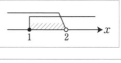

最後は和集合をとる!!

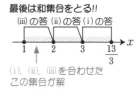

(iii) の答　(ii) の答　(i) の答

(i), (ii), (iii) を合わせた
この集合が解

真➡いつも正しい
偽➡いつも正しいとは限らない（部分否定）

　　真か偽かがはっきりしている文や式のことを命題といいます。

　ここでは，2つの条件 p，q を用いた「p ならば q である」（略して $p \Rightarrow q$）
の形で表される命題のみ扱います。

　教科書には，

> たとえば
> 「名古屋は人が多い」
> などは命題ではありません!!
> （人によって感じ方が違うものは
> 命題とはいいません）

p：仮定，q：結論
といいます

$\begin{cases} 真 ➡ 正しい命題 \\ 偽 ➡ 正しくない命題 \end{cases}$

と書いてありますが，これは感覚的にいうと，

$\begin{cases} 真 ➡ いつも正しい \\ 偽 ➡ 真でないこと \end{cases}$

「いつも正しい」の否定は
「いつも正しいとは限らない」（部分否定）

となります。この「いつも」というところがポイントで，真とは

　　仮定を満たすときはいつも（例外なく）結論を満たす

ということ。たとえば，

例　「$a \geqq 3$ ならば $a > 3$」

という命題は，真か偽かわかりますか？　a が 4 とか 5 とか 6 のときは結論を
満たします。だからといって，真とは限りません。

　$a = 3$ は，仮定を満たすけど，結論を満たしません。

仮定を満たすときは
「いつも」なので…

　このように，仮定は満たすけど結論を満たさない例が 1 つでもあ
るときは問答無用で偽になります。◀── このような例を**反例**といいます

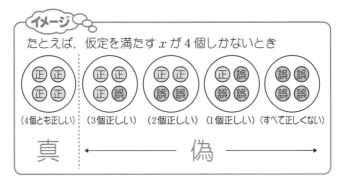

36

パターン編

数と式

2次関数

データの分析

場合の数・確率

図形と計量

図形の性質

例題 ⑫

次の命題の真偽を調べよ。

(1) $x^2 = 4$ ならば，$0 \leq x \leq 3$ である。

(2) 自然数 n が 5 の倍数ならば，n は 10 の倍数である。

(3) 自然数 n が 10 の倍数ならば，n は 5 の倍数である。

(4) x, y が無理数ならば，$x + y$ は無理数である。

ポイント

(1) 仮定を満たす x は 2 つしかありません。全部調べてみます。

(2) 仮定を満たす n は，5，10，15，20，25，…… これらはすべて 10 の倍数？

(3) 仮定を満たす n は，10，20，30，40，50，…… これらはすべて 5 の倍数？

(4) 仮定を満たす x, y, つまりいろいろな無理数 x, y を考えてみます。

解答

(1) $x^2 = 4$ より $x = 2$, -2 ← 仮定を満たす x はこの 2 つ

$\begin{cases} x = 2 \text{ のとき，} 0 \leq x \leq 3 \text{ を満たす。} \\ x = -2 \text{ のとき，} 0 \leq x \leq 3 \text{ を満たさない。} \end{cases}$

いつも正しいとは限らない
（$x = -2$ が反例）

よって，偽

(2) 偽 反例：$n = 5$

（$n = 5$ は仮定を満たすけど，結論を満たさない）

反例は
$n = 5$, 15, 25, 35, ……
のどれをあげても OK

n は 5 の倍数 n は 10 の倍数

(3) 真

仮定を満たすすべての
n に対して結論を
満たす

証明 任意の 10 の倍数 $n = 10k$（k は整数）に対して，

$n = 10k = 5 \cdot 2k$

と考えれば，n は 5 の倍数である。

(4) 偽 反例：$x = \sqrt{2}$, $y = -\sqrt{2}$

このように反例を 1 つでも見つければ
問答無用で偽

$\begin{pmatrix} x = \sqrt{2}, \ y = -\sqrt{2} \text{ は無理数（つまり仮定を満たす）であるが，} \\ x + y = \sqrt{2} + (-\sqrt{2}) = 0 \text{ は有理数なので結論は満たさない。} \end{pmatrix}$

集合の包含関係を利用せよ

含む，含まれるの関係

パターン**12** で，真とは何かということを学びました。しかし，実際に真偽の判定をするのは，**非常に難しい**です。

ここでは，簡単な判定法を紹介します。

以下，条件 p，q を満たすものの集まりを P，Q と表すことにします

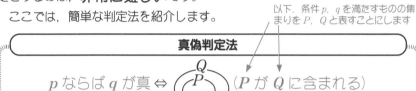

真偽判定法

p ならば q が真 ⇔ $\begin{matrix} Q \\ P \end{matrix}$ （P が Q に含まれる）

このように，条件を満たす p，q の集まりを集合 P，Q ととらえることができればカンタンです。たとえば，例題**12**(1)は，数直線上の集合として考えると

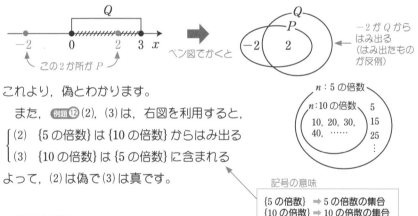

ベン図でかくと

-2 が Q からはみ出る（はみ出たものが反例）

これより，**偽**とわかります。

また，例題**12**(2)，(3)は，右図を利用すると，

$\begin{cases} (2) & \{5 \text{ の倍数}\} \text{ は } \{10 \text{ の倍数}\} \text{ からはみ出る} \\ (3) & \{10 \text{ の倍数}\} \text{ は } \{5 \text{ の倍数}\} \text{ に含まれる} \end{cases}$

よって，(2)は偽で(3)は真です。

記号の意味

$\{5 \text{ の倍数}\}$	➡ 5 の倍数の集合
$\{10 \text{ の倍数}\}$	➡ 10 の倍数の集合

このように

集合としてとらえられるものは，集合の包含関係から判断する

のが真偽判定の最優先事項です（集合としてとらえられないときは パターン**12** のように考えるしかありません）。

特に，次は大切です。

$\begin{cases} 1 \text{ 変数の方程式・不等式} & \text{数直線上の点の集合とみなせる} \\ 2 \text{ 変数の方程式・不等式} & \text{座標平面上の点の集合とみなせる} \end{cases}$ ← 数学Ⅱの範囲

パターン編

数と式

2次関数

データの分析

場合の数・確率

図形と計量

図形の性質

例題 ⑬

x, y を実数とするとき，次の命題の真偽を調べよ。

(1) $x \leqq 0$ ならば，$x^2 \leqq 1$

(2) 四角形 ABCD が正方形ならば，四角形 ABCD は長方形である。

(3) $x^2 = y^2$ ならば，$x = y$

(4) $x + y \leqq 4$ ならば，「$x \leqq 2$ または $y \leqq 2$」

ポイント

仮定を p，結論を q として，集合 P，Q の包含関係を考えます。たとえば，

条件 p, q を満たすものの集まり

(1)の $q : x^2 \leqq 1$ を満たすものの集まりは　満たす ⇔ 解（**パターン 9**）

$$\boxed{x^2 \leqq 1 \text{ を満たす } x \text{ の集合}} \Leftrightarrow \boxed{x^2 \leqq 1 \text{ の解の集合}}$$
$$\Leftrightarrow \boxed{\text{集合}: -1 \leqq x \leqq 1} \quad \leftarrow \text{集合 } Q$$

となります。(3), (4)は「数学Ⅱ」の「図形と方程式」を利用します。

解答

(1) 数直線上に図示すると，
右図のようになり，P は Q から
はみ出ている。
　　よって，偽

はみ出ている（反例）

(2) 正方形の集合 P と長方形の集合 Q の
包含関係は右図のようになる。
　　よって，真

Q：長方形の集合
P：正方形の集合

(3) $p : x^2 = y^2$ は「$y = x$ または $y = -x$」
より，右の2直線を表す。
　　よって，P は Q から
はみ出ているので，偽

$y = x$ と $y = -x$ を
くっつける
（**パターン 46**）

(4) p, q の表す領域は右図。

2変数の不等式は座標平面上の領域という点の集合 →

　　これより，P は Q に含まれるので，
この命題は真

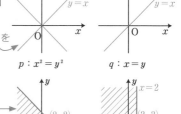

(i) 2つの命題($p \Rightarrow q$, $q \Rightarrow p$)の真偽を判定せよ
(ii) 集合の包含関係を最大限に利用せよ

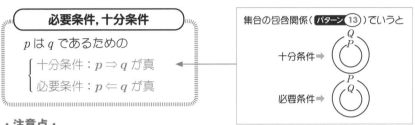

必要条件，十分条件

p は q であるための

$\begin{cases} 十分条件：p \Rightarrow q が真 \\ 必要条件：p \Leftarrow q が真 \end{cases}$

集合の包含関係（ パターン **13** ）でいうと

十分条件 ⇒ $\begin{matrix} Q \\ P \end{matrix}$

必要条件 ⇒ $\begin{matrix} P \\ Q \end{matrix}$

・注意点・

(i) p と q を逆にしないように!! ←── p は文章中の主語です

(ii) p を左に，q を右に書き，$p \rightleftarrows q$ として

2つの命題（$p \Rightarrow q$ と $p \Leftarrow q$）の真偽を判定する。←── $\begin{cases} 真……○ \\ 偽……× \end{cases}$ と書くことにします

（真偽の判定に集合が使えるときは，**積極的に利用**）

(iii) 2つの真偽が判定できたら, 適する選択肢を選びます。

> たとえば $p \overset{○}{\underset{×}{\rightleftarrows}} q$ のとき，p は q であるための十分条件であるが必要条件でない

例 自然数 n が 5 の倍数であることは，n が 10 の倍数であるための
何条件か。
$\underset{p（主語）}{\underline{}}$ $\underset{q}{\underline{}}$

例題 **12** より，

n が 5 の倍数 $\overset{×}{\underset{○}{\rightleftarrows}}$ n が 10 の倍数

$P:n$ が 5 の倍数
$Q:n$ が 10 の倍数

なので，答は必要条件であるが十分条件ではない。

この場合，パターン **13** で扱ったように

集合の包含関係から（右図），答を判断するのが速く解く方法です。

例題 14

次の ▢ に当てはまるものを，以下の ①〜④ のうちから選べ。

(1) $x^2 - 4x + 4 = 0$ であることは，$|x| = 2$ であるための ▢。

(2) 実数 x, y について，$x^2 = y^2$ であることは，$x^3 = y^3$ であるための ▢。

(3) 整数 n について，n^2 が 4 の倍数であることは，n が 4 の倍数であるための ▢。

① 必要十分条件である

② 必要条件であるが，十分条件でない

③ 十分条件であるが，必要条件でない

④ 必要条件でも十分条件でもない

ポイント 主語

まず，$\underset{\sim}{p}$, q を見つけます。(1), (2) は集合 P, Q の包含関係を利用。

(3) は $p \Rightarrow q$ と $p \Leftarrow q$ の真偽について考えます。

解答

(1) $p : x^2 - 4x + 4 = 0$ を解くと，$x = 2$

$q : |x| = 2$ を解くと，$x = \pm 2$

これより，集合 P, Q の包含関係は右図。

よって，③

(2) $p : x^2 = y^2 \Leftrightarrow y = x$ または $y = -x$ （2 直線）

$q : x^3 = y^3 \Leftrightarrow y = x$

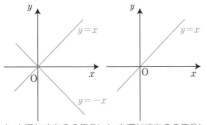

（p を満たすものの集合）（q を満たすものの集合）

「数学 II」の範囲ですが $z = t^3$ のグラフを使うと

グラフから
$x^3 = y^3 \Leftrightarrow x = y$
がわかります

よって，求める答は，②

(3) $p : n^2$ が 4 の倍数，$q : n$ が 4 の倍数とする。

$p \Rightarrow q$ は偽

反例：$n = 6$
詳しくは
例題 ⑮ (2)(ii) 参照

$p \Leftarrow q$ は真

証明 仮定より，$n = 4k$（k は整数）とかける。このとき，
$n^2 = 4 \times 4k^2$ より n^2 は 4 の倍数。

よって，②

パターン編

数と式

2次関数

データの分析

場合の数・確率

図形と計量

図形の性質

対偶はもとの命題と真偽が一致する

> **逆，裏，対偶**
>
> 命題 $p \Rightarrow q$ に対し，次をそれぞれ逆，裏，対偶といいます。
> (ⅰ) 逆 ：$q \Rightarrow p$ （仮定と結論を逆にしたもの）
> (ⅱ) 裏 ：$\overline{p} \Rightarrow \overline{q}$ （仮定と結論を否定したもの）
> (ⅲ) 対偶：$\overline{q} \Rightarrow \overline{p}$ （仮定と結論を逆にして，さらに否定したもの）

例 命題「$a = b$ ならば $a^2 = b^2$」の逆，裏，対偶

逆は，「$a^2 = b^2$ ならば $a = b$」 ◀(偽)◀ たとえば $a = 3$，$b = -3$ が反例
裏は，「$a \neq b$ ならば $a^2 \neq b^2$」 ◀(偽)
対偶は，「$a^2 \neq b^2$ ならば $a \neq b$」 ◀(真)

ここで重要なことは

もとの命題と対偶は真偽が一致する ◀

つまり
命題が真ならば対偶も真
命題が偽ならば対偶も偽

ということです。これは真偽の判定に重要です。

◎否定について

否定に関して，次が成り立ちます。

(ⅰ) $\overline{A \cup B} = \overline{A} \cap \overline{B}$，$\overline{A \cap B} = \overline{A} \cup \overline{B}$ （ド・モルガンの法則）

(ⅱ) すべての x について〜である $\xrightarrow{\text{否定すると}}$ 少なくとも１つの x について〜でない

(ⅲ) 少なくとも１つの x について〜である $\xrightarrow{\text{否定すると}}$ すべての x について〜でない

〈否定について (ⅱ) の 補足〉

たとえば，３人を選ぶ問題において，「３人とも男子」の否定は，「３人とも女子」ではありません!!

全体集合を考えると，

全体			
３人とも ♂	２人♂ １人♀	１人♂ ２人♀	３人とも ♀

この部分が ３人とも♂ の否定

$\overline{A}$ は A でないところ
全体
A
$\overline{A}$

これより，「３人とも男子」の否定は「少なくとも１人が女子」とわかります。つまり，

「すべて」の否定は「少なくとも」

パターン編

数と式

2次関数

データの分析

場合の数・確率

図形と計量

図形の性質

例題 ⑮

(1) 次の命題の否定を述べよ。また，その真偽を調べよ。

　　少なくとも 1 つの実数 x に対して，$x^2 - 4x + 6 \leqq 0$

(2) n を整数とするとき，次の命題の真偽を調べよ。

　(i) n^2 が偶数ならば n は偶数である。

　(ii) n^2 が 4 の倍数ならば n は 4 の倍数である。

ポイント

(1) 否定すると「絶対不等式」（**パターン㉞**）になります。

(2) 対偶の真偽のほうが調べやすいので，そちらを調べます。仮定を満たす n をいろいろ思い浮かべて，真か偽か判断します。

解答

(1) 否定は，すべての実数 x に対して，$x^2 - 4x + 6 > 0$

　　となるので，真

> 絶対不等式は最小値で判断！
> $y = x^2 - 4x + 6 = (x-2)^2 + 2$
> より (最小値) > 0
> だから，真
> （**パターン㉞**）

$$y = x^2 - 4x + 6$$

(2) (i) 対偶：n が奇数ならば，n^2 は奇数である

　　の真偽を調べればよいが，これは真である。

> **証明**　仮定より n は奇数だから，$n = 2k + 1$（k は整数）と表せる。
> このとき，$n^2 = (2k+1)^2 = 2(2k^2 + 2k) + 1$
> となり，n^2 は奇数であるので，結論は正しい。

　　よって，もとの命題も真

(ii) 対偶：n が 4 の倍数でないならば，n^2 は 4 の倍数でない

　　の真偽を調べればよいが，これは偽である。

> 反例：$n = 6$ は仮定を満たすが結論は満たさない。
> 　　　6 は 4 の倍数でない　　$6^2 (= 36)$ は 4 の倍数
> 　　　反例は $n = 2, 6, 10, 14, \cdots$ とたくさんあります

　　よって，もとの命題も偽

係数比較にもちこめ!!

有理数，無理数の定義

● 有理数 ➡ $\dfrac{整数}{整数}$ と表すことのできる数

● 無理数 ➡ $\dfrac{整数}{整数}$ と表すことのできない数

表すことが
できるかできないか
がポイント

たとえば，

$\dfrac{2}{3}$, 0.1, 5, 0.33… ⟨循環小数⟩

は，すべて有理数で，

$\sqrt{2}$, $\sqrt{5}$, π

などはすべて無理数です。

$\dfrac{2}{3}$ は $\dfrac{2}{3}$, 0.1 は $\dfrac{1}{10}$, 5 は $\dfrac{5}{1}$, 0.33… は $\dfrac{1}{3}$

これらはすべて，$\dfrac{整数}{整数}$ と表すことが**できる**

$\sqrt{2}$ が無理数であることの証明は教科書で
チェックしておいてください

有理数に関して次が成り立ちます。

公式

(i)（有理数）+（有理数）は　有理数

(ii)（有理数）−（有理数）は　有理数

(iii)（有理数）×（有理数）は　有理数

(iv)（有理数）÷（有理数）は　有理数

← 0で割ることは除きます!!

具体例で考えると

(i) $\dfrac{2}{3}+\dfrac{1}{2}=\dfrac{7}{6}$

$\dfrac{整数}{整数}+\dfrac{整数}{整数}$ 計算すると $\dfrac{整数}{整数}$ になる

(iii) $\dfrac{2}{3}\times\dfrac{1}{4}=\dfrac{1}{6}$

$\dfrac{整数}{整数}\times\dfrac{整数}{整数}$ 計算すると $\dfrac{整数}{整数}$ になる

(i)〜(iv)の性質を，有理数は四則演算について閉じているといいます。

たとえば，a が有理数のとき，

$\dfrac{2a-1}{3}$, $\dfrac{2a-1}{a^2+1}$ ← 有理数どうしの +, −, ×, ÷ によって作られる数

は有理数です。

公式

a, b, c, d を有理数，$\sqrt{n}$ を無理数とすると，

(i) $a+b\sqrt{n}=0 \iff a=b=0$

(ii) $a+b\sqrt{n}=c+d\sqrt{n} \iff \begin{cases} a=c \\ b=d \end{cases}$

(ii)は
$(a-c)+(b-d)\sqrt{n}=0$
の形に変形すれば
(i)より証明できます

左辺と右辺の
係数（有理数部分，無理数部分）
を比べてよいという公式

〈(i)の **証明** 〉

←の証明　$a=b=0$ ならば，明らかに $a+b\sqrt{n}=0+0\sqrt{n}=0$

$\boxed{\Rightarrow \text{の証明}}$　$b \neq 0$ と仮定すると，

$a + b\sqrt{n} = 0$ の両辺を b で割ることができ $\underset{\text{0でなければ割ってよい}}{\underline{}}$

$\dfrac{a}{b} + \sqrt{n} = 0$

移項して，$\sqrt{n} = -\dfrac{a}{b}$

これは，(無理数) = (有理数) の形であるから矛盾。

∴　$b = 0$

$b = 0$ を $a + b\sqrt{n} = 0$ に代入して，$a = 0$

背理法の考え方です

$b \neq 0$ と仮定する

⬇ 議論すると……

矛盾する

だから，$b = 0$ でなければならない

例題 ⑯

(1) $(3 + x) + (2 - y)\sqrt{2} = 5 + 6\sqrt{2}$ を満たす有理数 x, y を求めよ。

(2) $\dfrac{3 + \sqrt{2}}{a + b\sqrt{2}} = 2 - \sqrt{2}$ を満たす有理数 a, b を求めよ。

ポイント

(2) 左辺を有理化すると大変です（右下の $\boxed{}$ を見よ）。

与式を $a + b\sqrt{2}$ について解いてから，公式を利用します。

解答

(1) $3 + x$, $2 - y$ は有理数，$\sqrt{2}$ は無理数であるから，

$\begin{cases} 3 + x = 5 \\ 2 - y = 6 \end{cases}$ ⬅ 係数を比べてよい

∴　$x = 2$, $y = -4$

(2) $\dfrac{3 + \sqrt{2}}{a + b\sqrt{2}} = 2 - \sqrt{2}$ を変形すると，

$\begin{aligned} a + b\sqrt{2} &= \dfrac{3 + \sqrt{2}}{2 - \sqrt{2}} \\ &= \dfrac{3 + \sqrt{2}}{2 - \sqrt{2}} \times \dfrac{2 + \sqrt{2}}{2 + \sqrt{2}} \\ &= \dfrac{8 + 5\sqrt{2}}{4 - 2} \end{aligned}$ 　有理化

∴　$\underset{\sim}{a} + \underset{\sim}{b}\sqrt{2} = \underset{\sim}{4} + \dfrac{5}{2}\sqrt{2}$

a, b は有理数，$\sqrt{2}$ は無理数であるから，

$a = 4$, $b = \dfrac{5}{2}$ ⬅ 係数を比べてよい

注意!!

$\begin{aligned} 2 - \sqrt{2} &= \dfrac{3 + \sqrt{2}}{a + b\sqrt{2}} \times \dfrac{a - b\sqrt{2}}{a - b\sqrt{2}} \\ &= \dfrac{(3a - 2b) + (a - 3b)\sqrt{2}}{a^2 - 2b^2} \\ &= \dfrac{3a - 2b}{a^2 - 2b^2} + \dfrac{a - 3b}{a^2 - 2b^2}\sqrt{2} \end{aligned}$

∴　$\begin{cases} 2 = \dfrac{3a - 2b}{a^2 - 2b^2} \\ -1 = \dfrac{a - 3b}{a^2 - 2b^2} \end{cases}$

とすると計算が大変です

パターン編

数 と 式

2 次 関 数

データの分析

場合の数・確率

図形と計量

図形の性質

移動した分だけ引け!!

◎関数 $f(x)$ と関数の値 $f(a)$

実数を a と書いたりするのと同じように，x の関数のことを $f(x)$ と書きます。$f(x)$ がどのような関数を表すかは，問題ごとに変わります。

また，$x = a$ に対応する関数の値（$x = a$ を代入した値）を $f(a)$ で表します。

例① $f(x) = 2x^2 + 3x + 1$ のとき，$f(1)$，$f(2)$，$f(a+1)$ を求めよ。

答
$f(1) = 2 \cdot 1^2 + 3 \cdot 1 + 1 = 6$　←── $x = 1$ を代入した値

$f(2) = 2 \cdot 2^2 + 3 \cdot 2 + 1 = 15$　←── $x = 2$ を代入した値

$f(a+1) = 2(a+1)^2 + 3(a+1) + 1 = 2(a^2 + 2a + 1) + 3(a+1) + 1$

$\qquad\qquad = 2a^2 + 7a + 6$　←──┐
$\qquad\qquad\qquad\qquad\qquad\qquad\quad x = a+1$ を代入した値

次に，平行移動の公式を使いこなせるようにしてください。←──

証明は数Ⅱ・B・C（ **パターン29** ）

平行移動の公式

$y = f(x)$ のグラフを x 軸方向に p，y 軸方向に q だけ平行移動すると

$$y - q = f(x - p)$$

y を $y-q$ に変える　　x を $x-p$ に変える　←── x 軸方向に p のときは $x-p$ にする
（移動した分だけ引く）

例② $y = 3x + 4$ のグラフを y 軸方向に 2 だけ平行移動した図形の方程式

（平行移動の公式を使うと）

$p = 0$，$q = 2$ として

y を $y-2$ に変える　$y = 3x + 4$ は　x を $x-0$ に変える
$\qquad\qquad y - 2 = 3(x - 0) + 4$

$\qquad\qquad y - 2 = 3x + 4$

$\qquad\qquad\quad y = 3x + 6$

（図で考えると）

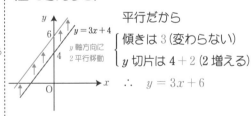

平行だから
$\begin{cases} \text{傾きは } 3 \text{（変わらない）} \\ y \text{ 切片は } 4 + 2 \text{（2 増える）} \end{cases}$

$\therefore \quad y = 3x + 6$

46

例題 ⑰

(1) 次の(ア), (イ)のグラフを x 軸方向に 2, y 軸方向に -3 だけ平行移動して得られるグラフの方程式を求めよ。

    (ア) $y = 3x + 5$ (イ) $y = x^2 + 4x + 5$

(2) 次の(ウ), (エ)において, q は p を平行移動したものである。それぞれどのように平行移動したものかを答えよ。

    (ウ) $p : y = 2x^2 + x$ $q : y - 5 = 2(x-3)^2 + (x-3)$

    (エ) $p : y = 3x^2$ $q : y = 3(x-5)^2 + 6$

ポイント

(1) ココでは(ア), (イ)がどんなグラフになるかということを考えずに, 機械的に「平行移動の公式」を使ってください。

(2) (1)と逆です。どれだけ平行移動しているかを読み取ります。

解答

(1) 平行移動の公式より,

    (ア) $y = 3x + 5$ —(平行移動すると)→ $y - (-3) = 3(x-2) + 5$

                                   $y + 3 = 3x - 6 + 5$

                                  $\therefore \quad y = 3x - 4$

    (イ) $y = x^2 + 4x + 5$ —(平行移動すると)→ $y - (-3) = (x-2)^2 + 4(x-2) + 5$

                                   $y + 3 = (x^2 - 4x + 4) + (4x - 8) + 5$

                                   $\therefore \quad y = x^2 - 2$

読み取れ!!

$\begin{cases} y \, \text{が} \, y-5 \, \text{に} \\ x \, \text{が} \, x-3 \, \text{に} \\ \text{変わっている} \end{cases}$

(2) (ウ) $p : y = 2x^2 + x$ ⟶ $q : y - 5 = 2(x-3)^2 + (x-3)$

        よって, x 軸方向に 3, y 軸方向に 5 だけ平行移動

    (エ) $p : y = 3x^2$ ⟶ $q : y = 3(x-5)^2 + 6$

$\begin{cases} y \, \text{が} \, y-6 \, \text{に} \\ x \, \text{が} \, x-5 \, \text{に} \\ \text{変わっている} \end{cases}$

                     $y - 6 = 3(x-5)^2$ (6を移項する)

        よって, x 軸方向に 5, y 軸方向に 6 だけ平行移動

ない文字の符号を変えろ!! ←——覚え方!!

今度は，対称移動の公式です。これも証明は， パターン**17** と同様に数学Ⅱの軌跡を利用します。「ない文字の符号を変えろ!!」と覚えておいてください。

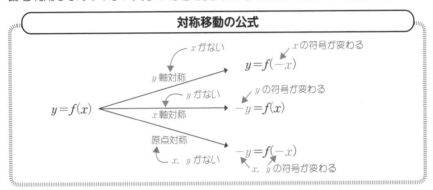

対称移動の公式

x がない → x の符号が変わる
y 軸対称 → $y = f(-x)$

$y = f(x)$

y がない → y の符号が変わる
x 軸対称 → $-y = f(x)$

原点対称 → x, y がない → x, y の符号が変わる
$-y = f(-x)$

〈当たり前の **例** 〉

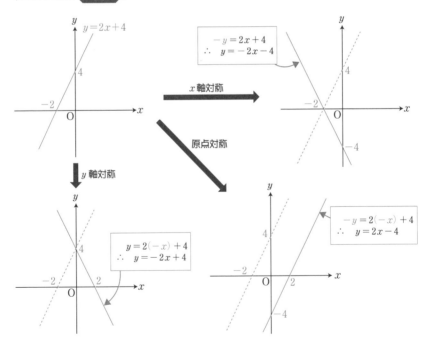

$y = 2x + 4$

x 軸対称

$-y = 2x + 4$
$\therefore\ y = -2x - 4$

原点対称

y 軸対称

$y = 2(-x) + 4$
$\therefore\ y = -2x + 4$

$-y = 2(-x) + 4$
$\therefore\ y = 2x - 4$

左ページのような 例 は，直感的に答がわかるので，公式を忘れかけたときの思い出しに有効です。

2次関数の移動の問題は，パターン⑰，パターン⑱とパターン⑳を使い分けて解くようにしてください。

例題⑱

(1) 2次関数 $y = 3x^2 - 12x + 7$ のグラフを原点に関して対称移動してできる図形の方程式を求めよ。

(2) 2次関数 $y = 2x^2$ のグラフを x 軸方向に 1，y 軸方向に -3 だけ平行移動し，さらにそれを x 軸に関して対称移動したところ，2次関数 $y = ax^2 + bx + c$ のグラフが得られた。定数 a，b，c の値を求めよ。

ポイント

(1)は 例題⑳(1)に別解があります。

どちらも左ページの公式にあてはめてオシマイ。

解答

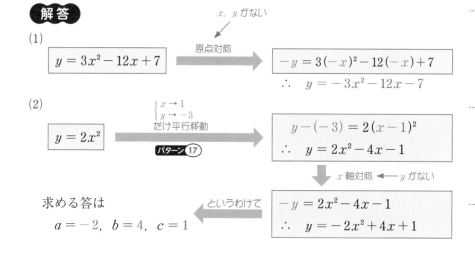

(1)

$y = 3x^2 - 12x + 7$ → x, y がない　原点対称 → $-y = 3(-x)^2 - 12(-x) + 7$

$\therefore \quad y = -3x^2 - 12x - 7$

(2)

$y = 2x^2$ → $\begin{cases} x \to 1 \\ y \to -3 \end{cases}$ だけ平行移動　パターン⑰ → $y - (-3) = 2(x-1)^2$

$\therefore \quad y = 2x^2 - 4x - 1$

x 軸対称 ← y がない

$-y = 2x^2 - 4x - 1$

$\therefore \quad y = -2x^2 + 4x + 1$

というわけて

求める答は

$a = -2$，$b = 4$，$c = 1$

パターン編

数と式

2次関数

データの分析

場合の数・確率

図形と計量

図形の性質

平方完成の方法をマスターせよ!!

まず，$y = ax^2$ のグラフの確認から。

このグラフは $(0, 0)$ が頂点の放物線で，

$$\begin{cases} a > 0 \text{ のときは下に凸} \\ a < 0 \text{ のときは上に凸} \end{cases}$$

です（右図）。

$y = ax^2$

$(a < 0 \text{ のとき})$

$(a > 0 \text{ のとき})$

$y = ax^2$

次に，$y = 3(x-2)^2 + 5$ のグラフです。これは

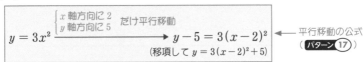

$$y = 3x^2 \xrightarrow[\text{(移項して } y = 3(x-2)^2 + 5\text{)}]{\begin{cases} x \text{ 軸方向に 2} \\ y \text{ 軸方向に 5} \end{cases} \text{だけ平行移動}} y - 5 = 3(x-2)^2$$

◀── 平行移動の公式
（**パターン 17**）

と考えると，右のグラフになります。

ということは，$y = 3x^2 - 12x + 17$ のグラフが

かけたことになります（ココがポイント!!）。

$y = 3(x-2)^2 + 5$

$y = 3x^2$

$(2, 5)$

$(3(x-2)^2 + 5 \text{ と } 3x^2 - 12x + 17 \text{ は同じもの})$

以上をまとめると

平行移動
を読みとる

$\boxed{y = ax^2 + bx + c} \xrightarrow[\text{変形}]{Ⓐ} \boxed{\begin{array}{c} y = a(x-p)^2 + q \\ \text{の形に変形} \end{array}} \Rightarrow \boxed{\begin{array}{l} y = ax^2 \text{ のグラフを} \\ \begin{cases} x \text{ 軸方向に } p \\ y \text{ 軸方向に } q \end{cases} \text{だけ平行移動} \end{array}}$

$y = 3x^2 - 12x + 17 \xrightarrow[\text{変形}]{Ⓐ} y = 3(x-2)^2 + 5$　とすると，グラフはかけます。

Ⓐの変形を平方完成といいます。

$y = ax^2 + bx + c$ の平方完成の仕方

（ⅰ）最初の 2 項を a でくくる。◀── $a = 1$ のときは
　　　　　　　　　　　　　　　　　　（ⅰ）はスキップ

（ⅱ）カッコの中で次の変形をする。

$$x^2 + 2px = (x+p)^2 - p^2$$

半分にする　その 2 乗を引く

これは展開公式
$x^2 + 2px + p^2 = (x+p)^2$
◀──右辺へ
を変形したもの

（ⅲ）外のカッコをはずす。

例 $y = 3x^2 - 12x + 17$

（ⅰ）
$= 3\{x^2 - 4x\} + 17$

（ⅱ）
$p = -2$

（ⅲ）
$= 3\{(x-2)^2 - 2^2\} + 17$

$= 3(x-2)^2 - 3 \cdot 2^2 + 17$

$= 3(x-2)^2 + 5$　整理した

$y = a(x-p)^2 + q$ は頂点が (p, q) である放物線になります。

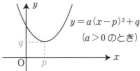

$y = a(x-p)^2 + q$
$(a > 0$ のとき$)$

例題 ⑲

次の 2 次関数のグラフをかけ。

(1) $y = 2(x-1)^2 + 4$

(2) $y = x^2 - 4x + 2$

(3) $y = -2x^2 + 6x + 1$

ポイント (2) $a = 1$ だから(i)の操作は不要。

(3) (i)～(iii)の手順でやっていきます。

解答

(1) 頂点は $(1, 4)$ であり，下に凸な放物線となる。
グラフは右図。

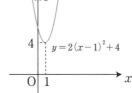

$y = 2(x-1)^2 + 4$

(i)はスキップ

(2) $y = \underline{x^2 - 4x} + 2$
$= (x-2)^2 - 2^2 + 2$
$= (x-2)^2 - 2$

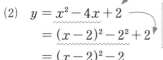

(ii) $x^2 - 4x = (x-2)^2 - 2^2$
半分　2乗を引く

これより，グラフは右図。◀── 頂点は $(2, -2)$

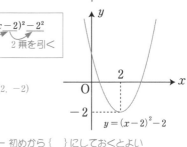

$y = (x-2)^2 - 2$

(3) $y = -2x^2 + 6x + 1$ (i) -2 でくくる
$= -2\{x^2 - 3x\} + 1$ ◀── 初めから{ }にしておくとよい
$= -2\left\{\left(x - \dfrac{3}{2}\right)^2 - \left(\dfrac{3}{2}\right)^2\right\} + 1$

(ii) $x^2 - 3x = \left(x - \dfrac{3}{2}\right)^2 - \left(\dfrac{3}{2}\right)^2$
半分　2乗を引く

$= -2\left(x - \dfrac{3}{2}\right)^2 + 2 \cdot \left(\dfrac{3}{2}\right)^2 + 1$
$= -2\left(x - \dfrac{3}{2}\right)^2 + \dfrac{11}{2}$ (iii){ }だけはずす

頂点は $\left(\dfrac{3}{2}, \dfrac{11}{2}\right)$

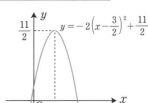

$y = -2\left(x - \dfrac{3}{2}\right)^2 + \dfrac{11}{2}$

これより，グラフは右図。

a の値（形）と頂点の位置に注目する!!

2次関数 $y = ax^2 + bx + c$ の a の値は，グラフの開き方を表します。
（グラフの形）
$a > 0$ の場合だと

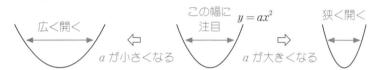

広く開く　　　⇦　　　この幅に注目　$y = ax^2$　⇨　　　狭く開く

a が小さくなる　　　a が大きくなる

a の値と頂点の座標に注目して，移動の問題を解くこともできます。

例　$y = 2(x-3)^2 + 4$ のグラフを次の(ア)，(イ)のように移動したときの
図形の方程式をそれぞれ求めよ。

　(ア)　x 軸方向に 4，y 軸方向に -1 だけ平行移動

　(イ)　x 軸に関して対称移動

答

(ア)の場合

$\begin{cases} a \text{ の値は 2 のまま} \\ \text{頂点は } (7,\ 3) \text{ に移動} \end{cases}$　← 平行移動でグラフの形は変わらない

　　　　　　　 $\underset{3+4}{}\ \underset{4-1}{}$

　　よって，　$y = 2(x-7)^2 + 3$

(イ)の場合

$\begin{cases} a \text{ の値は } -2 \\ \text{頂点は } (3,\ -4) \text{ に移動} \end{cases}$　← 下に凸が上に凸に変わり、開き方は変わらないので符号を変えればよい

　　　　x 座標は　　y 座標は
　　　　変わらない　符号が逆

　　よって，　$y = -2(x-3)^2 - 4$

まとめると下のようになります。

┌─────────────────────────┐
│　　　　**2次関数の移動**　　　　│
└─────────────────────────┘

(ⅰ)　平方完成して頂点の座標を求める。

(ⅱ)　a の値，頂点の座標がどのように変わるか考える。　← a の値は **そのまま**または**符号違い**です

(ア)
$$y = 2(x-3)^2 + 4$$

(イ)
$$y = 2(x-3)^2 + 4$$

パターン編

数と式

2次関数

データの分析

場合の数・確率

図形と計量

図形の性質

例題 ⑳

(1) 2次関数 $y = 3x^2 - 12x + 7$ のグラフを原点に関して対称移動してできる図形の方程式を求めよ。

(2) 放物線 $y = x^2 - 6x + 1$ …Ⓐ は，放物線 $y = x^2 - 10x + 3$ …Ⓑ をどのように平行移動したものか。

ポイント

(1) まずは平方完成。そして a は？　頂点は？

(2) Ⓐ，Ⓑそれぞれを平方完成して頂点を求めます。

解答

(1)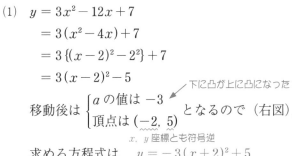

$y = 3x^2 - 12x + 7$

$\quad = 3(x^2 - 4x) + 7$

$\quad = 3\{(x-2)^2 - 2^2\} + 7$

$\quad = 3(x-2)^2 - 5$

移動後は $\begin{cases} a \text{ の値は } -3 \\ \text{頂点は } (-2,\ 5) \end{cases}$ となるので（右図），

下に凸が上に凸になった

$x,\ y$ 座標とも符号逆

求める方程式は　　$y = -3(x+2)^2 + 5$

(2)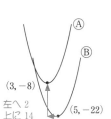

Ⓐは $y = (x-3)^2 - 8$ より，頂点は $(3,\ -8)$

Ⓑは $y = (x-5)^2 - 22$ より，頂点は $(5,\ -22)$

よって，ⒶはⒷを

x 軸方向に -2，y 軸方向に 14 だけ平行移動したものである。

$(3, -8)$

$(5, -22)$

左へ 2
上に 14

別解

(2) **Ⓑを x 軸方向に p，y 軸方向に q だけ平行移動したものがⒶであるとする。**

計算部分

$y - q = (x - p)^2 - 10(x - p) + 3$　これを計算すると

$\therefore \quad y = x^2 - (2p + 10)x + p^2 + 10p + 3 + q$

これがⒶに一致するので，係数を比べて，

$\begin{cases} -(2p + 10) = -6 & \cdots① \\ p^2 + 10p + 3 + q = 1 & \cdots② \end{cases}$　解くと　$\begin{cases} p = -2 \\ q = 14 \end{cases}$

①より $p = -2$
②に代入して
$4 + 10 \cdot (-2) + 3 + q = 1$
$\therefore \quad q = 14$

区間内に軸があるかないかで場合分け

パターン**21**と パターン**22**で，2次関数の最大値，最小値の場合分けについて説明します。以下では，すべて下に凸とします。

（上に凸のときは， パターン**21**と パターン**22**は逆になります）

最大・最小は，グラフをかいて考えます。

例❶ $y = 2(x-1)^2 + 3 \ (0 \leqq x \leqq 3)$ の最小値を求めよ。

答 右のグラフより，最小値 $3 \ (x = 1$ のとき$)$

ここが最小
$(1, 3)$

x 以外の文字のこと
2次関数にパラメーターが入ると，場合分けが入ります。

例❷ $f(x) = 2(x-a)^2 + 3 \ (0 \leqq x \leqq 1)$ の最小値 m を求めよ。

グラフの頂点は $(a, 3)$ なので，a の値によって，3つの場合があります。

(ⅰ) $0 \leqq a \leqq 1$ のとき　(ⅱ) $a < 0$ のとき　(ⅲ) $a > 1$ のとき

> 軸が $x = a$（文字定数）なので**軸がどこにあるかわからない**。どこにあるかによって最小値が変わるので，**場合を分ける必要がある**のです。

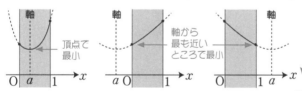

頂点で最小

軸から最も近いところで最小

(ⅰ), (ⅱ), (ⅲ)の場合分けの等号はどちらにつけてもOK

(ⅰ)のときは頂点で最小です。(ⅱ)と(ⅲ)は頂点で最小ではありません。

この場合は，$0 \leqq x \leqq 1$ の範囲で，軸から最も近いところで最小になります。

(ⅱ), (ⅲ)ともに頂点は $0 \leqq x \leqq 1$ の範囲外

有界閉区間といいます

┌─────────────────────────────────────┐
下に凸な2次関数の区間 $p \leqq x \leqq q$ における最小値

● 区間内に軸があるとき ➡ 頂点で最小値

● 区間内に軸がないとき ➡ 区間内で軸から最も近いところで最小値
└─────────────────────────────────────┘

〈 **例②** の **答** 〉

$$\begin{cases} \text{(i)} & 0 \leqq a \leqq 1 \text{ のとき, } m = 3 \quad {\scriptstyle x=0 \text{ のとき最小}} \\ \text{(ii)} & a < 0 \text{ のとき, } m = f(0) = 2(0-a)^2 + 3 = 2a^2 + 3 \\ \text{(iii)} & a > 1 \text{ のとき, } m = f(1) = 2(1-a)^2 + 3 = 2a^2 - 4a + 5 \end{cases}$$

$\qquad\qquad\qquad {\scriptstyle x=1 \text{ のとき最小}}$

例題 ㉑

　2次関数 $f(x) = (x-a)^2 + 2a + 1 \ (x \geqq 0)$ の最小値が4になるような定数 a の値を求めよ。

ポイント

　最小値を求めて，a の方程式を作ります。

（条件）
| (最小値) = 4 | $\xrightarrow{\text{導く}}$ | a の方程式 |

　軸は $x = a$ なので，$a \geqq 0$（軸が区間内）と，$a < 0$（軸が区間外）で場合分けします。

解答

(i) **$a \geqq 0$ のとき**

　　条件は　$2a + 1 = 4$　←（最小値）＝4

　　　　　　$2a = 3$

　　　　$\therefore \quad a = \dfrac{3}{2}$ （これは $a \geqq 0$ に適する）

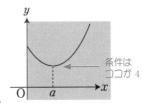

条件は
ココが4

(ii) **$a < 0$ のとき**

　　条件は　　　　　$f(0) = 4$　←（最小値）＝4

　　　　$a^2 + 2a + 1 = 4$ ⎫ 移項して
　　　　$(a+3)(a-1) = 0$ ⎭ 因数分解

　　　　　　　$\therefore \quad a = 1, \ -3$

　$a < 0$ より，$a = -3$ のみ適。　← $a=1$ は不適!!

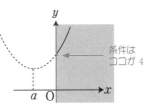

条件は
ココが4

(i), (ii) より，求める答は　$a = -3, \ \dfrac{3}{2}$

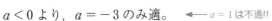

数と式

2次関数

データの分析

場合の数・確率

図形と計量

図形の性質

区間の真ん中で分ける

次の例のように，最大値はなしの場合があります。

例❶ $y = (x-3)^2 + 5\ (x \geq 0)$ の最大値
を求めよ。

答 グラフは右のようになるから
最大値はなし

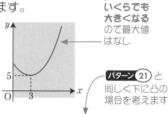

y の値は
いくらでも大きくなる
ので最大値はなし

パターン **21** と
同じく下に凸の
場合を考えます

ここでは，$p \leq x \leq q$（有界閉区間）における 2 次関数の最大値の求め方を説明します。ポイントは区間の真ん中で分けることです。

例❷ $y = (x-a)^2 - a^2 + 1\ (0 \leq x \leq 1)$ の最大値を求めよ。

考え方 この場合，軸から一番遠い所で最大です。

まず，$a = \dfrac{1}{2}$（軸が区間の真ん中）のときは，

$x = 0$ と 1 のときの y 座標が等しくなるので，2
か所で最大です。

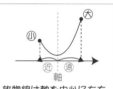

放物線は軸を中心に左右
対称なので軸から遠いほ
うが y 座標の値は大きい

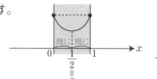

軸が区間の真ん中にあるとき
は $x = 0$ と $x = 1$ の両方で最大

これより軸が左に行くと (i) のようになり，$x = 1$ で最大，軸が右に行くと
(ii) のようになり $x = 0$ で最大です。なお，軸が 1 より大きいかどうかは最大値には関係ありません（最小値は変わります）。

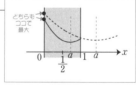

どちらも
ココで
最大

(i) $a < \dfrac{1}{2}$ のとき　　　(ii) $a \geq \dfrac{1}{2}$ のとき

← ココが最大

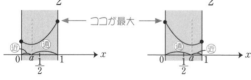

答
$\begin{cases} \text{(i)} \quad a < \dfrac{1}{2}\ \text{のとき} \Rightarrow \text{最大値は } f(1) = (1-a)^2 - a^2 + 1 = 2 - 2a \\[2mm] \text{(ii)} \quad a \geq \dfrac{1}{2}\ \text{のとき} \Rightarrow \text{最大値は } f(0) = (0-a)^2 - a^2 + 1 = 1 \end{cases}$

パターン編

数と式

2次関数

データの分析

場合の数・確率

図形と計量

図形の性質

例題 22

> 2次関数 $f(x) = x^2 - 2ax + 2a + 1 \, (0 \leqq x \leqq 3)$ の最大値が 5 となるような定数 a の値を求めよ。

ポイント まずは平方完成して頂点の座標を求めます。そのあとは,

（条件）
（最大値）= 5　→導く→　a の方程式

とします。軸と $\dfrac{3}{2}$ の大小に注目して場合分けです。
└─ 区間の真ん中

解答

平方完成 →

$$f(x) = x^2 - 2ax + 2a + 1 = (x - a)^2 - a^2 + 2a + 1$$

より, 頂点は $(a, \ -a^2 + 2a + 1)$

(i) $a \leqq \dfrac{3}{2}$ のとき

　　条件は　$f(3) = 5$　←（最大値）= 5
　　　　$9 - 6a + 2a + 1 = 5$
　　$\therefore \ a = \dfrac{5}{4}$　（これは $a \leqq \dfrac{3}{2}$ に適する）

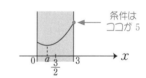

条件はココが 5

(ii) $a > \dfrac{3}{2}$ のとき

　　条件は　$f(0) = 5$　←（最大値）= 5
　　　　$2a + 1 = 5$
　　$\therefore \ a = 2$（これは $a > \dfrac{3}{2}$ に適する）

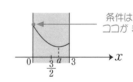

条件はココが 5

　これより, 求める答は　$a = \dfrac{5}{4}, \ 2$

オ マ ケ　**例題 22** の最大値を M とおくと

$$\begin{cases} (\text{i}) \ a \leqq \dfrac{3}{2} \text{ のとき} \Rightarrow M = -4a + 10 \\ (\text{ii}) \ a > \dfrac{3}{2} \text{ のとき} \Rightarrow M = 2a + 1 \end{cases}$$

ここで, 等号は**どちらに付けても**

OK なので, $a = \dfrac{3}{2}$ のとき M の値は,

(i), (ii)どちらも同じ値になります。

（検算に利用してください）

$a = \dfrac{3}{2}$ のとき

$$\begin{cases} (\text{i})\text{だと } M = -4a + 10 = -4 \cdot \dfrac{3}{2} + 10 \\ \qquad\qquad\qquad\qquad = 4 \\ (\text{ii})\text{だと } M = 2a + 1 = 2 \cdot \dfrac{3}{2} + 1 \\ \qquad\qquad\qquad\quad = 4 \end{cases}$$

必ず同じ値になります

$D = b^2 - 4ac$ の符号で判断する

2次方程式の実数解の個数には，次の3つの場合があります。

例

$$\begin{cases} \text{(i)} \ x^2 - 5x + 4 = 0 \ \longrightarrow \ \text{解は } x = 1, \ 4 \ (2 \ \text{個ある}) \\ \text{(ii)} \ x^2 - 8x + 16 = 0 \ \longrightarrow \ \text{解は } x = 4 \ (\underline{重解}) \\ \text{(iii)} \ x^2 - x + 2 = 0 \ \longrightarrow \ (\text{実数解はなし}) \end{cases}$$

解の公式で
$x = \dfrac{1 \pm \sqrt{-7}}{2}$ となり
$\sqrt{-7}$（2乗して-7となる数）は実数ではない

ここでの目的は

「2次方程式の解を求めずに個数だけ判定する方法」

です。そのためには，判別式（$D = b^2 - 4ac$）を利用します。

2次方程式の実数解の個数

$D = b^2 - 4ac$ とすると，2次方程式 $ax^2 + bx + c = 0$ の実数解の個数は

$$\begin{cases} \text{(i)} \quad D > 0 \Leftrightarrow \text{異なる2実数解をもつ} \\ \text{(ii)} \quad D = 0 \Leftrightarrow \text{実数の重解をもつ} \\ \text{(iii)} \quad D < 0 \Leftrightarrow \text{実数解をもたない} \end{cases}$$

2つまとめて
$D \geqq 0 \Leftrightarrow$ 実数解をもつ

$\longleftarrow$ 「数学Ⅱ」では**虚数解をもつ**といいます

しくみ

$ax^2 + bx + c = 0$（$a \neq 0$）の解は $x = \dfrac{-b \pm \sqrt{b^2 - 4ac}}{2a}$

$\dfrac{-b + \sqrt{0}}{2a}$ も $\dfrac{-b - \sqrt{0}}{2a}$ も同じ値

ココが判別式D

よって，
$$\begin{cases} D = 0 \ \text{のとき} \ x = \dfrac{-b \pm \sqrt{0}}{2a} \ \text{で実数解は1つ。} \\ D > 0 \ \text{のとき} \ x = \dfrac{-b + \sqrt{D}}{2a} \ \text{と} \ \dfrac{-b - \sqrt{D}}{2a} \ \text{で実数解は2つ。} \\ D < 0 \ \text{のときは} \ \sqrt{D} = \sqrt{(負の数)} \ \text{となり} \textbf{そのような実数} \end{cases}$$
は存在しないから，実数解はない。

上の **例** の場合，

$$\begin{cases} \text{(i)} \quad D = (-5)^2 - 4 \cdot 1 \cdot 4 = 25 - 16 = 9 > 0 \ \text{なので，実数解は2つ} \\ \text{(ii)} \quad D = (-8)^2 - 4 \cdot 1 \cdot 16 = 64 - 64 = 0 \ \text{なので，実数解は1つ} \\ \text{(iii)} \quad D = (-1)^2 - 4 \cdot 1 \cdot 2 = 1 - 8 = -7 < 0 \ \text{なので，実数解はなし} \end{cases}$$

と，解を求めることなく実数解の個数を調べることができます。

なお，$ax^2 + 2b'x + c = 0$ のときは D の代わりに $\dfrac{D}{4} = b'^2 - ac$ の符号で判別します。

パターン編

数 と 式

2 次 関 数

データ の 分析

場 合 の 数 ・ 確率

図 形 と 計 量

図 形 の 性 質

例題 ㉓

(1) 2次方程式 $2x^2 - 5x - 4 = 0$ の実数解の個数を求めよ。

(2) 2次方程式 $3x^2 - 10x + m = 0$ が重解をもつように定数 m の値を求め，そのときの重解を求めよ。

(3) 2つの2次方程式

$$x^2 - 4x + a = 0 \quad \cdots① \quad と, \quad 2x^2 - 6x + a - 5 = 0 \quad \cdots②$$

がともに実数解をもつような a の値の範囲を調べよ。

ポイント (1) D の符号を調べます。

(2) 重解なので $D = 0$ です。では，そのときの重解は？

(3) 実数解をもつ $\Leftrightarrow D \geqq 0$ です。①，②のそれぞれが実数解をもつ条件を調べます $\left(\dfrac{D}{4} を使ってください\right)$。

解答

(1) $D = (-5)^2 - 4 \cdot 2 \cdot (-4) = 25 + 32 = 57$ 〔$D > 0$〕

なので，実数解の個数は 2 個。

> 解の公式は $x = \dfrac{-b \pm \sqrt{b^2 - 4ac}}{2a}$
> $D = 0$ のとき $b^2 - 4ac = 0$ なので
> 重解は
> $$x = \frac{-b}{2a}$$

(2) 重解をもつので $D = 0$ 〔$\dfrac{D}{4}$ を使います〕

$$\therefore \quad \frac{D}{4} = (-5)^2 - 3m = 0$$

$$25 - 3m = 0$$

$$\therefore \quad m = \frac{25}{3}$$

> もちろん $m = \dfrac{25}{3}$ を代入して
> $3x^2 - 10x + \dfrac{25}{3} = 0$
> $9x^2 - 30x + 25 = 0$
> $(3x - 5)^2 = 0$
> $\therefore \quad x = \dfrac{5}{3}$ でもよい

また，このときの重解は $x = \dfrac{-(-10)}{2 \cdot 3} = \dfrac{10}{6} = \dfrac{5}{3}$

(3) ①が実数解をもつ $\Leftrightarrow \dfrac{D_1}{4} = (-2)^2 - 1 \cdot a \geqq 0$

$$4 - a \geqq 0$$

$$\therefore \quad a \leqq 4 \quad \cdots①'$$

②が実数解をもつ $\Leftrightarrow \dfrac{D_2}{4} = (-3)^2 - 2(a-5) \geqq 0$

> 判別式が2個出てくるので
> D_1, D_2 と使い分ける

$$-2a + 19 \geqq 0$$

$$\therefore \quad a \leqq \frac{19}{2} \quad \cdots②'$$

よって，①，②がともに実数解をもつのは

$a \leqq 4$

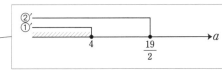

2解の和は $-\dfrac{b}{a}$，積は $\dfrac{c}{a}$ 〈「数学Ⅱ」の内容〉

2次方程式の解と係数の関係

2次方程式 $ax^2 + bx + c = 0$ の解を $x = \alpha,\ \beta$ とすると，

$$\begin{cases} \alpha + \beta = -\dfrac{b}{a} \\[2mm] \alpha\beta = \dfrac{c}{a} \end{cases}$$

上の公式を 解と係数の関係 といいます。「数学Ⅱ」の範囲ですが，「数学Ⅰ」の問題を解くときにも役に立ちます。

たとえば，$2x^2 - 3x - 7 = 0$ の2解を $x = \alpha,\ \beta$ とすると，上の公式から，

$$\begin{cases} \alpha + \beta = \dfrac{3}{2} \\[2mm] \alpha\beta = -\dfrac{7}{2} \end{cases}$$

> $a = 2,\ b = -3,\ c = -7$ だから
> $-\dfrac{b}{a} = -\dfrac{-3}{2},\ \dfrac{c}{a} = \dfrac{-7}{2}$

となります。

原理

$2x^2 - 3x - 7 = 0$ の両辺を 2 で割ると，$x^2 - \dfrac{3}{2}x - \dfrac{7}{2} = 0$

ここで，この2次方程式の左辺は $x^2 - \dfrac{3}{2}x - \dfrac{7}{2} = (x - \alpha)(x - \beta)$

となるはずです。

> 2次方程式の解が $\alpha,\ \beta$ ということは
> (左辺) $= (x - \alpha)(x - \beta)$
> と因数分解されるはず!!

よって，右辺を展開して，

同じ

$$x^2 - \dfrac{3}{2}x - \dfrac{7}{2} = x^2 - (\alpha + \beta)x + \alpha\beta$$

同じ

係数を比べると，$\alpha + \beta = \dfrac{3}{2},\ \alpha\beta = -\dfrac{7}{2}$

例 $2x^2 - 3x - 7 = 0$ の解を $\alpha,\ \beta$ とするとき，$\alpha^2 + \beta^2$ の値を求めよ。

答

$$\alpha^2 + \beta^2 = (\alpha + \beta)^2 - 2\alpha\beta$$

パターン **7** 対称式

$$= \left(\dfrac{3}{2}\right)^2 - 2 \cdot \dfrac{-7}{2}$$

$$= \dfrac{9}{4} + 7 = \dfrac{37}{4}$$

> ちなみに $\alpha,\ \beta$ を直接求めると，
> $x = \dfrac{3 \pm \sqrt{65}}{4}$ （解の公式）
> $\alpha^2 + \beta^2 = \left(\dfrac{3 + \sqrt{65}}{4}\right)^2 + \left(\dfrac{3 - \sqrt{65}}{4}\right)^2$
> となり大変です。

例題 24

(1) x の 2 次方程式 $x^2 + px + q = 0$ の解が 4 と -3 であるとき，定数 p, q の値を求めよ。

(2) x の 2 次方程式 $x^2 - ax + 1 = 0$ の 1 つの解が $2 - \sqrt{3}$ であるとき，定数 a の値を求めよ。また，他の解を求めよ。

ポイント

(1) $\alpha = 4$, $\beta = -3$ として，解と係数の関係を使います!!

(2) 2 解を，$\underset{\text{これを } \alpha \text{ と思う}}{\underline{2 - \sqrt{3}}}$，$\beta$ として，解と係数の関係を使います!!

解答

(1) 解と係数の関係より，

$$\begin{cases} 4 + (-3) = -p \\ 4 \cdot (-3) = q \end{cases}$$

$$\therefore \quad p = -1, \quad q = -12$$

(2) 2 解を $\underset{\text{これを } \alpha \text{ と思う}}{\underline{2 - \sqrt{3}}}$，$\beta$ とおくと，解と係数の関係より，

$$\begin{cases} (2 - \sqrt{3}) + \beta = a & \cdots ① \\ (2 - \sqrt{3})\beta = 1 & \cdots ② \end{cases}$$

②より，$\beta = \dfrac{1}{2 - \sqrt{3}}$

$$= \dfrac{1}{2 - \sqrt{3}} \times \dfrac{2 + \sqrt{3}}{2 + \sqrt{3}} \quad \longleftarrow \text{有理化}$$

$$= 2 + \sqrt{3} \quad \longleftarrow \text{これが他の解}$$

①より，

$$a = (2 - \sqrt{3}) + \beta = (2 - \sqrt{3}) + (2 + \sqrt{3}) = 4$$

補足

◎ (1)を「数学Ⅰ・A」の範囲で解くと，

$$\begin{cases} x = 4 \text{ が解なので，} 16 + 4p + q = 0 & \cdots ③ \\ x = -3 \text{ が解なので，} 9 - 3p + q = 0 & \cdots ④ \end{cases}$$

解⇔代入して成立させる値
パターン 9

$$\therefore \quad p = -1, \quad q = -12 \quad \longleftarrow \text{連立方程式を解いた}$$

$x^2 -$ 和 $x +$ 積 $= 0$ と覚えよう!! 〈「数学Ⅱ」の内容〉

例 3，4を解とする2次方程式を1つ求めよ。

因数分解の形で答えると，

$$(x-3)(x-4) = 0 \quad \cdots ①$$

解答は次のように書きます。

答 $(x-3)(x-4) = 0$ を展開して，

$$x^2 - 7x + 12 = 0$$

これを一般化したものが，次の公式です。

2数を解とする2次方程式

2数 α，β を解とする2次方程式の1つは

$$x^2 - (\alpha+\beta)x + \alpha\beta = 0$$

（$x^2 -$ 和 $x +$ 積 $= 0$ と覚えます）

証明 α，β が解だから

$$(x-\alpha)(x-\beta) = 0$$

これを展開して

$$x^2 - (\alpha+\beta)x + \alpha\beta = 0$$

 「1つ」について（Ⓐの部分）

3と4を解とする2次方程式は無数にあります。

$$
\begin{cases}
\text{(i)} & x^2 - 7x + 12 = 0 \\
\text{(ii)} & 2x^2 - 14x + 24 = 0 \\
\text{(iii)} & 3x^2 - 21x + 36 = 0 \\
& \vdots
\end{cases}
$$

両辺2倍　両辺3倍

これらはすべて3と4が解です。だから，問題文は

- 3と4を解とする2次方程式を1つ求めよ。（➡ どれを答えてもよい）
- 3と4を解とする2次方程式を求めよ。ただし，x^2 の係数は1とする。

（➡ $x^2 - 7x + 12 = 0$ のこと）

のどちらかになっています。

共通テストでは，**マーク欄に当てはまる**ように答えます。

例題 ㉕

(1) $1+\sqrt{3}$ と $1-\sqrt{3}$ を解とする 2 次方程式を求めよ。ただし，x^2 の係数は 1 とする。

(2) 和が 1，積が -1 となる 2 数を求めよ。

ポイント

(1) $x^2-\text{和}\,x+\text{積}=0$ に代入します。

(2) 求める 2 数を α，β とおくと，

$$\begin{cases} \alpha+\beta=1 \\ \alpha\beta=-1 \end{cases}$$

これより，α，β を解とする 2 次方程式を作ります。

解答

(1) $$\begin{cases} \text{和}=(1+\sqrt{3})+(1-\sqrt{3})=2 \\ \text{積}=(1+\sqrt{3})(1-\sqrt{3})=1-3=-2 \end{cases}$$

なので $x^2-2x+(-2)=0$ ← $x^2-\text{和}\,x+\text{積}=0$

∴ $x^2-2x-2=0$

> **検算しておこう!!**
> $x^2-2x-2=0$ を解の公式
> $x=\dfrac{-b'\pm\sqrt{b'^2-ac}}{a}$
> で解くと
> $x=-(-1)\pm\sqrt{(-1)^2-1\cdot(-2)}$
> $=1\pm\sqrt{3}$
> ということは **正しい!!**

(2) 求める 2 数を α，β とおくと，

$$\begin{cases} \alpha+\beta=1 \quad \text{← 和が 1} \\ \alpha\beta=-1 \quad \text{← 積が} -1 \end{cases}$$

ここで α，β を解とする 2 次方程式は

$x^2-1\cdot x+(-1)=0$ ← $x^2-(\alpha+\beta)x+\alpha\beta=0$ に当てはめた

∴ $x^2-x-1=0$

これを解いて，

$$x=\frac{-(-1)\pm\sqrt{(-1)^2-4\cdot1\cdot(-1)}}{2\cdot1}=\frac{1\pm\sqrt{5}}{2} \quad \text{← 解の公式}$$

よって，求める 2 数は $\dfrac{1+\sqrt{5}}{2}$ と $\dfrac{1-\sqrt{5}}{2}$

> α，β を解とする 2 次方程式を解いたので，解の $\dfrac{1\pm\sqrt{5}}{2}$ は α と β です（当たり前）

2次方程式 $ax^2 + bx + c = 0$ の解を調べよ

2次関数と2次方程式には次の関係があります。

2次関数 $y = ax^2 + bx + c$ のグラフと x 軸との共有点 (の x 座標)

$y = 0$
を代入すると

2次方程式 $ax^2 + bx + c = 0$ の解

これに パターン**23** の判別式を組み合わせると，
次の公式になります。

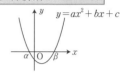

x 軸との共有点
‖ (イコール)
グラフ上の点で
y 座標が 0 となるところ

公式

2次関数のグラフと x 軸との共有点 $D = b^2 - 4ac$

$y = ax^2 + bx + c \, (a \neq 0)$ の判別式を D とすると，

① $D > 0$

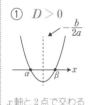
$-\dfrac{b}{2a}$

x 軸と2点で交わる

② $D = 0$

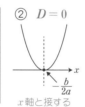
$-\dfrac{b}{2a}$

x 軸と接する

③ $D < 0$

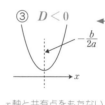
$-\dfrac{b}{2a}$

x 軸と共有点をもたない

たとえば，①は
$D > 0$
⇕ パターン**23**
$ax^2 + bx + c = 0$
の実数解が2つ
⇕ 上で説明
x 軸との共有点が2つ
ということです

注意 x 軸との共有点の個数は頂点の y 座標の符号でも判断できます。
①(頂点の y 座標)< 0，②(頂点の y 座標)$= 0$，③(頂点の y 座標)> 0

下に凸のときです

また，$y = ax^2 + bx + c$ の軸は $x = -\dfrac{b}{2a}$

これも覚えておくこと!!   ← 例題**23** (2) も参照

証明
$$y = ax^2 + bx + c = a\left\{ x^2 + \dfrac{b}{a}x \right\} + c$$
$$= a\left\{ \left(x + \dfrac{b}{2a} \right)^2 - \left(\dfrac{b}{2a} \right)^2 \right\} + c$$
$$= a\left(x + \dfrac{b}{2a} \right)^2 - \dfrac{b^2}{4a} + c$$

よって，軸の位置は
$$x = -\dfrac{b}{2a}$$

数と式

2次関数

データの分析

場合の数・確率

図形と計量

図形の性質

例題 26

(1) 2次関数 $y = x^2 - 4x + 1$ のグラフと x 軸の共有点の座標を求めよ。

(2) 2次関数 $y = x^2 - x + 5$ のグラフと x 軸の共有点の個数を求めよ。

(3) 2次関数 $y = 2x^2 - 3x + k$ のグラフが x 軸と接するような定数 k の値を求めよ。また，そのときの共有点の x 座標を求めよ。

ポイント

(1) 共有点の**座標** ➡ $y = 0$ を代入して2次方程式を解く

(2) 共有点の**個数** ➡ $D = b^2 - 4ac$ の符号を調べる

目的に応じて使い分けます

(3) 接するので

$$D = 0 \quad \cdots (*)$$
（k の式）

あとは，$(*)$ を **k の方程式**とみなして解きます。

解答

(1) $y = 0$ を代入して，◀── x 軸との共有点 ⇔ $y = 0$ を代入した2次方程式の解

$x^2 - 4x + 1 = 0$

∴ $x = 2 \pm \sqrt{3}$ ◀── 2次方程式を解いた

よって，$(2 + \sqrt{3}, \ 0), \ (2 - \sqrt{3}, \ 0)$ ◀── x 軸との共有点だから y 座標は 0

(2) $D = (-1)^2 - 4 \cdot 1 \cdot 5 = 1 - 20 = -19 < 0$ より，

x 軸との共有点の個数は 0 個

(3) 条件は $\qquad D = 0$ ◀── x 軸と接する ⇔ $D = 0$

$(-3)^2 - 4 \cdot 2 \cdot k = 0$

$9 - 8k = 0$

∴ $k = \dfrac{9}{8}$

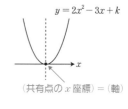

$y = 2x^2 - 3x + k$

（共有点の x 座標）＝（軸）

このとき，共有点の x 座標は

$$x = -\frac{b}{2a} = \frac{3}{4}$$

$D = 0$ のとき

（共有点の x 座標）＝ 軸 $= -\dfrac{b}{2a}$

（例題 23 (2) も参照）

$\sqrt{(\alpha+\beta)^2-4\alpha\beta}$ (パターン **7**) と
「解と係数の関係」(パターン **24**) を利用せよ!!

2次関数が **x 軸から切り取る線分の長さ**は

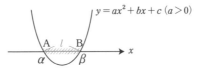

$$y = ax^2 + bx + c \ (a > 0)$$

上図の線分 AB の長さです。つまり，**x 軸との2共有点間の距離**のこと。
この距離を l とすると，

$$l = |\beta - \alpha| \longleftarrow$$

$|\beta - \alpha| \Rightarrow \alpha$ と β の距離
(パターン **3**)

と表されます。そして対称式の公式（ パターン **7** ）より

$$l = |\beta - \alpha| = \sqrt{(\alpha+\beta)^2 - 4\alpha\beta}$$

最後に α, β は2次方程式 $ax^2 + bx + c = 0$ の解（ パターン **26** ）なので「解と係数の関係」を使うと，

$$\begin{cases} \alpha + \beta = -\dfrac{b}{a} \\ \alpha\beta = \dfrac{c}{a} \end{cases} \quad (\text{パターン } \mathbf{24})$$

これを代入して l を求めます。

例題 27

(1) 次の2次関数のグラフが x 軸から切り取る線分の長さ l を求めよ。

  (i) $y = x^2 - 4x + 2$ (ii) $y = -2x^2 + 7x + 2$

  (iii) $y = 3x^2 - 6x + 1$

(2) 2次関数 $y = x^2 - ax + a$ のグラフが x 軸から切り取る線分の長さが $\sqrt{5}$ となるような定数 a の値を求めよ。

ポイント

(2) | (（x 軸から切り取る線分の長さ）$= \sqrt{5}$) | 導く $\Longrightarrow$ | (a の方程式) |

を作って解きます。

解答

x 軸との共有点の x 座標を α, β とおく。

(1) (i) $\alpha + \beta = 4$, $\alpha\beta = 2$　であるから，　← 解と係数の関係

$$l = \sqrt{(\alpha+\beta)^2 - 4\alpha\beta} = \sqrt{4^2 - 4\cdot 2} = \sqrt{8} = 2\sqrt{2}$$

(ii) $\alpha + \beta = \dfrac{7}{2}$, $\alpha\beta = -1$　であるから，　← 解と係数の関係

$$l = \sqrt{(\alpha+\beta)^2 - 4\alpha\beta} = \sqrt{\left(\frac{7}{2}\right)^2 - 4\cdot(-1)} = \sqrt{\frac{49}{4} + 4} = \sqrt{\frac{65}{4}} = \frac{\sqrt{65}}{2}$$

(iii) $\alpha + \beta = 2$, $\alpha\beta = \dfrac{1}{3}$　であるから，　← 解と係数の関係

有理化

$$l = \sqrt{(\alpha+\beta)^2 - 4\alpha\beta} = \sqrt{2^2 - 4\cdot\frac{1}{3}} = \sqrt{4 - \frac{4}{3}} = \sqrt{\frac{8}{3}} = \frac{2\sqrt{2}}{\sqrt{3}} = \frac{2\sqrt{6}}{3}$$

(2) $\alpha + \beta = a$, $\alpha\beta = a$　であり，条件は

$$\sqrt{(\alpha+\beta)^2 - 4\alpha\beta} = \sqrt{5}$$

$$\sqrt{a^2 - 4a} = \sqrt{5}$$　← 「解と係数の関係」を代入

$$a^2 - 4a = 5$$　← 両辺を2乗

$$(a-5)(a+1) = 0$$　← 移項して因数分解

$$\therefore \quad a = -1,\ 5$$

コメント　解の公式で2解を直接求めて計算することもできます。

たとえば，(1)の(ii)なら次のようになります。

2次方程式 $-2x^2 + 7x + 2 = 0$ の解は

$$2x^2 - 7x - 2 = 0$$

$$\therefore \quad x = \frac{7 \pm \sqrt{65}}{4}$$

$$x = \frac{-b \pm \sqrt{b^2 - 4ac}}{2a}$$

これより l は

$$l = \left| \frac{7+\sqrt{65}}{4} - \frac{7-\sqrt{65}}{4} \right| = \frac{2\sqrt{65}}{4} = \frac{\sqrt{65}}{2}$$

これはメンドウです

パターン編

数 と 式

2 次 関 数

データ の 分 析

場 合 の 数 ・ 確 率

図 形 と 計 量

図 形 の 性 質

使い分けが ポイント
$$\begin{cases}\text{(i) } y = a(x-p)^2 + q \text{ とおく} & \leftarrow \text{頂点に関する情報が与えられたとき}\\ \text{(ii) } y = a(x-\alpha)(x-\beta) \text{ とおく} & \leftarrow x \text{軸との共有点が与えられたとき}\\ \text{(iii) } y = ax^2 + bx + c \text{ とおく} & \leftarrow 3\text{点を通るとき}\end{cases}$$

ここでは，（与えられた条件）から（2次関数を決定）する方法を紹介します。
基本的には，上の3つを使い分けます。大事なことは

使う文字をいかに少なくおけるか!!

です。

例① 頂点が (2, 3) の2次関数

➡ $y = a(x-2)^2 + 3$ とおいて a を求めます。 ◀──── 文字1つ
      ((i)のパターン)

例② 軸が $x = 5$ の2次関数

➡これも頂点に関する情報なので，(i)を利用して

$y = a(x-5)^2 + q$ とおいて a, q を求めます。 ◀── 文字2つ

例③ x 軸との共有点が (4, 0) と (7, 0) の2次関数

➡ $y = a(x-4)(x-7)$ とおいて a を求めます。
      ((ii)のパターン)

なぜおけるのか

「(x軸との共有点の x 座標）＝(2次方程式の解)」です（ パターン **26** ）
よって，解が $x = 4$, 7 なら $ax^2 + bx + c = a(x-4)(x-7)$ と**因数分解されるはず!!**
したがって，上の形でおくことができます

例④ 3点を通る

➡ $y = ax^2 + bx + c$ とおいて，3点を代入して a, b, c を求めます。
      ((iii)のパターン)

確認 $\begin{cases} \bullet \ y = x^2 + 4 \text{ は } (1, 5) \text{ を通る}\cdots\cdots\text{あ}\\ \bullet \ y = x^2 + 4 \text{ は } (1, 6) \text{ は通らない}\cdots\text{い}\end{cases}$

◀─── ● $x = 1$, $y = 5$ を代入して
$5 = 1^2 + 4$ が成立
∴ (1, 5) を通る
● $x = 1$, $y = 6$ を代入して
$6 = 1^2 + 4$ は不成立
∴ (1, 6) は通らない

グラフが点を通るとは

代入して成り立つこと

です。きちんと書くと下のようになります。

グラフが点 (a, b) を通る条件

$y = f(x)$ のグラフが点 (a, b) を通る $\Leftrightarrow b = f(a)$ が成立 $\begin{pmatrix} x = a \text{ のときに}\\ y = b \text{ となる}\end{pmatrix}$

パターン編

数と式

2次関数

データの分析

場合の数・確率

図形と計量

図形の性質

例題 ㉘

2次関数のグラフが次の条件を満たすとき，その2次関数を求めよ。

(1) 頂点が $(2, 5)$ で，点 $(3, 7)$ を通る。

(2) x 軸との共有点が $(1, 0)$, $(3, 0)$ で，かつ最大値が 4

(3) 3点 $(0, -3)$, $(1, 0)$, $(2, 7)$ を通る。

解答

(1) 頂点が $(2, 5)$ より，
$$y = a(x-2)^2 + 5$$ ◀── 頂点に関する情報なので，(i)を利用

とおける。これが $(3, 7)$ を通るので，
$$7 = a(3-2)^2 + 5$$ ◀── (3, 7)を代入

これを解くと，$a = 2$
$$\therefore \quad y = 2(x-2)^2 + 5$$

(2) x 軸との共有点が $(1, 0)$, $(3, 0)$ より， ← x 軸との共有点が与えられているときは(ii)を利用
$$y = a(x-1)(x-3)$$

とおける。これが $\underline{(2, 4)}$ を通るので， ◀── **理由**
$$4 = a(2-1)(2-3)$$ ◀── (2, 4)を代入
$$4 = a \cdot 1 \cdot (-1)$$
$$a = -4$$
$$\therefore \quad y = -4(x-1)(x-3)$$

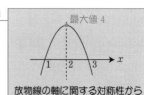

最大値4

放物線の軸に関する対称性から軸は $x = 2$（1と3の中央）
したがって，$(2, 4)$ を通るとわかります

(3) 求める2次関数を
$$y = ax^2 + bx + c \text{ とおく。}$$ ◀── 3点を通るときは(iii)を利用

これが $(0, -3)$, $(1, 0)$, $(2, 7)$ を通るので
$$\begin{cases} -3 = a \cdot 0^2 + b \cdot 0 + c & \cdots ① \\ 0 = a \cdot 1^2 + b \cdot 1 + c & \cdots ② \\ 7 = a \cdot 2^2 + b \cdot 2 + c & \cdots ③ \end{cases}$$

◀── (0, −3)を代入
◀── (1, 0)を代入
◀── (2, 7)を代入

$c = -3$ より，
$$\begin{cases} 0 = a + b - 3 & \cdots ② \\ 7 = 4a + 2b - 3 & \cdots ③ \end{cases}$$
この連立方程式を解く

①より，$c = -3$　これを②，③に代入して解くことにより，◀
$$a = 2, \quad b = 1$$
$$\therefore \quad y = 2x^2 + x - 3$$

b は $f'(0)$（y 切片における接線の傾き）

2次関数 $y = f(x) = ax^2 + bx + c$ のグラフから a, b, c の符号を決定するには、いくつかのポイントがあります。

(i) a の符号

これは、グラフが

- 下に凸（∨）なら正
- 上に凸（∧）なら負

(ii) c の符号

c は y 切片になります。 ← y 軸との交点のことを y 切片といいます

だから、y 軸との交点が

$y = f(x) = ax^2 + bx + c$ に $x = 0$ を代入すると $f(0) = c$

- 原点より上なら正
- 原点を通るなら 0
- 原点より下なら負

(iii) b の符号 重要

b は微分を利用するのがカンタンです（数学Ⅱ）。

$$f'(x) = 2ax + b$$

より、

$$b = f'(0) \quad \longleftarrow x = 0 における微分係数$$

よって、点 $(0, c)$ における接線の傾きが b になります。

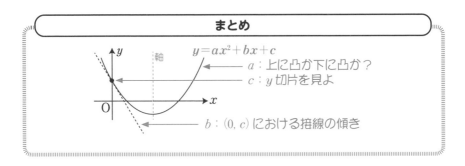

まとめ

$y = ax^2 + bx + c$

a：上に凸か下に凸か？
c：y 切片を見よ
b：$(0, c)$ における接線の傾き

例題 29

2次関数 $y = ax^2 + bx + c$ のグラフが次のように与えられているとき，a, b, c, $b^2 - 4ac$, $a + b + c$ の符号をそれぞれ調べよ。

(1)

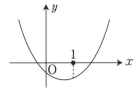

(2)

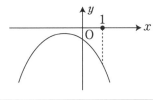

ポイント

$b^2 - 4ac$ は判別式だから，**x 軸との共有点の個数**で判断します。

$a + b + c$ は

$$x = 1 \text{ のときの } y \text{ の値}$$

$x = 1$ を代入すると，
$y = a \cdot 1^2 + b \cdot 1 + c = a + b + c$

です。よって，$x = 1$ のときの y 座標が正か負かを調べます。

解答

(ア) a について

(1)は正，(2)は負

(イ) b について

(1)は $(0, c)$ における接線の傾きが負なので $b < 0$（負）

(2)は $(0, c)$ における接線の傾きが負なので $b < 0$（負）

(ウ) c について

c は y 切片だから，y 軸との共有点で判断すると，

(1)は負，(2)は負

(エ) $b^2 - 4ac$ について

(1)は x 軸との共有点の個数が 2 個だから正

(2)は x 軸との共有点の個数が 0 個だから負

(オ) $a + b + c$ について

$x = 1$ のときの y 座標だから，

(1)は負，(2)は負

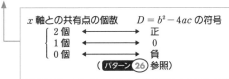

- a の符号変化 ➡ **点 $(0,\ c)$ に対する対称移動**
- b の符号変化 ➡ **y 軸対称移動**
- c の符号変化 ➡ **y 軸方向に $-2c$ だけ平行移動**

　2次関数 $y = ax^2 + bx + c$ の係数 $a,\ b,\ c$ の符号だけを変化させると，グラフは上記のようになります。丸暗記ではなく自分で導けるようにしてください。

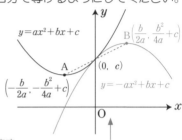

(i) **$y = -ax^2 + bx + c$ のグラフ** ← a だけが符号変化した場合

　平方完成すると

$$y = -a\left(x - \frac{b}{2a}\right)^2 + \frac{b^2}{4a} + c$$

より，このグラフは，$y = ax^2 + bx + c$ を点 $(0,\ c)$ に関して対称移動したものになります。 ← $(0,\ c)$ で2つの曲線は接することもわかります

線分 AB の中点が $(0,\ c)$ となるので2つのグラフは点 $(0,\ c)$ に関して対称です

(ii) **$y = ax^2 - bx + c$ のグラフ** ← b だけが符号変化した場合

　これは，$y = ax^2 + bx + c$ のグラフを y 軸対称移動したものです。実際，$y = ax^2 + bx + c$ を y 軸対称移動すると，

$$y = a(-x)^2 + b(-x) + c \quad ← \boxed{\text{パターン 18}}$$

$$\therefore \quad y = ax^2 - bx + c$$

(iii) **$y = ax^2 + bx - c$ のグラフ** ← c だけが符号変化した場合

　これは，$y = ax^2 + bx + c$ のグラフを y 軸方向に $-2c$ だけ平行移動したものです（y 切片の符号が逆になるように上下に平行移動したもの）。

　実際，$y = ax^2 + bx + c$ を y 軸の方向に $-2c$ だけ平行移動したグラフは，

$$y - (-2c) = ax^2 + bx + c \quad ← \boxed{\text{パターン 17}}$$

$$\therefore \quad y = ax^2 + bx - c$$

例題 30

　右図は $y = ax^2 + bx + c$ のグラフである。$a,\ b,\ c$ の値を次のように変更すると，グラフはどのようになるか。$\boxed{\text{ア}}$ ～ $\boxed{\text{オ}}$ に当てはまるものを次の ⓪ ～ ⑤ から一つずつ選べ。

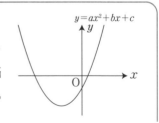

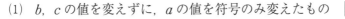

(1) b, c の値を変えずに，a の値を符号のみ変えたもの　$\boxed{\text{ア}}$

(2) a, c の値を変えずに，b の値を符号のみ変えたもの　$\boxed{\text{イ}}$

(3) a, b の値を変えずに，c の値を符号のみ変えたもの　$\boxed{\text{ウ}}$

(4) a の値を変えずに，b, c の値を符号のみ変えたもの　$\boxed{\text{エ}}$

(5) c の値を変えずに，a, b の値を符号のみ変えたもの　$\boxed{\text{オ}}$

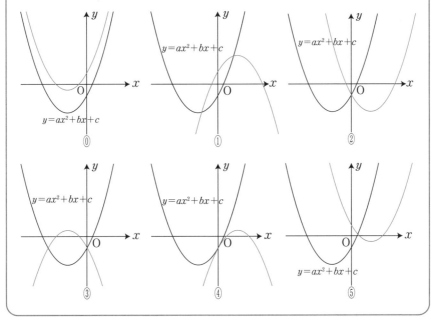

ポイント

(4) まず，b の値の符号を変えて (⑵の答になる)，そのあと c の値の符号を変えます。(5) も同様です。

c の値の符号を変えて，そのあと b の値の符号を変えても OK です

解答

(1)　④　←── $(0, c)$ に関して対称移動したもの

(2)　②　←── y 軸に関して対称移動したもの

(3)　⓪　←── y 軸の方向に $-2c$ だけ平行移動したもの

(4)　⑤　←── ②のグラフを y 軸方向に $-2c$ だけ平行移動したもの

(5)　③　←── ②のグラフを $(0, c)$ に関して対称移動したもの

置き換えたら範囲に注意する!!

ここで使う手法は、2次関数だけではなく、「数学Ⅱ」の「三角関数，指数・対数関数」でもよく用いられます。

例 $y = x^4 + 4x^2 + 5$ の最小値を求めよ。

上は x の4次関数です。$t = x^2$ …① とおくと，

$$\boxed{y = x^4 + 4x^2 + 5} \xrightarrow{\;t=x^2 \text{とおくと}\;} \boxed{y = t^2 + 4t + 5 \;\cdots②} \xleftarrow{} \begin{aligned} x^4 &= x^2 \cdot x^2 \\ &= t \cdot t = t^2 \end{aligned}$$

このとき，

$$y = t^2 + 4t + 5$$
$$= (t+2)^2 + 1 \quad \cdots②$$

これより，y の最小値は 1（$t = -2$ のとき）とするのは間違いです!!

実際，$t = -2$ のときは

$$x^2 = -2 \qquad \xleftarrow{\quad} \text{①に代入}$$

となり，起こりえません!! ←（実数）$^2 \geqq 0$ に矛盾する

これは

t の範囲を無視している

からダメなのです。

〈正しい **答**〉

①より $t \geqq 0$

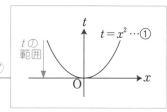

したがって，**$t \geqq 0$ の範囲**で，②の最小値を考えることになるので，正しいグラフは右図。よって，最小値は

$$5 \;(t = 0,\; \text{つまり①より}\; x = 0 \text{のとき})$$

となります。

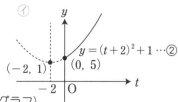

この問題は

⎰ ⑦ 置き換えのグラフ（t の範囲を求めるグラフ）
⎱ ⑦ 最大，最小を求めるグラフ

の2つが出てくるけど，混乱しないようにしてください（**例題31**も⑦，⑦を区別しています）。

数と式

2次関数

データの分析

場合の数・確率

図形と計量

図形の性質

例題 31

(1) $y = (x^2 - 3)^2 - 4(x^2 - 3) + 8$ の最小値を求めよ。

(2) $y = (x^2 - 2x + 5)^2 - 2(x^2 - 2x + 5) + a$ の最小値が 10 となるような定数 a の値を求めよ。

ポイント

㋐置き換えのグラフと，㋑最大，最小を求めるグラフに注意!!

(2)は最小値を求めて，

$$\boxed{(最小値) = 10} \quad \longleftarrow\ a \text{ の方程式}$$

を解く問題です。

解答

(1) $t = x^2 - 3 \ \cdots ①$ とおくと，$t \geqq -3$ ←㋐

    このとき，与えられた関数は，

$$y = t^2 - 4t + 8$$
$$= (t - 2)^2 + 4$$

$t \geqq -3$ の範囲でこの関数の最小値を考える

    これより，グラフは右のようになり

最小値は 4

$$\left(\begin{array}{l} t = 2 \text{ のとき，①より } 2 = x^2 - 3 \text{ だから} \\ x = \pm\sqrt{5} \text{ のとき} \end{array}\right)$$

(2) $t = x^2 - 2x + 5$ とおくと，

$$t = (x - 1)^2 + 4 \quad 範囲$$

より，$t \geqq 4$ ←㋐

    このとき，与えられた関数は

$$y = t^2 - 2t + a$$
$$= (t - 1)^2 - 1 + a$$

←ポイント

条件は $t \geqq 4$ においてこの関数の最小値が 10 ということ

    これより，グラフは右のようになる。よって，条件は

$$8 + a = 10 \quad \longleftarrow (最小値) = 10$$
$$\therefore \quad a = 2$$

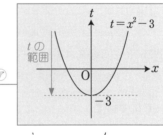

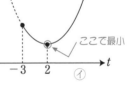

ここで最小

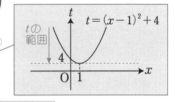

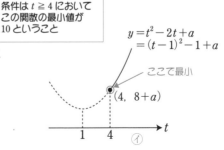

$y = t^2 - 2t + a$
$= (t - 1)^2 - 1 + a$

ここで最小

$(4,\ 8 + a)$

2次不等式は不等号の向きで判断せよ!!

2次不等式 $ax^2 + bx + c > 0$ は，2次方程式 $ax^2 + bx + c = 0$ の解と関連付けて解きます。

2次不等式の解法

(i) 2次方程式が2実数解 α，β $(\alpha < \beta)$ をもつとき（$D > 0$ 型）

$$\begin{cases} ⑦ \ (x - \alpha)(x - \beta) < 0 \iff \alpha < x < \beta \\ ⑦ \ (x - \alpha)(x - \beta) > 0 \iff x < \alpha, \ x > \beta \end{cases}$$

← < は α と β の**内側**

← > は α と β の**外側**

(ii) 2次方程式が重解をもつ，または実数解をもたないとき（$D \leq 0$ 型）

　➡ グラフをかいて考える

〈〈i〉について〉

たとえば，$(x - 3)(x - 5) < 0$ の解で説明します。$y = (x - 3)(x - 5)$ とおくと，

$(x - 3)(x - 5) < 0$ となるところ $\iff$ グラフで $y < 0$ となるところ

そこで $y = (x - 3)(x - 5)$ のグラフにおいて $y < 0$ のところを考えると　$3 < x < 5$ ← 3 と 5 の**内側**

となります。同様に

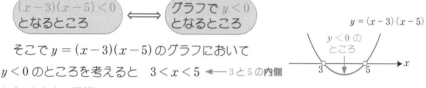

$(x - 3)(x - 5) > 0$ の解 $\iff$ $y = (x - 3)(x - 5)$ のグラフにおいて $y > 0$ となるところ $\iff$ $x < 3, \ x > 5$

2実数解をもつタイプはよく出てくるので，グラフをかかずに不等号の**向き**で**内側か外側か** 判断できるようにします。

注意 ちなみに，$-(x - 3)(x - 5) < 0$ は < ですが，**外側**になります。

両辺に -1 を掛ければ　$(x - 3)(x - 5) > 0$　となるからです。

x^2 の係数は必ず正としてから，不等号の向きで判断します。

〈〈ii〉について〉

重解のときと，実数解をもたないときは，**グラフをかく**（グラフを頭に思い浮かべる）ようにします。

パターン編

数と式

2次関数

データの分析

場合の数・確率

図形と計量

図形の性質

例題 32

次の2次不等式を解け。

(1) $x^2 - 8x + 15 \geqq 0$　(2) $x^2 - 2x - 1 < 0$　(3) $x^2 - 6x + 9 \leqq 0$

(4) $x^2 - x + 2 > 0$　(5) $x^2 - x + 2 < 0$

ポイント

(1)は因数分解できて，$D > 0$　(3)は $D = 0$　(2)，(4)，(5)ははじめに D を計算します。すると，(2)は $D > 0$ だから向きで判断。(4)，(5)は $D < 0$ だからグラフをかいて考えます。

解答

(1) $x^2 - 8x + 15 = 0$ の解は

$x = 3, \ 5$　←――――― $(x-3)(x-5) = 0$ より

よって，$x^2 - 8x + 15 \geqq 0$ の解は

$x \leqq 3, \ x \geqq 5$　←――――― $\geqq$ は外側!!

(2) $x^2 - 2x - 1 = 0$ の解は $x = 1 \pm \sqrt{2}$ ←― 解の公式

よって，$x^2 - 2x - 1 < 0$ の解は

$1 - \sqrt{2} < x < 1 + \sqrt{2}$　←――――― $<$ は内側!!

(3) $y = x^2 - 6x + 9$ とおき，$y \leqq 0$ となる範囲を調べる。

$y = (x-3)^2$ より，グラフは右図。

よって，$y \leqq 0$ となるのは

$x = 3$(のみ)

$y = (x-3)^2$

ここだけが $y \leqq 0$

(4) $y = x^2 - x + 2$ とおき，$y > 0$ となる範囲を調べる。

$y = \left(x - \dfrac{1}{2}\right)^2 + \dfrac{7}{4}$ より，グラフは下図。

―（平方完成）

よって，$x^2 - x + 2 > 0$ の解は

すべての(実数)x

$y = \left(x - \dfrac{1}{2}\right)^2 + \dfrac{7}{4}$

$\left(\dfrac{1}{2}, \dfrac{7}{4}\right)$

(5) (4)と同じグラフになる。

よって，$x^2 - x + 2 < 0$ の解は

解なし

(4)すべての x に対し $y > 0$ となる
(5)$y < 0$ となる x はない

グラフを読み取る

1文字消去せよ（範囲に注意!!）

◎条件付き最大・最小問題とは

2つの変数 x, y が，ある条件式（たとえば $x+y=1$ のような式）を満たすとき，x, y の2変数関数（つまり，x, y の入った式のこと）の最大・最小を求める問題を条件付き最大・最小問題といいます。

条件付き最大・最小問題を解くコツは

たとえば
$x^2+y^2=1$
のような式

1文字消去する

ことです。ただし，条件式が2次式のときは

範囲が出てくる!! ◀────── 要注意!!

ので，要注意です。

なお，x, y のどちらを消去してもよいのですが，どちらを消すかによって計算量が変わるときもあります。◀── どちらを消すべきか考えてください

例題 33

x, y を実数とする。

(1) $x-3y=2$ のとき，x^2+y^2 の最小値を求めよ。

(2) $x^2+y^2=1$ のとき，$2x+4y^2$ の最小値，最大値を求めよ。

ポイント

(1) $x=2+3y$ として，x^2+y^2 に代入します（つまり x を消去）。

(2) $y^2=1-x^2$ として，$2x+4y^2$ に代入します。

ただし，条件式が2次式なので，範囲に注意!!

解答

(1) $x-3y=2$ より $x=2+3y$ …①

これより x^2+y^2

代入した

$= (2+3y)^2+y^2$

展開して整理

$= 10y^2+12y+4$

平方完成

$= 10\left(y+\dfrac{3}{5}\right)^2+\dfrac{2}{5}$

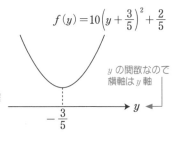

$f(y)=10\left(y+\dfrac{3}{5}\right)^2+\dfrac{2}{5}$

y の関数なので
横軸は y 軸

$-\dfrac{3}{5}$

y

よって,最小値は $\dfrac{2}{5}\left(y=-\dfrac{3}{5},x=\dfrac{1}{5}\text{ のとき}\right)$

$y=-\dfrac{3}{5}$ を①に代入して
$x=2+3\cdot\left(-\dfrac{3}{5}\right)=\dfrac{1}{5}$

(2) $x^2+y^2=1$ より, $y^2=1-x^2$ …②

これより, $2x+4y^2$

　　　代入した

$=2x+4(1-x^2)$

　　　整理

$=-4x^2+2x+4$

　　　平方完成

$=-4\left(x-\dfrac{1}{4}\right)^2+\dfrac{17}{4}$

②において
　(左辺)$=y^2\geqq 0$
なので
　(右辺)$=1-x^2\geqq 0$
$\quad\quad x^2-1\leqq 0$
$\quad (x+1)(x-1)\leqq 0$
$\quad \therefore\ -1\leqq x\leqq 1$ Ⓐ

ここで, $\underline{x\text{ の範囲は }-1\leqq x\leqq 1}$ であるので,
グラフは次のようになる。 **ポイント**

$\left(\dfrac{1}{4},\dfrac{17}{4}\right)$　$f(x)=-4\left(x-\dfrac{1}{4}\right)^2+\dfrac{17}{4}$

$(1,\ 2)$

$(-1,-2)$

遠　近

-1　$\dfrac{1}{4}$　1　x

軸に関する対称性より
軸から遠い $x=-1$ のとき最小

$x=\dfrac{1}{4}$ を②に代入して $y^2=1-\left(\dfrac{1}{4}\right)^2=\dfrac{15}{16}$
$\therefore\quad y=\pm\dfrac{\sqrt{15}}{4}$

よって,

最大値は $\dfrac{17}{4}\left(x=\dfrac{1}{4},\ y=\pm\dfrac{\sqrt{15}}{4}\text{ のとき}\right)$

最小値は -2 $(x=-1,\ y=0\text{ のとき})$

$x=-1$ を②に代入して $y^2=1-(-1)^2=0$
$\therefore\quad y=0$

（補足）

Ⓐのところは「数学Ⅱ」の「円の方程式」を使うと**カンタン**です。

（条件式）$x^2+y^2=1$　←（0, 0）中心, 半径 1 の円

これを図示すると

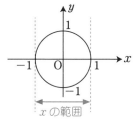

図より x の範囲は $-1\leqq x\leqq 1$ とわかります。

パターン編

数 と 式

2 次 関 数

デ ー タ の 分 析

場 合 の 数 ・ 確 率

図 形 と 計 量

図 形 の 性 質

すべてで成り立つ➡最大値,最小値で判断する

「すべての x に対し,$f(x) \geqq 0$ が成立する」

このような不等式を絶対不等式といいます。まずはイメージから。

例 10人が 100 m を走る。すべての人が 20 秒以内で走るとはどういうことか?

START この人に注目!! GOAL

「すべての人が 20 秒以内で走る」の真偽の判定では,**全員のタイムを計る必要はありません**。というのは,「一番足の遅い人」(図の○の人)が 20 秒以内だったら,**間違いなく全員 20 秒以内**だからです。
(逆に,全員が 20 秒以内ならば,「一番足の遅い人」も 20 秒以内!!)。

　よって,

すべての人が 20 秒以内(絶対不等式) $\overset{\text{同値}}{\Leftrightarrow}$ 一番足の遅い人が 20 秒以内

が成り立ちます。

グラフのイメージ

まとめ

すべての x に対し $f(x) \geqq 0$ ⇔ $f(x)$ の最小値 $\geqq 0$

すべての x に対し $f(x) \leqq 0$ ⇔ $f(x)$ の最大値 $\leqq 0$

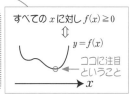

すべての x に対し $f(x) \geqq 0$
⇕
$y = f(x)$
ココに注目ということ
x

例題 **34**

(1) すべての実数 x に対して $x^2 - 2ax + 2a + 3 > 0$ が成り立つように,定数 a の値の範囲を定めよ。

(2) $x \geqq 0$ のすべての x に対して $x^2 - 2ax + 2a + 3 > 0$ が成り立つように,定数 a の値の範囲を定めよ。

ポイント

「最小値で判断する！」がポイント。

(1) x がすべての実数を動くときの最小値なので，頂点で最小です。

(2) $x \geqq 0$ のときの最小値なので，場合分けして求めます（**パターン21** 参照）。

解答 $f(x) = x^2 - 2ax + 2a + 3$ とおく。

(1) $\boxed{(f(x)\text{の最小値})>0}$ であればよい。

$$f(x) = (x-a)^2 - a^2 + 2a + 3$$

条件は ← 平方完成

$$-a^2 + 2a + 3 > 0 \quad \Big\rangle \times(-1)$$
$$a^2 - 2a - 3 < 0$$
$$(a-3)(a+1) < 0$$
$$\therefore \quad -1 < a < 3$$

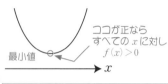

ココが正なら
すべての x に対し
$f(x) > 0$

最小値

参考

(1)は $D < 0$ でやっても OK です
$$\frac{D}{4} < 0 \quad \Leftrightarrow \quad (-a)^2 - (2a+3) < 0$$
$$\Leftrightarrow \quad a^2 - 2a - 3 < 0$$
（同じ不等式）

(2) 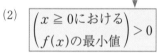 > 0 であればよい。

これが条件

(i) $a \geqq 0$ のとき

条件は $-a^2 + 2a + 3 > 0$

$\therefore \quad -1 < a < 3$

よって，$0 \leqq a < 3$

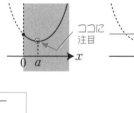

(i)のとき　(ii)のとき

ココに注目

(ii) $a < 0$ のとき

条件は $f(0) > 0$

$$2a + 3 > 0$$

$$\therefore \quad a > -\frac{3}{2}$$

よって，$-\frac{3}{2} < a < 0$

最後は(i), (ii)の和集合

(i), (ii)より，求める a の値の範囲は

$$-\frac{3}{2} < a < 3$$

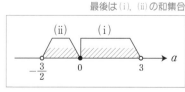

(i) 解の範囲が1つずつ指定 ➡ **端点だけで判断**
(ii) 解の範囲が2ついっぺんに指定 ➡ **判別式と解と係数の関係**

〈(i) について〉

例 $f(x)=ax^2+bx+c$ $(a>0)$ とする。$y=f(x)$ のグラフが，$2<x<3$ と $4<x<5$ で x 軸とそれぞれ1点で交わるための条件を求めよ。

"x 軸との共有点" = "2次方程式の解" です（ パターン **26** ）。

上の例のように，その解の範囲が**1つずつ指定**されているときは端点（範囲の端の点）の y 座標の正・負だけで判断できます。だから，上の例の場合，右のグラフより，条件は

$$\begin{cases} f(2)>0 \\ f(3)<0 \\ f(4)<0 \\ f(5)>0 \end{cases}$$

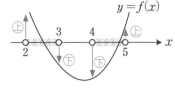

範囲の端の点(この場合 $x=2$, 3, 4, 5)
の y 座標の正負で判断

となります。

〈(ii) について〉

1解ずつではなく，**2解いっぺんに指定**されたときは次の公式を使います。共通テストの大部分は下のやり方で解けますが，もう少し複雑なものは次の パターン **36** を使います。

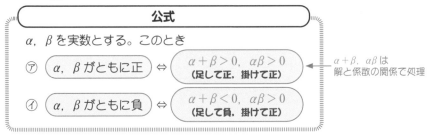

公式

α, β を実数とする。このとき

⑦ α, β がともに正 ⟺ $\alpha+\beta>0$, $\alpha\beta>0$
（足して正，掛けて正）

$\alpha+\beta$, $\alpha\beta$ は
解と係数の関係で処理

④ α, β がともに負 ⟺ $\alpha+\beta<0$, $\alpha\beta>0$
（足して負，掛けて正）

〈⑦の **証明**〉

α, β がともに正ならば，$\alpha+\beta>0$, $\alpha\beta>0$ は明らか。

逆に $\alpha+\beta>0$, $\alpha\beta>0$ とする。$\alpha\beta>0$ より，(α, β) は (正, 正) か (負, 負) であるが，$\alpha+\beta>0$ なので，α, β はともに正。

例題 35

> 2次方程式 $x^2 - 2kx + 2k^2 - 4k = 0$ の解が次の条件を満たすように，定数 k の値の範囲を定めよ。
>
> (1) 異符号の解をもつ
>
> (2) 異なる2つの正の実数解をもつ

ポイント

(1) 1つずつ指定です（2解の1つは $x > 0$，もう1つは $x < 0$）。

(2) 2解がともに正なので，左ページ⑦を利用。

解答

(1) $f(x) = x^2 - 2kx + 2k^2 - 4k$ とおく。

このとき，条件は

$f(0) < 0$ ←端点で判断

$2k^2 - 4k < 0$

$k(k-2) < 0$

∴ $0 < k < 2$

端点

$y = f(x)$

(2) x 軸との共有点の x 座標を α, β とおく。

このとき，条件は

2実数解をもつ → ① $D > 0$

ともに正 →
② $\alpha + \beta > 0$
③ $\alpha\beta > 0$

計算すると
$-k^2 + 4k > 0$
$k^2 - 4k < 0$
$k(k-4) < 0$
∴ $0 < k < 4$

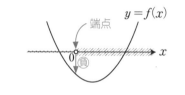

解と係数の関係より
$\begin{cases} \alpha + \beta = -(-2k) = 2k \\ \alpha\beta = 2k^2 - 4k \end{cases}$
パターン 24

①は $\dfrac{D}{4} = (-k)^2 - (2k^2 - 4k) > 0$ より，$0 < k < 4$

②は $2k > 0$ より，$k > 0$

③は $2k^2 - 4k > 0$ より，$k < 0$, $k > 2$

解いた

以上より，$2 < k < 4$

判別式，軸，端点で判断!!

ここでは，パターン**35**より難しい問題を扱います。考え方は難しいのですが，慣れるとこちらのほうが使いやすいです。

例 $f(x) = x^2 + bx + c$ とする。2次方程式 $f(x) = 0$ の異なる2つの実数解がともに正であるための条件を求めよ。

まず，**異なる2実数解**だから $D > 0$

次に，**2解がともに正**なので **軸 > 0** ◀

それから端点の $f(0) > 0$ ◀

したがって，求める条件は

> 逆にこのとき2解はともに正になります

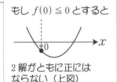

$\begin{pmatrix} \text{軸は } \alpha, \beta \text{ の真ん中にあるので} \\ \alpha, \beta > 0 \text{ ならば 軸} > 0 \end{pmatrix}$

答 $D > 0$，軸 > 0，$f(0) > 0$ ◀

このように，「2解がともに〜」の問題は，

① 判別式，② 軸の位置，③ 端点の y 座標

$(D \geqq 0$ か $D > 0)$　$\begin{pmatrix} \text{解の範囲} \\ \text{と同じ} \end{pmatrix}$　$\begin{pmatrix} \text{下に凸なら正} \\ \text{上に凸なら負} \end{pmatrix}$

もし $f(0) \leqq 0$ とすると

2解がともに正にはならない（上図）

の3つで判断できます。

よって，**条件に適するグラフをかいて，①〜③を読み取り**ます。

例題 36

2次方程式 $x^2 - 2(a+1)x + 4 = 0$ が $x < -1$ に異なる2実数解をもつとき，定数 a の値の範囲を定めよ。

ポイント

まずは条件を満たす2次関数のグラフをかきます!!　そして，

① **判別式**，② **軸**，③ **端点**

を読み取ります。

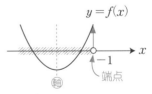

解答 $f(x) = x^2 - 2(a+1)x + 4$ とおく。

右のグラフより条件を読み取ると，

$$\begin{cases} ① & D > 0 \\ ② & \text{軸} < -1 \\ ③ & f(-1) > 0 \end{cases}$$

計算部分

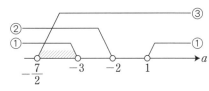
$a^2 + 2a - 3 > 0$
$(a+3)(a-1) > 0$

①は，$\dfrac{D}{4} = (a+1)^2 - 4 > 0$

これより，$a < -3,\ a > 1$

$y = ax^2 + bx + c$ の軸は $x = -\dfrac{b}{2a}$

この場合は

$x = -\dfrac{-2(a+1)}{2 \cdot 1} = a+1$

②は，$a+1 < -1$

$\therefore\ a < -2$

③は，$f(-1) = (-1)^2 - 2(a+1)(-1) + 4 > 0$

$2a + 7 > 0$

$\therefore\ a > -\dfrac{7}{2}$

これより，求める a の値の範囲は

$-\dfrac{7}{2} < a < -3$

コメント ▷ のように解くこともできます。

別解 $x^2 - 2(a+1)x + 4 = 0$ の2解を $\alpha,\ \beta$ とする。

㋐ $D > 0$ より，$a < -3,\ a > 1$ ◀── 上と同じ

㋑ $\begin{cases} \alpha < -1 \\ \beta < -1 \end{cases} \Leftrightarrow \begin{cases} \alpha+1 < 0 \\ \beta+1 < 0 \end{cases} \Leftrightarrow \begin{cases} (\alpha+1)+(\beta+1) < 0 \cdots ㋒ \\ (\alpha+1)(\beta+1) > 0 \quad \cdots ㋓ \end{cases}$

(2解がともに -1 より小さい) (移項して**ともに負の形**に) (和が負，積が正)

㋒より，$\alpha + \beta < -2$

$2(a+1) < -2$

$\therefore\ a < -2$

解と係数の関係より
$\begin{cases} \alpha + \beta = 2(a+1) \\ \alpha\beta = 4 \end{cases}$ （）

㋓より，$\alpha\beta + (\alpha+\beta) + 1 > 0$

$4 + 2(a+1) + 1 > 0$

$\therefore\ a > -\dfrac{7}{2}$

これより，

$-\dfrac{7}{2} < a < -3$

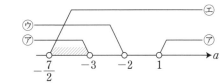

パターン編

数と式

2次関数

データの分析

場合の数・確率

図形と計量

図形の性質

- 平均値 ➡ データの総和をデータの個数で割ったもの
- 最頻値 ➡ 最も個数の多い値
- 中央値 ➡ データの真ん中の値

データの特徴を表す 1 つの数値を代表値といいます。代表値には，平均値，最頻値，中央値の 3 つがあります。

◎平均値

変量 x についてのデータが x_1，x_2，……，x_n のとき，それらの総和をデータの個数（大きさ）n で割ったものをデータの平均値といいます。

$$(\text{平均値}) = \frac{x_1 + x_2 + \cdots\cdots + x_n}{n}$$ ◀── 平均値は $\overline{x}$ で表します

例 3，4，4，6 の平均値 $\overline{x}$ を求めよ。

答 $\overline{x} = \dfrac{3+4+4+6}{4} = \dfrac{17}{4} = 4.25$ ◀── 4 個のデータを足して 4 で割ったもの

◎最頻値（モード）

データにおいて最も個数の多い値をそのデータの最頻値（モード）といいます。度数分布表の場合は，度数の最も大きい階級の階級値（階級の中央の値）をいいます。

たとえば，右のような靴のサイズ別の販売数において最頻値は 25 cm です。

サイズ(cm)	販売数
24	3
25	⑩
26	7
27	4

◎中央値（メジアン）

データを大きさ順に並べたとき，中央にくる値を中央値（メジアン）といいます。データの個数が偶数個のときと奇数個のときで定義が違うので注意してください。

例❶ 1，3，6，7，14 の中央値

答 中央値は 6 ◀── データの個数が 5 個の場合は 3 番目の値が中央値

中央値

例❷ 2，4，5，8 の中央値

答 中央値は $\dfrac{4+5}{2} = 4.5$ ◀── データの個数が 4 個の場合は 2 番目と 3 番目の値の平均値が中央値

この 2 つの平均値が中央値

例題 37

次の表は生徒 21 人のテストの得点と人数を示したものである。

得点（点）	5	6	7	8	9	10	計
人数（人）	1	2	a	b	4	3	21

（ただし, a, b は自然数）

(1) 得点の最頻値が 7 点のとき, a, b の値を求めよ。

(2) 得点の中央値が 7 点のとき, a, b の値を求めよ。

(3) 得点の平均値が 8 点のとき, a, b の値を求めよ。

ポイント

$21 - (1 + 2 + 4 + 3)$

合計が 21 人なので, $a + b = 11$（人）とわかります。

(1) a が最も大きな値ということです。

(2) 21 人なので, 11 番目（真ん中の人）が 7 点ということです。

(3) 連立方程式を作って解きます。

解答

$$a + b = 21 - (1 + 2 + 4 + 3) = 11 \quad \cdots ①$$

(1) 7 点の人数がいちばん多いので

$$a > 4 \quad かつ \quad a > b \quad \longleftarrow このとき, 最頻値は 7 点になる$$

であればよい。よって,

$$(a, b) = (6, 5), (7, 4), (8, 3), (9, 2), (10, 1) \quad \longleftarrow a + b = 11 に注意$$

(2) 得点が低いほうから 11 番目の人が 7 点であるから,

$$a \geqq 8 \quad \longleftarrow a が 8 以上なら 11 番目の人は 7 点$$

であればよい。よって

$$(a, b) = (8, 3), (9, 2), (10, 1) \quad \longleftarrow a + b = 11 に注意$$

5 点が 1 人
6 点が 2 人
7 点が a 人
8 点が b 人
9 点が 4 人
10 点が 3 人
の得点の総和

(3) 平均値が 8 点なので,

$$\frac{(21人の得点の総和)}{21} = \frac{5 \times 1 + 6 \times 2 + 7 \times a + 8 \times b + 9 \times 4 + 10 \times 3}{21} = 8$$

$$7a + 8b + 83 = 168 \quad \longleftarrow 分母を払った$$

$$\therefore \quad 7a + 8b = 85 \quad \cdots ②$$

①, ②より

$$(a, b) = (3, 8)$$

計算部分

$$\begin{cases} 7a + 8b = 85 & \cdots ② \\ a + b = 11 & \cdots ① \end{cases}$$
②－①×7より
$b = 8$
①に代入して $a = 3$

中央値でデータを2等分せよ!!

データの分析では，ちらばり（データのばらつき）を調べることが重要です。

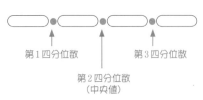

第1四分位数　第3四分位数

第2四分位数
（中央値）

データを小さい順に並べたときに，4等分する位置にくる値を四分位数といい，小さい順に，第1四分位数（Q_1），第2四分位数（Q_2），第3四分位数（Q_3）といいます。なお，Q_2 は中央値です。

四分位数がわかると，箱ひげ図を作ることができます。

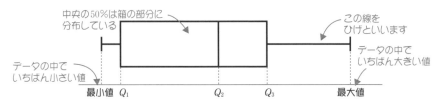

中央の50%は箱の部分に分布している

この線をひげといいます

データの中でいちばん大きい値

データの中でいちばん小さい値

最小値　Q_1　　　　Q_2　　　Q_3　　　最大値

$Q_3 - Q_1$ を四分位範囲といいます。四分位範囲は中央の50%の範囲の幅を表します。これが大きいときは，ちらばりが大きいことを意味します。また，最大値と最小値の差を範囲といいます。これもちらばりを表すひとつの指標です。

たとえば，右の (A) と (B) では，(A) のほうがちらばりが大きいとわかります。

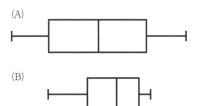

(A)

(B)

四分位数の求め方

(i) 中央値を求める（これが Q_2）

(ii) 中央値でデータを上位，下位に2等分し

中央値より上位のデータの中央値を求める（これが Q_3）

中央値より下位のデータの中央値を求める（これが Q_1）

＊データの個数の偶奇によって扱いが変わることに注意!!

データの個数が偶数のときは，単純に2等分します。

〈12個の場合〉

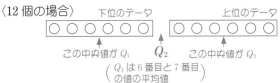

データの個数が奇数のときは，中央値を除いて2等分します。

〈13個の場合〉

下位のデータ Q_2　　上位のデータ
○○○○○○●○○○○○○ ←　Q_2は上位のデータにも下位のデータにも含まれない

この中央値が Q_1　　この中央値が Q_3

例題 38

次のデータの四分位数と四分位範囲を求めよ。

(1)　2, 3, 3, 4, 5, 6, 6, 7, 8　　(2)　1, 1, 2, 2, 4, 5, 6, 7, 7, 8, 9, 9

ポイント

(1)はデータの個数が9個なので，中央値は5番目の値。(2)はデータの個数が12個なので，中央値は6番目と7番目の値の平均値になります。

解答

(1)　$Q_2 = 5$ ←5番目の値　　　5は上位のデータにも下位のデータにも含まれない

このとき，

下位のデータ　　　　上位のデータ
$\boxed{2\ 3\ 3\ 4}\ 5\ \boxed{6\ 6\ 7\ 8}$
　　↓中央値は　　　　↓中央値は

$Q_1 = \dfrac{3+3}{2} = 3$　　$Q_3 = \dfrac{6+7}{2} = 6.5$ ← 2番目と3番目の値の平均値が中央値

よって，$Q_1 = 3$, $Q_2 = 5$, $Q_3 = 6.5$

また，四分位範囲は $Q_3 - Q_1 = 3.5$

(2)　$Q_2 = \dfrac{5+6}{2} = 5.5$ ← 6番目と7番目の値の平均値

このとき，

下位のデータ　　　　上位のデータ
$\boxed{1\ 1\ 2\ 2\ 4\ 5}\ \boxed{6\ 7\ 7\ 8\ 9\ 9}$
　　↓中央値は　　　　↓中央値は

$Q_1 = \dfrac{2+2}{2} = 2$　　$Q_3 = \dfrac{7+8}{2} = 7.5$ ← 3番目と4番目の値の平均値が中央値

よって，$Q_1 = 2$, $Q_2 = 5.5$, $Q_3 = 7.5$

また，四分位範囲は $Q_3 - Q_1 = 5.5$

パターン編

数と式

2次関数

データの分析

場合の数・確率

図形と計量

図形の性質

分散は（偏差）² の平均値

n 個のデータ x_1, x_2, ……, x_n の平均値を $\overline{x}$ とするとき，平均値からの差

$$x_1 - \overline{x}, \quad x_2 - \overline{x}, \quad \cdots\cdots, \quad x_n - \overline{x}$$

を偏差といいます。

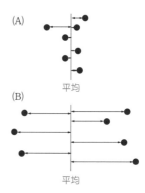

(A)

平均

(B)

平均

偏差もちらばりを表します。右図で (B) のほうがデータの各値が平均からはなれたところに分布しているので，ちらばりが大きくなっています。

偏差の平均的な値を調べたいのですが，偏差を平均すると，プラスの部分とマイナスの部分で打ち消されて，0 になってしまいます。

〈4 個のデータ a, b, c, d の場合だと……〉

$\overline{x} = \dfrac{a+b+c+d}{4}$ である。偏差 $a-\overline{x}$, $b-\overline{x}$, $c-\overline{x}$, $d-\overline{x}$ の平均値は

$$\frac{(a-\overline{x})+(b-\overline{x})+(c-\overline{x})+(d-\overline{x})}{4} = \frac{a+b+c+d-4\overline{x}}{4}$$

$\overline{x} = \dfrac{a+b+c+d}{4}$
を代入

$$= \frac{a+b+c+d-4 \cdot \dfrac{a+b+c+d}{4}}{4} = 0$$

そこで，偏差の2乗（2乗すると，すべて0以上になる）の平均値を考えます。この値を分散 (s^2) といい，分散の正の平方根を標準偏差 (s) といいます。

$$\text{分散}：s^2 = \frac{(x_1-\overline{x})^2+(x_2-\overline{x})^2+\cdots\cdots+(x_n-\overline{x})^2}{n}$$

（標準偏差）$= \sqrt{（分散）}$

また，分散について，次が成り立ちます。

分散についての重要公式

$$s^2 = \overline{x^2} - (\overline{x})^2 \quad \longleftarrow （分散）=（2乗の平均値）-（平均値の2乗）$$

例題 39

次の表は，変量 x, y のデータである。

x	4	5	6	4	6
y	8	2	3	9	10

x, y の分散，標準偏差を求めよ。

ポイント

直感的に y のほうがちらばりが大きいとわかるので，分散，標準偏差はともに y のほうが大きくなります。また，y の平均値は整数ではありません。
このような場合，分散は，前ページの **公式** を利用したほうが簡単です。

解答

x, y の平均値をそれぞれ $\overline{x}$, $\overline{y}$ とすると，

$$\overline{x} = \frac{4+5+6+4+6}{5} = 5 \qquad \overline{y} = \frac{8+2+3+9+10}{5} = \frac{32}{5} = 6.4$$

よって，x の各値の偏差は

$$4-5, \ 5-5, \ 6-5, \ 4-5, \ 6-5$$

> 計算すると
> $-1, \ 0, \ 1, \ -1, \ 1$

であるから，x の分散 s_x^2 は，

偏差の2乗の平均値

$$s_x^2 = \frac{(-1)^2+0^2+1^2+(-1)^2+1^2}{5} = \frac{4}{5} = 0.8$$

また，x の標準偏差は $s_x = \sqrt{0.8}$

一方，y^2 の平均値 $\overline{y^2}$ は

$$\overline{y^2} = \frac{8^2+2^2+3^2+9^2+10^2}{5} = \frac{64+4+9+81+100}{5} = \frac{258}{5}$$

よって，y の分散 s_y^2 は

$$s_y^2 = \overline{y^2} - (\overline{y})^2$$

前ページの公式

$$= \frac{258}{5} - \left(\frac{32}{5}\right)^2 = \frac{266}{25}$$

> $s_y^2 = \frac{(8-6.4)^2+(2-6.4)^2+(3-6.4)^2+(9-6.4)^2+(10-6.4)^2}{5}$
> $= \frac{1.6^2+(-4.4)^2+(-3.4)^2+2.6^2+3.6^2}{5}$
> とすると，計算が大変です

したがって，y の標準偏差は

$$s_y = \sqrt{\frac{266}{25}} = \frac{\sqrt{266}}{5}$$

$s_y > s_x$ になっています
（直感と一致する）

偏差 $x-\overline{x},\ y-\overline{y}$ の表を作れ!!

2つの変量 $x,\ y$ について，一方が増えると他方が増える傾向にあるとき（図1），2つの変量には正の相関関係があるといいます。逆に，一方が増えると他方が減る傾向にあるとき（図2），2つの変量には負の相関関係があるといいます。

どちらの傾向もないときは，相関関係がないといいます。

相関関係の正負とその強弱は，相関係数という数値で表されます。相関係数を計算するには，共分散を求める必要があります。

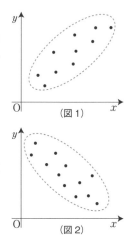

（図1）

（図2）

◎共分散

2つの変量 $x,\ y$ に対し，x の偏差と y の偏差の積 $(x_k-\overline{x})(y_k-\overline{y})$ の平均値を x と y の共分散といい，s_{xy} で表します。

$$s_{xy}=\frac{(x_1-\overline{x})(y_1-\overline{y})+(x_2-\overline{x})(y_2-\overline{y})+\cdots\cdots+(x_n-\overline{x})(y_n-\overline{y})}{n}$$

◎相関係数

2つの変量 $x,\ y$ に対し，x と y の共分散 s_{xy} を x と y の標準偏差の積 $s_x s_y$ で割ったものを x と y の相関係数といい，r で表します。

$$r=\frac{s_{xy}}{s_x s_y}$$

計算するときは，各値の偏差 $x-\overline{x},\ y-\overline{y}$ の表を作ることがポイントです。

$x-\overline{x}$	a_1	a_2	$\cdots\cdots$	a_n
$y-\overline{y}$	b_1	b_2	$\cdots\cdots$	b_n

このとき，「$\{a_k b_k\}$ の平均値」が共分散，「$\{a_k{}^2\}$ の平均値」が x の分散，「$\{b_k{}^2\}$ の平均値」が y の分散になります。

（標準偏差）は $\sqrt{分散}$

例題 40

右の表は生徒 5 人の国語のテストの点数 x と英語のテストの点数 y の結果である。

番号	1	2	3	4	5
x	4	7	9	9	6
y	5	6	8	9	7

このとき，x と y の相関係数 r を求めよ。

ポイント

x と y の平均値を計算して，偏差の表を作成します。

解答

x と y の平均値をそれぞれ $\overline{x}$，$\overline{y}$ とすると

$$\overline{x} = \frac{4+7+9+9+6}{5} = \frac{35}{5} = 7, \quad \overline{y} = \frac{5+6+8+9+7}{5} = \frac{35}{5} = 7$$

これより，x と y の各値の偏差の表は次のようになる。

番号	1	2	3	4	5
$x - \overline{x}$	-3	0	2	2	-1
$y - \overline{y}$	-2	-1	1	2	0

←平均値からの差が偏差

これより，共分散 s_{xy} は

$$s_{xy} = \frac{(-3)(-2)+0\cdot(-1)+2\cdot1+2\cdot2+(-1)\cdot0}{5} = \frac{12}{5}$$

「偏差の積」の平均値

一方，標準偏差 s_x，s_y は

$$s_x = \sqrt{\frac{(-3)^2+0^2+2^2+2^2+(-1)^2}{5}} = \sqrt{\frac{18}{5}}$$

「偏差の2乗の平均値」が分散。
分散の正の平方根が標準偏差

$$s_y = \sqrt{\frac{(-2)^2+(-1)^2+1^2+2^2+0^2}{5}} = \sqrt{2}$$

これより，

$$r = \frac{s_{xy}}{s_x s_y} = \frac{\dfrac{12}{5}}{\sqrt{\dfrac{18}{5} \times \sqrt{2}}} = \frac{2\sqrt{5}}{5} \ (\fallingdotseq 0.89)$$

数と式

2次関数

データの分析

場合の数・確率

図形と計量

図形の性質

散布図からおおよその相関係数を読み取れ

相関係数 r について，次の性質が成り立ちます。

相関係数の性質

(1) $-1 \leqq r \leqq 1$ である。

(2) (i) r の値が 1 に近いとき，強い正の相関関係がある。r が 1 に近ければ近いほど，傾きが正の直線に近い分布をする。

    (ii) r の値が -1 に近いとき，強い負の相関関係がある。r が -1 に近ければ近いほど，傾きが負の直線に近い分布をする。

    (iii) r の値が 0 に近いとき，直線的な相関関係はない。

散布図からおおよその相関係数が推定できるようにしてください。

相関係数が 1 に近づくと，傾きが正の直線に近づく

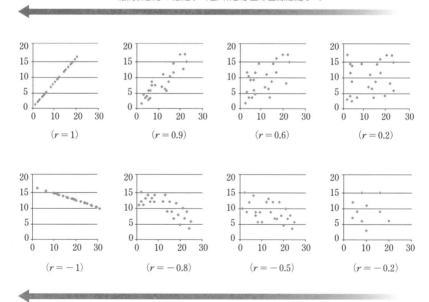

相関係数が -1 に近づくと，傾きが負の直線に近づく

例題 ④

次のそれぞれの散布図に最も近い相関係数 (r) はどれか。

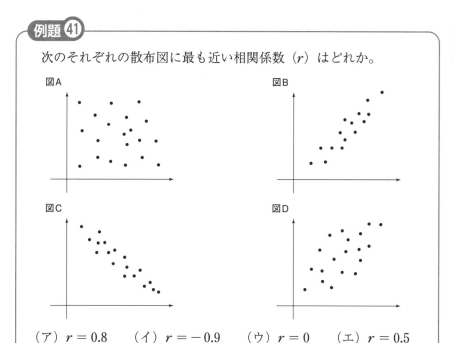

図A

図B

図C

図D

（ア）$r = 0.8$ （イ）$r = -0.9$ （ウ）$r = 0$ （エ）$r = 0.5$

ポイント

散布図から相関係数を読み取る際には，細かいこと（たとえば 0.7 なのか 0.67 なのか）は読み取れません!!

正の相関関係，負の相関関係，相関関係がない

のうちどれかを見抜いて，その強弱を読み取ってください。上図では，**図B**と**図D**は正の相関関係があり，その強弱は，**図B**のほうが強いとわかります。また，**図C**は負の相関関係で，**図A**は相関関係がありません。

解答

図 A は （ウ）◄── 相関係数は 0 に近い値なので（ウ）

図 B は （ア）◄

図 C は （イ）◄ 正の相関関係で図 B のほうが図 D より
強いので，（ア）が図 B，（エ）が図 D

図 D は （エ）◄── 負の相関関係なので（イ）

パターン編

数 と 式

2 次 関 数

データの分析

場 合 の 数 ・ 確 率

図 形 と 計 量

図 形 の 性 質

・平均値は p だけ増える!!
・分散, 標準偏差, 共分散, 相関係数は変わらない!!

変量 x の各データの値に p を加えることによって, 新しい変量 $x_1 = x + p$ を作ることができます。このとき, 2 つの平均値 $\overline{x}$, $\overline{x_1}$ の間には,

$$\boxed{\overline{x_1} = \overline{x} + p \quad \cdots ①} \quad \Leftarrow \text{平均値は } p \text{ だけ増える}$$

が成り立ちます。

たとえば, 変量 x が 3 個のデータ a, b, c のとき, $\Leftarrow$ このとき, $\overline{x} = \dfrac{a+b+c}{3}$

新しい変量 x_1 のデータは

$$a+p, \ b+p, \ c+p$$

なので, x_1 の平均値は

$$\overline{x_1} = \frac{(a+p)+(b+p)+(c+p)}{3} = \frac{a+b+c}{3} + p = \overline{x} + p$$

となり, ①が成り立つことがわかります。また, このとき,

データの各値の偏差は変わりません!!

上の例の場合, x_1 の各値の偏差は,

$$a+p-\overline{x_1}, \ b+p-\overline{x_1}, \ c+p-\overline{x_1} \quad \longleftarrow \ \text{平均値から} \atop \text{の差が偏差}$$

となり, $\overline{x_1} = \overline{x} + p$ を代入すると,

$$a-\overline{x}, \ b-\overline{x}, \ c-\overline{x} \quad \Leftarrow p \text{ が消える}$$

なので, これは, x の各値の偏差と一致します。

ここで, 分散 s_x^2, 標準偏差 s_x の定義は

ということは各値の偏差が一致すればその値の 2 乗の平均値も一致する

$$s_x^2 = (\text{「}x \text{ の偏差の 2 乗」の平均値}), \ s_x = \sqrt{(\text{分散})}$$

なので, x と x_1 では分散, 標準偏差が一致し,

$$\boxed{s_x^2 = s_{x_1}^2, \ s_x = s_{x_1}} \quad \Leftarrow x \text{ と } x_1 \text{ は分散, 標準偏差が変わらない}$$

が成り立ちます。

さらに,

各値の偏差が変わらなければ共分散も変わらない

$$(x \text{ と } y \text{ の共分散}) = (\text{「}x \text{ と } y \text{ の偏差の積」の平均値})$$

$$(x \text{ と } y \text{ の相関係数}) = \frac{s_{xy}}{s_x s_y} \quad \longleftarrow \ \text{共分散と標準偏差が変わらなければ} \atop \text{相関係数も変わらない}$$

なので,

$$(x と y の共分散) = (x_1 と y の共分散)$$
$$(x と y の相関係数) = (x_1 と y の相関係数)$$

が成り立ちます。

〈イメージ〉

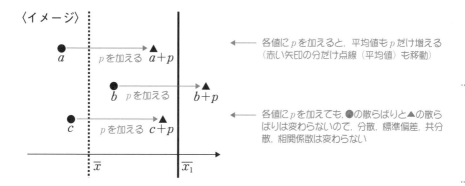

各値に p を加えると,平均値も p だけ増える（赤い矢印の分だけ点線（平均値）も移動）

各値に p を加えても,●の散らばりと▲の散らばりは変わらないので,分散,標準偏差,共分散,相関係数は変わらない

例題 42

(1) 右の表は,学力テストの点数 x についての結果をまとめたものである。変量 u を $u = x - 50$ で定義するとき,u の平均値,分散,標準偏差を求めよ。

	平均値	分散	標準偏差
x	62.1	16	4

(2) 2つの変量 x, y があり,x と y の共分散は,-3.24,相関係数は,-0.42 とする。新しい変量 u を $u = x - 50$ で定義するとき,u と y の共分散,相関係数を求めよ。

解答

(1) 平均値は,$62.1 - 50 = 12.1$ ← $\overline{u} = \overline{x} - 50$

分散は,16
標準偏差は,4 〉分散と標準偏差は変わらない

(2) 共分散は,-3.24
相関係数は,-0.42 〉共分散と相関係数は変わらない

パターン編

数と式

2次関数

データの分析

場合の数・確率

図形と計量

図形の性質

- 平均値，共分散は k 倍
- 分散は k^2 倍，標準偏差は $|k|$ 倍
- 相関係数は，同じか符号違い

　今度は，変量 x の各データの値を k 倍して，新しい変量 $x_2 = kx$ を作ります。このとき，2 つの平均値 $\overline{x}$，$\overline{x_2}$ の間には

$$\boxed{\overline{x_2} = k\,\overline{x}}$$ ← 平均値は k 倍になる

が成り立ちます。これも パターン**42** で扱った 3 個のデータの場合で確かめてみましょう。新しい変量 $x_2 = kx$ のデータは

　　$ka,\ kb,\ kc$

です。よって，x_2 の平均値は

$\overline{x} = \dfrac{a+b+c}{3}$ より

$$\overline{x_2} = \frac{ka+kb+kc}{3} = k \cdot \frac{a+b+c}{3} = k\,\overline{x}$$

　また，x_2 のデータの各値の偏差は

平均値からの差が偏差

　　$ka - \overline{x_2},\ kb - \overline{x_2},\ kc - \overline{x_2}$

なので，$\overline{x_2} = k\,\overline{x}$ を代入すると

> x の各値の偏差
> $a - \overline{x},\ b - \overline{x},\ c - \overline{x}$
> の k 倍になっている

　　$k(a - \overline{x}),\ k(b - \overline{x}),\ k(c - \overline{x})$

となり，x_2 の各値の偏差は x の各値の偏差の k 倍になっていることがわかります。

　これより，

$$\boxed{s_{x_2}{}^2 = k^2 s_x{}^2}$$ ← 分散は k^2 倍

が成り立ちます。実際，上の例の場合

$$s_{x_2}{}^2 = \frac{\{k(a-\overline{x})\}^2 + \{k(b-\overline{x})\}^2 + \{k(c-\overline{x})\}^2}{3}$$

分散は偏差の2乗の平均値

$$= k^2 \cdot \frac{(a-\overline{x})^2 + (b-\overline{x})^2 + (c-\overline{x})^2}{3}$$

$$= k^2 s_x{}^2$$

　標準偏差は $\sqrt{分散}$ なので，$s_{x_2} = \sqrt{k^2 s_x{}^2} = |ks_x| = |k|s_x$

標準偏差は $|k|$ 倍になる

　さらに，

$$\boxed{(x_2 \text{と} y \text{の共分散}) = k \times (x \text{と} y \text{の共分散})}$$

が成り立ちます。

これも，96ページの例に変量 y を加えた右の表
で計算すると，

x	a	b	c
x_2	ka	kb	kc
y	d	e	f

$(x_2 \text{と} y \text{の共分散})$

$$= \frac{k(a-\overline{x})(d-\overline{y})+k(b-\overline{x})(e-\overline{y})+k(c-\overline{x})(f-\overline{y})}{3}$$ ← 共分散は偏差の積の平均値

$$= k \times \frac{(a-\overline{x})(d-\overline{y})+(b-\overline{x})(e-\overline{y})+(c-\overline{x})(f-\overline{y})}{3}$$

$$= k \times (x \text{と} y \text{の共分散})$$

また，相関係数の定義は，

$$r = \frac{s_{xy}}{s_x s_y}$$

なので，x が x_2 になると，共分散は k 倍，標準偏差は $|k|$ 倍。したがって，

$$\begin{cases} k>0 \text{のときは，} (x_2 \text{と} y \text{の相関係数}) = (x \text{と} y \text{の相関係数}) \\ k<0 \text{のときは，} (x_2 \text{と} y \text{の相関係数}) = -(x \text{と} y \text{の相関係数}) \end{cases}$$

となります。←── 絶対値がどう外れるかで場合分けになる

例題 ㊸

(1) 右の表は，学力テストの点数 x
についての結果をまとめたもので
ある。変量 u を $u = \frac{1}{3}x$ で定義す

	平均値	分散	標準偏差
x	62.1	16	4

るとき，u の平均値，分散，標準偏差を求めよ。

(2) 2つの変量 x, y があり，x と y の共分散は -3.24，相関係数 -0.42
とする。新しい変量 u を $u = \frac{1}{3}x$ で定義するとき，u と y の共分
散，相関係数を求めよ。

解答

(1) 平均値は $\frac{1}{3} \times 62.1 = 20.7$ ← 平均値は k 倍

分散は $\left(\frac{1}{3}\right)^2 \times 16 = \frac{16}{9}$ ← 分散は k^2 倍

標準偏差は $\frac{1}{3} \times 4 = \frac{4}{3}$ ← 標準偏差は $|k|$ 倍

(2) 共分散は $\frac{1}{3} \times (-3.24) = -1.08$ ← 共分散は k 倍

相関係数は -0.42 ← $k>0$ のときは相関係数は変わらない

数と式

2次関数

データの分析

場合の数・確率

図形と計量

図形の性質

平均値は中央値より外れ値の影響を受けやすい!!

データの中に，他の値とは極端にかけ離れた値（外れ値）が含まれると，分析の結果に影響を与えます。

例えば，左の散布図となる7個のデータでは，相関係数が 0.92 ですが，★のデータが加わった8個のデータ（右の散布図）では相関係数が 0.07 となります。

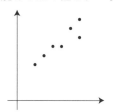 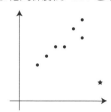

例題 44

(1) 次のデータは，40 の国際空港から主要ターミナル駅への「移動距離」（単位は km）を並べたものである。

56	48	47	42	40	38	38	36	28	25
25	24	23	22	22	21	21	20	20	20
20	20	19	18	16	16	15	15	14	13
13	12	11	11	10	10	10	8	7	6

このデータにおいて，四分位範囲は $\boxed{\text{アイ}}$ であり，外れ値の個数は $\boxed{\text{ウ}}$ である。ただし，外れ値は次の値とする。

「(第1四分位数) $-1.5\times$(四分位範囲)」以下のすべての値
「(第3四分位数) $+1.5\times$(四分位範囲)」以上のすべての値

(2) 2つのデータ x, y がある。

x

1	1	1	1	1

y

1	1	1	1	1	97

このとき，$\overline{x} = \boxed{\text{エ}}$，$\overline{y} = \boxed{\text{オカ}}$ である。また，x の中央値は $\boxed{\text{キ}}$，y の中央値は $\boxed{\text{ク}}$ であるから，平均値と中央値でくらべると，$\boxed{\text{ケ}}$ の方が外れ値の影響を受けやすい。同様に，範囲と四分位範囲でくらべると $\boxed{\text{コ}}$ の方が外れ値の影響を受けやすい。

$\boxed{\text{ケ}}$，$\boxed{\text{コ}}$ の解答群

⓪ 平均値　　① 中央値　　② 範囲　　③ 四分位範囲

ポイント

四分位数 Q_1，Q_2，Q_3 を求めて処理します（パターン 38）。

解答

(1) $\boxed{\text{ア〜ウ}}$　$Q_1 = 13$，$Q_2 = 20$，$Q_3 = 25$ より，四分位範囲は

$Q_3 - Q_1 = 25 - 13 = 12$

このとき

$\begin{cases} (\text{第1四分位数}) - 1.5 \times (\text{四分位範囲}) = 13 - 1.5 \times 12 = -5 \\ (\text{第3四分位数}) + 1.5 \times (\text{四分位範囲}) = 25 + 1.5 \times 12 = 43 \end{cases}$

この2つの値の外側が外れ値

より，外れ値は，47，48，56 の 3 個

(2) $\boxed{\text{エ〜コ}}$　$\overline{x} = 1$，$\overline{y} = 17$ である。　←　$\overline{y} = \frac{1+1+1+1+1+97}{6} = \frac{102}{6} = 17$

また，x の中央値は 1，y の中央値は 1 であるから，平均値と中央値でくらべると，平均値の方が外れ値の影響を受けやすい。

$(\boxed{\text{ケ}} = ⓪)$

また，

$(x \text{ の範囲}) = 1 - 1 = 0$，　$(x \text{ の四分位範囲}) = 1 - 1 = 0$

$(y \text{ の範囲}) = 97 - 1 = 96$，　$(y \text{ の四分位範囲}) = 1 - 1 = 0$

より，範囲と四分位範囲でくらべると，範囲の方が外れ値の影響を受けやすい。

$\boxed{\text{コ}} = ②$

パターン編

数と式

2次関数

データの分析

場合の数・確率

図形と計量

図形の性質

帰無仮説の下で，対立仮説を検証せよ!!

　統計学的に有意なこと（＝ 珍しいこと）A が起きたとき，A に関する主張（対立仮説）に反する仮説（つまり，統計学的に有意でないという仮説←帰無仮説）を立てて，対立仮説が正しいかどうかを判定する方法を仮説検定といいます。

例❶ コインを 100 回投げて，表が 70 回出たとき

　対立仮説：このコインは表が出やすい ←——①——統計学的に有意であるという仮説

　帰無仮説：このコインの表が出る確率は $\frac{1}{2}$ である。

例❷ A と B がオセロを 20 回行い，A が 12 回勝ったとき

　対立仮説：A は B より強い ←——②——統計学的に有意であるという仮説

　帰無仮説：A と B の強さは同等である

①では表が 70 回以上出る確率，②では A が 12 回以上勝つ確率を調べます

帰無仮説の下で，①，②がどの程度の確率で起こるかを調べます。

このとき，その確率が 0.05 より ← この確率（**有意水準**といいます）は 0.01 のときもあります

　　小さいとき —→ 珍しいことが起こった，つまり帰無仮説は正しくない（対立仮説は正しい）と判断

　　大きいとき —→ 帰無仮説は正しくないとは言いきれない，つまり対立仮説は正しいとは判断できない

例❶ 表の出る確率が $\frac{1}{2}$ であるコインを 100 回投げたとき，表の出る回数が 70 回以上となる確率は，表計算ソフトで調べると 0.01 未満である。この場合，「このコインは裏が出やすい」と判断してよい。

珍しいことが起こった

例❷ A が勝つ確率が $\frac{1}{2}$ という仮定の下で，20 回中 A が 12 回以上勝つ確率は，表計算ソフトで調べるとおよそ 0.25 である。この場合，「A は B より強い」とは判断できない。

珍しいことが起こったわけではない

パターン編

数と式

2次関数

データの分析

場合の数・確率

図形と計量

図形の性質

例題 45

P 空港を利用した 30 人に，P 空港は便利だと思うかをたずねたとき，20 人が「便利だと思う」と回答した。このとき，「P 空港は便利だと思う人の方が多い」という説を検討した。これを対立仮説とすると帰無仮説は "P 空港の利用者のうちで「便利だと思う」と回答する割合と「便利だと思う」と回答しない割合が等しい" である。

次の**実験結果**は，30 枚の硬貨を投げる実験を 1000 回行ったとき，表が出た枚数ごとの回数の割合を示したものである。

実験結果

表の枚数	0	1	2	3	4	5	6	7	8	9	
割合	0.0%	0.0%	0.0%	0.0%	0.0%	0.0%	0.0%	0.0%	0.1%	0.8%	
表の枚数	10	11	12	13	14	15	16	17	18	19	
割合	3.2%	5.8%	8.0%	11.2%	13.8%	14.4%	14.1%	9.8%	8.8%	4.2%	
表の枚数	20	21	22	23	24	25	26	27	28	29	30
割合	3.2%	1.4%	1.0%	0.0%	0.1%	0.0%	0.1%	0.0%	0.0%	0.0%	0.0%

実験結果を用いると，30 枚の硬貨のうち 20 枚以上が表となった割合は ア . イ ％である。これを 30 人のうち 20 人以上が「便利だと思う」と回答する確率とみなし，有意水準を 0.05 とすると，帰無仮説は ウ ，P 空港は便利だと思う人の方が エ 。

ウ の解答群

⓪ 誤っていると判断され　　① 誤っていると判断されず

エ の解答群

⓪ 多いといえる　　① 多いとはいえない

解答

ア〜エ　$3.2+1.4+1.0+0.1+0.1=5.8$（％）　←──表の3段目を合計する

5.8%（$=0.058$）> 0.05 であるから，帰無仮説は誤っているとは判断されず，P 空港は便利だと思う人の方が多いとはいえない。

ウ ＝ ①，　**エ** ＝ ①

どこを指すか瞬時に判別できるように練習せよ!!

まずは，集合の扱い方から。

◎**共通部分，和集合，補集合**

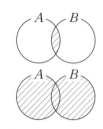

(i) 共通部分 $A \cap B$ ➡ 集合 A, B のどちらにも属する
要素全体の集合
「かつ」と読む

(ii) 和 集 合 $A \cup B$ ➡ 集合 A, B の少なくとも一方
に属する要素全体の集合
「または」と読む

(iii) 補 集 合 $\overline{A}$ ➡ 全体集合 U の部分集合 A に
対して，A に属さない U の
「A バー」と読む
要素全体の集合

これが定義です。もっと端的にいうと，

$A \cap B$ ➡ **A でしかも B のところ**（A と B の重なり）

$A \cup B$ ➡ **A と B をくっつけた集合**

$\overline{A}$ ➡ **A の外側**

と解釈できます。たとえば，

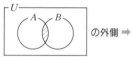

$\overline{A \cap B}$ ➡ $A \cap B$ の外側

$\overline{A \cup B}$ ➡ $\overline{A}$ と $\overline{B}$ をくっつける

なので

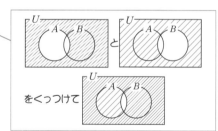

$$\overline{A \cap B} = \overline{A} \cup \overline{B}$$

これを**ド・モルガンの法則**

といいます。

ド・モルガンの法則

(i) $\overline{A \cap B} = \overline{A} \cup \overline{B}$　　　覚え方　　　──── を ── 2つに分解すると
（長いバー）（短いバー）

(ii) $\overline{A \cup B} = \overline{A} \cap \overline{B}$　　　　　　　　　　　∩ と ∪ が逆になる
かつ　または

例題 **46**

全体集合 $U = \{1,\ 2,\ 3,\ 4,\ 5,\ 6,\ 7,\ 8,\ 9,\ 10\}$ の部分集合を A, B とする。

(1) $A \cap B = \{1,\ 4,\ 5\}$, $A \cap \overline{B} = \{3,\ 9,\ 10\}$ のとき，集合 A を求めよ。

(2) (1)において，さらに $\overline{A} \cap \overline{B} = \{2,\ 6\}$ のとき，集合 B, $A \cup B$ を求めよ。

ポイント

ベン図（集合の関係を表す図）のどこを指すか考えて図に書き込みます。

解答

(1) $A \cap B = \{1,\ 4,\ 5\}$

$A \cap \overline{B} = \{3,\ 9,\ 10\}$

$A \cap \overline{B}$ は，B の外でしかも A のところ

をベン図で表すと右図のようになる。

これより

$A = \{1,\ 3,\ 4,\ 5,\ 9,\ 10\}$ ← 小さい順に並べておく

(2) $\{2,\ 6\} = \overline{A} \cap \overline{B} = \overline{A \cup B}$ （ド・モルガンの法則）

$A \cup B$ の外

これと(1)を合わせて考えると，右図のようになる。

よって，

$B = \{1,\ 4,\ 5,\ 7,\ 8\}$

$A \cup B = \{1,\ 3,\ 4,\ 5,\ 7,\ 8,\ 9,\ 10\}$

この部分は全体集合から
$\{1,\ 2,\ 3,\ 4,\ 5,\ 6,\ 9,\ 10\}$ を除くと
$\{7,\ 8\}$

補足

集合の表し方は，2 つあります。

$A = \{1,\ 3,\ 5,\ 7,\ 9\}$ ← 要素を書き並べる

$B = \{x \mid x\ \text{は}\ 1\ \text{桁の奇数}\}$ ← $\{x \mid$ 条件 $\}$ と書き，「条件を満たす x の集合」を表す

この場合，A と B は同じ集合なので $A = B$ です。また，

$C = \{x \mid x^2 - 4x + 3 = 0\}$

は，$x^2 - 4x + 3 = 0$ の解からなる集合を表します。

数と式

2次関数

データの分析

場合の数・確率

図形と計量

図形の性質

目印をつけて植木算にもちこむ

◎集合の個数について

有限集合 A に対して，A の要素の個数を $n(A)$ で表します。

要素が有限個である集合

たとえば $A = \{2, 5, 10, 12\}$
のとき，$n(A) = 4$

集合の要素の個数に関する公式1

(i) $n(A \cup B) = n(A) + n(B) - n(A \cap B)$

(ii) $n(\overline{A}) = n(U) - n(A)$ （ただし，U は全体集合）

例 $n(A \cup B) = 100, n(A) = 30, n(A \cap B) = 10$ のとき $n(B)$ を求めよ。

答 公式 (i) より，

$100 = 30 + n(B) - 10$ ◀── $n(B)$ の方程式を作った

$\therefore \quad n(B) = 80$

3個の集合 A，B，C に対しては，次が成立します。

集合の要素の個数に関する公式2

$$n(A \cup B \cup C) = n(A) + n(B) + n(C)$$
$$- n(A \cap B) - n(B \cap C) - n(C \cap A)$$
$$+ n(A \cap B \cap C)$$

◎個数の数え方について ◀── 重要

(i) **連続する整数の個数** ➡ **植木算**（両端を引いて1を足す）で数える

たとえば，$\{3, 4, 5, 6, 7\}$ は $7 - 3 + 1 = 5$（個）◀

同様に $\{5, 6, 7, \cdots\cdots, 70\}$ は $70 - 5 + 1 = 66$（個）

(ii) **〜の倍数の個数** ➡ **目印の個数**として数える

たとえば，6の倍数の集合

$\{18, 24, 30, \cdots\cdots, 66\}$ に対して，目印

$\{6 \cdot 3, 6 \cdot 4, 6 \cdot 5, \cdots\cdots, 6 \cdot 11\}$ をつけることにより，

集合 $\{3, 4, 5, \cdots\cdots, 11\}$ の個数を数えればよい。

よって，(i) より $11 - 3 + 1 = 9$（個）

③，④，⑤，⑥，⑦
$7 - 3$ で⑦と③の幅4が出
てこれに $+1$ をすると個数
が出ます

例題 ❹⓻

次のような2桁の自然数は何個あるか。

(1) 3の倍数

(2) 3の倍数または2の倍数

(3) 2の倍数かつ3の倍数であるが，5の倍数でない数

ポイント　「2の倍数かつ3の倍数」は「6の倍数」となります。一般に，

公式

m の倍数かつ n の倍数 ⇔ (m, n の最小公倍数) の倍数

イメージ

解答
$$\begin{cases} A \Rightarrow 2桁の3の倍数全体の集合 \\ B \Rightarrow 2桁の2の倍数全体の集合 \\ C \Rightarrow 2桁の5の倍数全体の集合 \\ D \Rightarrow 2桁の6の倍数全体の集合 \end{cases}$$ とおく。

$D = A \cap B$ ← 目印

(1) $A = \{12, 15, 18, \cdots\cdots, 99\} = \{3 \cdot 4, 3 \cdot 5, 3 \cdot 6, \cdots\cdots, 3 \cdot 33\}$ より，
$n(A) = 33 - 4 + 1 = 30$ ← 植木算

(2) $B = \{10, 12, 14, \cdots\cdots, 98\} = \{2 \cdot 5, 2 \cdot 6, 2 \cdot 7, \cdots\cdots, 2 \cdot 49\}$ より，
$n(B) = 49 - 5 + 1 = 45$

$A \cap B = \{12, 18, 24, \cdots\cdots, 96\} = \{6 \cdot 2, 6 \cdot 3, 6 \cdot 4, \cdots\cdots, 6 \cdot 16\}$ より，
<u>6の倍数の集合 (D)</u>
$n(A \cap B) = 16 - 2 + 1 = 15$

∴ $n(A \cup B) = n(A) + n(B) - n(A \cap B)$ ← 公式
$= 30 + 45 - 15 = 60$

「2の倍数かつ3の倍数」＝「6の倍数」

(3) 求めるものは「6の倍数であるが5の倍数でない数」であるので，下図の斜線部分の個数である。← $n(\overline{C} \cap D)$ を求めればよい

ここで，　(5, 6の最小公倍数)の倍数
$C \cap D$ は30の倍数より，
$\{30, 60, 90\}$ の3個。← 植木算を使わず普通に数えたほうが速い

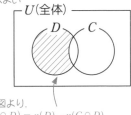

U(全体)

上の図より，
$n(\overline{C} \cap D) = n(D) - n(C \cap D)$

よって，求める答は
$n(\overline{C} \cap D)$
$= n(D) - n(C \cap D)$
<u>(2)より</u>
$= 15 - 3 = 12$

和の法則➡場合分けをするとき
積の法則➡順序立てして考えるとき

順序立ての仕方は パターン **50**

和の法則と積の法則について説明します。

〈当たり前の 例❶〉次のトランプから1枚を選ぶ方法は何通りあるか。

     　　　◀── （答）は明らかに6通り

積の法則は**物事を順序立てして考えるとき**に使います。上の例だと

① ♥か♠かをきめる　➡　② AかKかQかをきめる
　　　2通り　　　そのあと　　　　　3通り

というように、1枚選ぶということを①、②と順序立て

できます。このようなときは、積の法則により、

$$2 \times 3 = 6 （通り）$$
（積の法則）

となります。

しかし、次の例では積の法則は**使えません**。

積の法則が使えるとき

♥でも♠でも
枝の本数は3本ずつ

〈当たり前の 例❷〉次のトランプから1枚を選ぶ方法は何通りあるか。

    　　　◀── （答）は明らかに5通り

　上の場合、♥か♠かを決めたあと、枝の本数が変わるので（下の樹形図）、積の法則は使えません!!　どちらの枝に行くかで状況が変わるときは、場合を分けて和の法則になります。

積の法則が使えないとき

答

♥を選ぶ場合は3通り
♠を選ぶ場合は2通り　なので　3+2=5（通り）
　　　　　　　　　　　　　　　　（和の法則）

ちなみに、例❶ で和の法則を使うのはOKです。

♥か♠かでそのあとの枝の
本数が変わる。こういうと
きは積の法則が使えない!!

◎和の法則の注意点

　Aの場合、Bの場合と場合分けしたときに、$A \cap B$が起こりうる場合、和の法則は

注意!!

$$（A の場合の数） + （B の場合の数） - （A \cap B の場合の数）$$

となります。

パターン編

数と式

2次関数

データの分析

場合の数・確率

図形と計量

図形の性質

例❸ 大小2個のさいころを同時に投げるとき，2つの目の最小値が4である場合の数は何通りあるか。

答 2つの場合がある。

$\begin{cases} \text{(i)} & (4, \boxed{4\text{以上}}) \text{型} \Rightarrow (4, 4), (4, 5), (4, 6) \text{ の3通り} \\ \text{(ii)} & (\boxed{4\text{以上}}, 4) \text{型} \Rightarrow (4, 4), (5, 4), (6, 4) \text{ の3通り} \end{cases}$

ポイント
(i)かつ(ii)も起こることに注意

(i)かつ(ii)は，(4, 4)の1通り

∴ 求める場合の数は，$3 + 3 - 1 = 5$（通り）

＊"最小値，最大値"の一般的な解法は **パターン⑥⑥** を見てください。

例題㊽

(1) 大小2個のさいころを同時に投げるとき，目の和が5の倍数になる場合の数は何通りあるか。

(2) 3桁の自然数は何個あるか。

ポイント

(1) 目の和が5の倍数 ⇔(i)目の和が5 または，(ii)目の和が10（場合分け）

(2) 3桁の自然数……百の位，十の位，一の位と順序立てて決定する。

解答

(1) 目の和が5の倍数

$\Leftrightarrow \begin{cases} \text{(i)目の和が5} \Rightarrow (4, 1), (3, 2), (2, 3), (1, 4) \text{ の4通り} \\ \text{(ii)目の和が10} \Rightarrow (6, 4), (5, 5), (4, 6) \text{ の3通り} \end{cases}$

よって，求める場合の数は

$4 + 3 = 7$（通り） ← 場合分けしたら和の法則

(i), (ii)と場合分け
((i)∩(ii)は起こらない)

(2) 3桁の自然数は

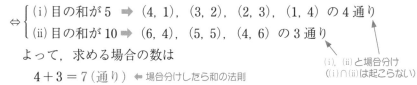

| ① 百の位をきめる | ② 十の位をきめる | ③ 一の位をきめる |

そのあと　　　　　　そのあと

1〜9の9通り　　　0〜9の10通り　　　0〜9の10通り

の順序で考えて

$9 \times 10 \times 10 = 900$（個） ← 順序立てしたら積の法則

$_nP_r$ ➡ 選んだ r 個の順序を考慮しなければいけない場合
$_nC_r$ ➡ 選んだ r 個の順序を考慮しなくてもよい場合

次は，**P** と **C** の違いを理解しよう!!

例 (1) 1，2，3，4，5 の 5 個の数字から異なる 3 個の数字を用いて
できる 3 桁の整数はいくつあるか。
(2) 右図の正五角形の 5 個の頂点のうち，
3 個の頂点を結んでできる三角形はいくつ
あるか。

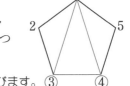

(1), (2) ともに 1，2，3，4，5 から異なる 3 個を選びます。
このとき

> (1)は 3 個の順序が問題になります!!
>
> 　理由：123 と 321 は**違う 3 桁の整数** ⬅ということは順序も考慮
>
> (2)は 3 個の順序は無関係です!! ⬇ということは順序は考慮しなくてよい
>
> 　理由：{1, 3, 4} と {3, 4, 1} は**同じ三角形**

よって，(1)は $_5P_3 = 5 \cdot 4 \cdot 3 = 60$（個），(2)は $_5C_3 = \dfrac{5 \cdot 4 \cdot 3}{3 \cdot 2 \cdot 1} = 10$（個）。

また，$_nC_r$ の計算では次の公式は重要です。

公式 $_nC_r = {_nC_{n-r}}$

$_{10}C_8 = \dfrac{10 \cdot 9 \cdot 8 \cdot 7 \cdot 6 \cdot 5 \cdot 4 \cdot 3}{8 \cdot 7 \cdot 6 \cdot 5 \cdot 4 \cdot 3 \cdot 2 \cdot 1} = 45$
とやると大変です

これを使うと，たとえば，

$_{10}C_8 = {_{10}C_2} = \dfrac{10 \cdot 9}{2 \cdot 1} = 45$　とカンタンに計算できます。

例題 49

(1) A，B，C，D，E，F，G の 7 人の生徒から議長，副議長を 1 人
ずつ選ぶ方法は何通りあるか。
(2) 赤球 5 個と白球 2 個を 1 列に並べる方法は何通りあるか。
(3) 4 本の平行線と，それらに交わる 5 本の平行
線とによってできる平行四辺形の総数を求めよ。

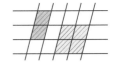

パターン編

数と式

2次関数

データの分析

場合の数・確率

図形と計量

図形の性質

ポイント

(1) 7人から異なる2人を選ぶのですが，議長と副議長なので，順序を考慮。

(2) これは，同じものを含む順列（$\boxed{パターン\ 53}$）で解く問題ですが，ここでは次のようにします。

右図のように，1〜7から白球の入る場所2か所を選べば，7個の球の並べ方は自動的に決まります。

ここで，$\{2, 6\}$と選んでも，$\{6, 2\}$と選んでも右図の並べ方を指すことに注意してください（順序は関係ないので $_nC_r$）。

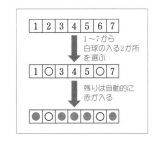

(3) 平行四辺形は順序立てて計算できます。

解答

(1) $_7P_2 = 42$（通り） ◀── （議長，副議長）が (A, B) と (B, A) では違うので，区別して2人を選ぶ

(2) 右図の1〜7の中から，白球の位置を2か所選べばよいので

$_7C_2 = 21$（通り） ◀── 2個の順序は考慮しない

1〜7の中から白球2個をどこに入れるかを考える

(3) 右図のように記号をつける。
平行四辺形の作り方は

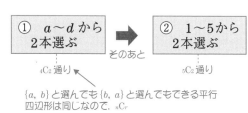

① a〜d から2本選ぶ ➡ ② 1〜5から2本選ぶ
そのあと
$_4C_2$ 通り $_5C_2$ 通り

$\{a, b\}$ と選んでも $\{b, a\}$ と選んでもできる平行四辺形は同じなので，$_nC_r$

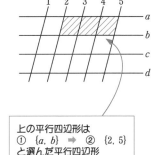

上の平行四辺形は
① $\{a, b\}$ ➡ ② $\{2, 5\}$
と選んだ平行四辺形

と順序立てできる。

よって，

$$_4C_2 \times _5C_2 = 6 \times 10 = 60 \text{（個）}$$ ◀── 順序立てたら積の法則

条件の強い順に決めていく

ここでは，積の法則の順序立ての順番について説明します。

積の法則の順序立ては

> 条件の強い順に決めていく

のが基本です。 ←── 積の法則が使える可能性が高くなる

例 TEAの3文字を1列に並べるとき，左端が母音であるような並べ方は何通りか。

この例は，左端に条件がついています。この場合，

右端や真ん中から決めると**積の法則が使えなく**なります。

たとえば，右端から決めた場合，樹形図は次の通り。

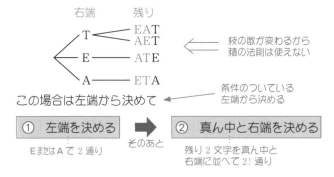

この場合は左端から決めて ←── 条件のついている 左端から決める

① 左端を決める	→ そのあと	② 真ん中と右端を決める
EまたはAで2通り		残り2文字を真ん中と右端に並べて2!通り

と考えると，積の法則が使える樹形図となり（下図），

$$2 \times 2! = 4 \text{（通り）}$$

となります。

例題 50

5個の数字 0, 1, 2, 3, 4 から異なる 4 個の数字を用いて 4 桁の整数を作るとき、次のような数はいくつできるか。

(1) 4桁の整数　　　　　　　　(2) 4桁の偶数

ポイント

(1) 4桁の整数の条件は、□□□□。よって、千の位から決めていきます。
　　　　　　　　　　0以外 ← 千の位は 0 になれない

(2) 4桁の偶数の条件は
　　2または4または0（一の位は偶数）
　　0以外 →

一の位の条件のほうが強い!!
理由
一の位 ⇒ 2または4または0 ← 3通り
千の位 ⇒ 1または2または3または4 ← 4通り
なので、一の位のほうが条件は強い

①一の位 ⇒ ②千の位 ⇒ ③十, 百の位
の順序立てでいきます。ただし、一の位が 0 か 0 以外かで状況が変わるので、場合分けして和の法則になります。
　　　　　　　　　　　　└─ 下を見よ

解答

(1) ①千の位を決める ➡ ②一, 十, 百の位を決める
　0以外だから4通り　　　そのあと　千の位で使った数字以外（4個）から3個選ぶ（順序は考慮）

と順序立てると、

$$4 \times {}_4\mathrm{P}_3 = 4 \times 24 = 96 \,(個)$$ ← 積の法則
　①　②

(2) (i) 一の位が 0 のとき

①一の位 ➡ ②千, 百, 十の位
0の1通り　そのあと　0以外の4個から3個選んで並べる

より　$1 \times {}_4\mathrm{P}_3 = 24 \,(個)$
　　　①　②

ポイント
(i) 一の位が 0 のとき
0以外 ← この条件は意味がない（0はすでに使われている）
(ii) 一の位が 0 以外のとき
0以外 ← この条件は意味をもつ（0はまだ使ってない）
(i)と(ii)で状況が変わるから場合分け!!

(ii) 一の位が 0 以外の偶数のとき

①一の位 ➡ ②千の位 ➡ ③十, 百の位
2または4の2通り　そのあと　「一の位と0以外」の3個から選んで3通り　そのあと　「一の位,千の位以外」の3個から2個選んで並べる

より　$2 \times 3 \times {}_3\mathrm{P}_2 = 36 \,(個)$
　　　①　②　③

∴　$24 + 36 = 60 \,(個)$ ← 場合分けしたら和の法則

ひとつ（1種類）固定せよ

円順列とは，回転して一致するものは同じものとみなす並べ方です。

例 A，B，C，D の 4 人を円形に並べる円順列の総数を求めよ。

答 円順列なので B D と A C は同じものとみなされます。ということは（回転して一致）

A（固定）← この考えを「固定する」といいます

のタイプの円順列だけ考えれば，すべての円順列を考えていることになります。しかも

重複することもありません!!

したがって，残っている 3 か所に B，C，D をどう並べるかという問題に帰着され，求める答は 3! ＝ 6（通り）

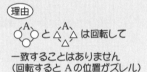

理由 たとえば D C という円順列は

考える必要はない!!

代わりに C D を考えれば

上は必要ありません

理由 と は回転して一致することはありません（回転すると A の位置がズレル）

なお，A，A，B，B，B，C，C の円順列では，2 個の A をいっぺんに固定します。この場合， ── これを 1 種類固定するといいます

(i) 2 個の A が隣り合って 固定される場合

(ii) 2 個の A があいだを 1 個 あけて固定される場合

(iii) 2 個の A があいだを 2 個 あけて固定される場合

(i)，(ii)，(iii) それぞれの場合，B，B，B，C，C の並べ方は

$_5C_2$ 通りあるので ◀ ── 空いている 5 か所から C の入る場所 2 か所を選ぶ!!（順序は考慮しなくてよい）

求める場合の数は

$$10 + 10 + 10 = 30（通り）$$

になります。 ── 場合分けしたら和の法則

例題 51

男子 4 人，女子 2 人の 6 人全員が円形のテーブルに着席するとき，

(1) すべての座り方は何通りあるか。

(2) 女子が向かい合って座る方法は何通りあるか。

(3) 女子が隣り合って座る方法は何通りあるか。

ポイント 男子 a, b, c, d，女子 e, f とします。女子についての条件なので，女子 e を固定して，残り 5 人の並べ方を考えるのですが，f の位置がポイントになります。

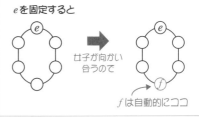

解答

(1) 女子 e を固定して，残り 5 人の並べ方を考えると，

$5! = 120$（通り）

(2) 女子 e を固定すると，女子 f の位置は自動的に定まる。よって，残り 4 人の並べ方を考えると，

$4! = 24$（通り）

e を固定すると

女子が向かい合うので

f は自動的にココ

(3) 女子 e を固定すると，女子 f の位置は，右図の 2 か所のいずれかである。

よって

f はどちらかに入る

 ① f の位置を決める ➡ ② a, b, c, d の位置を決める と順序立てると，

2 通り　　　　そのあと　　　　残り 4 か所に並べて
　　　　　　　　　　　　　　　4! 通り

$2 \times 4! = 48$（通り）　← 積の法則

コメント 「〜が隣り合う」は **パターン 58** で扱います。それを使うと (3) は，

① e, f をまとめてひとつとみなし 箱 を作る ➡ ② a, b, c, d, 箱 の 5 個を円形に並べる と順序立てると
$2 \times 4! = 48$（通り）

2 通り ← ef と fe　　そのあと　　4! 通り

$\left(左右対称_型\right) + \dfrac{\left(左右非対称_型\right)}{2}$

いくつかのものを円形に並べ，回転または裏返して一致するものは同じとみなすとき，その並び方をじゅず順列といいます。

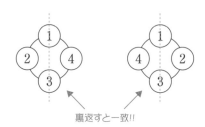

裏返すと一致!!

例 a, b, b, c のじゅず順列

まず，円順列を考えると

$$_3C_1 = 3 \,(通り)$$

全部書いてみると下のようになります。

> aを固定して，残り3か所にb, b, cを並べる。
>
>
>
> パターン **51**

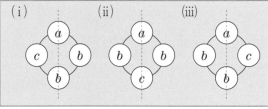

ここで，じゅず順列においては

(ⅰ)と(ⅲ)は同じものとみなされる!! ← (ⅰ)と(ⅲ)は裏返すと一致する

ので，求める答は2通りになります。

このように左右非対称（(ⅰ)と(ⅲ)のこと）なものは，じゅず順列を考えるときには，『**2個1セットで同じもの**』（パターン **56** 参照）となります。

┌─ **じゅず順列の求め方** ─┐	上の例の場合
① 円順列が何通りあるか調べる。	①は3通り
② ①の円順列を $\begin{cases} 左右対称_型 \\ 左右非対称_型 \end{cases}$ に分類する。	↓ ② $\begin{cases} 左右対称_型は1通り （(ⅱ)）\\ 左右非対称_型は2通り （(ⅰ)と(ⅲ)）\end{cases}$
③ じゅず順列は $\left(左右対称_型\right) + \dfrac{\left(左右非対称_型\right)}{2}$ 通り	↓ ③ $1 + \dfrac{2}{2} = 2$

例題 52

(1) a, b, c, d の 4 つの玉で腕輪を作ると，何通りの腕輪ができるか。

(2) 黒 1 個，白 2 個，赤 4 個の合計 7 個の玉にひもを通してネックレスを作るとき，作り方は何通りあるか。

ポイント

(1) 相異なる 4 つの玉（すべて 1 個ずつ）の場合，左右対称型は作れません!!
すべて左右非対称型になります。

(2) 前ページの手順でやります。

左右対称型ではこの 2 個は同じものになる。よって，すべて 1 個ずつの場合，左右対称型は作れない

解答

(1) ① 円順列は，$(4-1)! = 6$（通り）

② ①の円順列の内訳は
$$\begin{cases} 左右対称型 \cdots 0 \, 通り \\ 左右非対称型 \cdots 6 \, 通り \end{cases}$$

③ ②より，じゅず順列は
$$\frac{6}{2} = 3 \,（通り） \quad \longleftarrow 0 + \frac{6}{2}$$

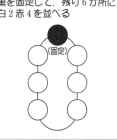

黒を固定して，残り 6 か所に白 2 赤 4 を並べる

（固定）

(2) ① 円順列は
$$_6C_2 = 15 \,（通り）$$

② ①の円順列の内訳は
$$\begin{cases} 左右対称型 \cdots 3 \, 通り \quad \longleftarrow 左右対称型は少ないから書き上げる（下図） \\ 左右非対称型 \cdots 15 - 3 = 12 \,（通り） \quad \longleftarrow （全体）-（左右対称型） \end{cases}$$

〈左右対称型〉

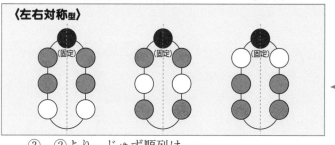

2個の白玉を水平に並べればよい

③ ②より，じゅず順列は
$$3 + \frac{12}{2} = 9 \,（通り） \quad \longleftarrow （左右対称型）+ \frac{（左右非対称型）}{2}$$

数と式

2次関数

データの分析

場合の数・確率

図形と計量

図形の性質

順序指定されたら,「同じものとみなす」

同じものを含む順列

n 個の中に, 同じものがそれぞれ p 個, q 個, r 個, ……含まれるとき, これら n 個全部を 1 列に並べる順列の総数は,

$$\frac{n!}{p!\, q!\, r!\cdots\cdots} \quad (p+q+r+\cdots\cdots = n)$$

例❶ a, a, a, b, b, c の 6 個の文字を並べてできる順列の総数を求めよ。

答 上の公式より $\dfrac{6!}{3!\, 2!\, 1!} = 60$ (通り)

> $\{1, 2, 5\}$ でも $\{5, 2, 1\}$ でも同じところに a が入ります。順序を考慮しないので ${}_nCr$

上の公式を使わずに, ${}_nC_r$ を使う方法もあります。

1	2	3	4	5	6

↓ ①

a	a	3	4	a	6

↓ ②

a	a	b	④	a	b

〈イメージ〉

── ここは自動的に c

① 左の 1〜6 から a の入る 3 か所を選ぶ ➡ ${}_6C_3$ 通り

そのあと

② 残った 3 か所から b の入る 2 か所を選ぶ ➡ ${}_3C_2$ 通り

よって, 積の法則より

${}_6C_3 \times {}_3C_2 = 20 \times 3 = 60$ (通り)

➡ 残り 1 か所は自動的に c

順序指定の公式 ← ①, ②と順序立てて積の法則

① 順序指定されたものを同じもの (仮に○としておく) としてから並べる。

② ○のところに出題者が指定した順に数字 (または文字) を書いていく。

例❷ a, b, c, d, e の 5 個を 1 列に並べるとき, a が b より左にあるものは何通りか。

答 ① a, b を○とみなし,

○, ○, c, d, e を並べ, $\dfrac{5!}{2!} = 60$ (通り)

② 2 個の○に左から a, b と書く ➡ 1 通り

よって, $60 \times 1 = 60$ (通り)

原理

> a, b の順序を出題者が指定
> ↓ ということは
> a, b の順序を考えなくてよい ← 出題者が指定しているから
> ↓ ということは
> a, b を同じものとして並べてよい

💭**イメージ**

① c, d, ○, e, ○と並べて, ➡ ② c, d, ⓐ, e, ⓑ とする

パターン編

数と式

2次関数

データの分析

場合の数・確率

図形と計量

図形の性質

例題 53

SAPPORO の 7 個の文字を全部使って，1 列に並べるとき，次のような並べ方は何通りあるか。

(1) すべての並べ方

(2) S，A，R の順がこのままの並べ方

(3) S は A より左側にあり，かつ S は R より左側にある並べ方

ポイント

S，A，R の順序が指定されているのですが，(2)，(3) で意味が違います。

(2) S，A，R の順。

(3) S，A，R または S，R，A の順。 ← A と R の順序は指定してない!!

解答

(1) P：2 個，O：2 個，S，A，R：1 個ずつの計 7 文字の同じものを含む順列だから

$$\frac{7!}{2!\,2!} = 1260\,(通り)$$

(2) S，A，R を同じものとみなし，○，○，○ とする。

 ① ○，○，○，P，P，O，O を並べる ➡ $\dfrac{7!}{3!\,2!\,2!} = 210\,(通り)$

↓ そのあと

② ○に左から S，A，R と書く ➡ 1 通り

よって，

$210 \times 1 = 210\,(通り)$ ← 積の法則

(3) S，A，R を同じものとみなし，○，○，○ とする。

① ○，○，○，P，P，O，O を並べる ➡ $\dfrac{7!}{3!\,2!\,2!} = 210\,(通り)$

↓ そのあと

② ○に左から S，A，R または S，R，A と書く ➡ 2 通り

よって，

$210 \times 2 = 420\,(通り)$ ← 積の法則

パスカルの三角形（数学Ⅱ）の要領で数え上げ!!

例 右図において，A 地点から B 地点
に行く最短の道順は何通りあるか。

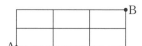

（**教科書的な 答**）

A から B へ行くには，3 個の→と 2 個
の↑を並べればよい。だから同じものを
含む順列（**パターン53**）の公式より，

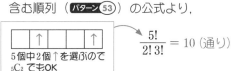

$$\frac{5!}{2!\,3!} = 10 \text{（通り）}$$

→↑→→↑と並べた例

例題54(2)　**例題54**(3)

最短経路の問題では，通過点とか非通過点があるとメンドウです。共通テス
トの場合は，上の方法と次の数え上げ方を使い分けてください。

最短経路の数え上げ方（パスカルの方法）

右図の R を通過するのは，「(i) P を通過してから
R を通過する または (ii) Q を通過してから R を通過
する」の 2 つの場合があります。

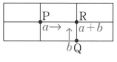

よって，**和の法則**より，　場合分けしたら和の法則

「R を通る最短経路数」＝「P を通る最短経路数」＋「Q を通る最短経路数」
となります。

これより，A の所に 1 と書き，上の数え上げ方をくり返し使うことにより下
のように答は出ます。

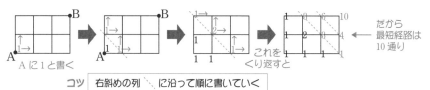

だから
最短経路は
10 通り

コツ　右斜めの列 ＼ に沿って順に書いていく

数と式

2次関数

データの分析

場合の数・確率

図形と計量

図形の性質

例題 54

右図の地点 A から地点 B へ行く最短経路で，次の条件を満たすものは何通りか。

(1) すべての最短経路
(2) 地点 C を通る
(3) 地点 P および地点 Q は通らない

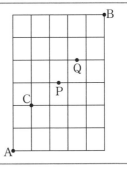

ポイント

これは，東北大の問題です（一部改）。パスカルの方法を使うとカンタンに解けてしまいます。

解答

(1) 5 個の → と 6 個の ↑ を並べて

$$\frac{11!}{5!\,6!} = 462\,(通り)$$

条件がないときは普通にやったほうが速い

(2) C を通るので，右の経路に数字を書きこむと，求める場合の数は

210 通り

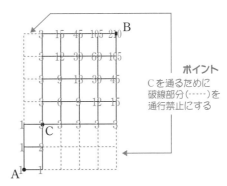

ポイント
C を通るために破線部分（- - - -）を通行禁止にする

(3) P，Q を通らないので，右の経路に数字を書きこむと，求める場合の数は

287 通り

＼＼ に沿って書いていく！

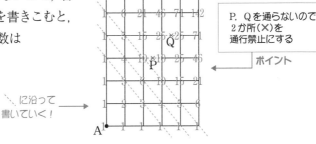

P，Q を通らないので2か所（✕）を通行禁止にする

ポイント

球に区別がない ➡ 個数だけ考えよ

パターン**55**, パターン**56**, パターン**57** では組分けの仕方を扱います。まずは, 例**1**, 例**2** の違いを理解してください。

例1 区別のつかない3個の球を A, B 2つの箱に入れる入れ方は何通りか。ただし, 1つも球が入らない箱があってもよいものとする。

球に区別がないので, どの球が入るかということはわかりません。わかるのは個数だけ。したがって, 求める答は

ポイント Aに1個入っているがどの1個かまではわからない

(A, B) = (3個, 0個), (2個, 1個), (1個, 2個), (0個, 3個) の4通り

例2 ⓐ, ⓑ, ⓒ の3個の球を A, B 2つの箱に入れる入れ方は何通りか。ただし, 1つも球が入らない箱があってもよいものとする。

答1 ← 普通はこのようには解かない

球に区別があるとき, どの球が入るかということも問題になります。

(A, B) の個数で場合分けして

$$\begin{cases} \text{(i)} & \text{(3個, 0個) のとき 1通り} \\ \text{(ii)} & \text{(2個, 1個) のとき 3通り} \\ \text{(iii)} & \text{(1個, 2個) のとき 3通り} \\ \text{(iv)} & \text{(0個, 3個) のとき 1通り} \end{cases}$$

ⓐⓑⓒすべて A に入るという1通り

Aに1個入っている場合, これが a なのか b なのか c なのかを考えると3通りある

よって, $1 + 3 + 3 + 1 = 8$ (通り) ← 和の法則

答2 ← 普通はこう解く!!

次のように順序立てる。

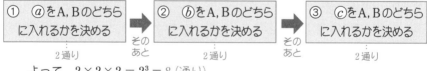

① ⓐをA, Bのどちらに入れるかを決める	→ その あと	② ⓑをA, Bのどちらに入れるかを決める	→ その あと	③ ⓒをA, Bのどちらに入れるかを決める
2通り		2通り		2通り

よって, $2 \times 2 \times 2 = 2^3 = 8$ (通り)

＊ 例**2** を重複順列といいます。 ← 詳しくは パターン**57**

パターン編

数と式

2次関数

データの分析

場合の数・確率

図形と計量

図形の性質

例題 55

(1) 区別のつかない4個の球を3つの箱に入れる。以下，それぞれの場合の入れ方は何通りあるか。ただし，1つも球が入らない箱があってもよいものとする。
   (i) 箱に区別がないとき
   (ii) 箱に区別があるとき
(2) 4人でじゃんけんをするとき，4人の手の出し方は何通りあるか。

ポイント

(1) 球に区別がないから個数の問題。(i)はさらに箱にも区別がないので，

   (2個，1個，1個) と (1個，2個，1個) は同じものとみなされます。具体的に書きあげればオシマイ。

(2) グー，チョキ，パーを重複を許して4個とり，1列に並べる重複順列です。

解答

(1) (i) 3つの箱に入る球の個数をすべて書き上げて
   $(4, 0, 0), (3, 1, 0), (2, 2, 0), (2, 1, 1)$ ← (2, 1, 1) と (1, 2, 1) は同じもの。**大きい順に書く**ようにすると，ダブリなく書けます
   の4通り

   (ii) 個数の問題であるが，その順序も問題になる。

   $\begin{cases} \text{(i)} & (4, 0, 0)\text{型} \Rightarrow 3\text{通り} \leftarrow (4, 0, 0), (0, 4, 0), (0, 0, 4) \text{の3通り} \\ \text{(ii)} & (3, 1, 0)\text{型} \Rightarrow 6\text{通り} \\ \text{(iii)} & (2, 2, 0)\text{型} \Rightarrow 3\text{通り} \\ \text{(iv)} & (2, 1, 1)\text{型} \Rightarrow 3\text{通り} \end{cases}$

   (3, 1, 0), (3, 0, 1)
   (1, 0, 3), (1, 3, 0)
   (0, 3, 1), (0, 1, 3)
   の6通り
   異なる3個の並べ方は3!通り

   よって，$3+6+3+3 = 15$（通り）← 場合分けしたら和の法則

(2) $3^4 = 81$（通り）←  を4個並べる重複順列

コメント (1)(ii)は重複組合せ（パターン60）と考えて解くこともできます。

n 個を
●個, ●個, …, ●個に分ける ──手順──▶ (i) 組に名前をつけて, 積の法則で組分け
(ii) 何個 1 セットか考える ◀── 入れ替え可能な組を見つけよ

まずは, ここでやりたいことのイメージから。

例❶ 下に 8 個のコーヒーカップがある。同じものは区別しないとすると何種類のコーヒーカップがあるか。

① ② ③ ④ ⑤ ⑥ ⑦ ⑧

答 ①と②, ③と④, ⑤と⑥, ⑦と⑧は同じものです。

だから答は, 4 種類。

この考え方を 2 個 1 セットといいます

次に, 当たり前の **例** を見てください。

〈 **当たり前の 例** 〉

右図の A, B, C, D から異なる 2 点を選んで結ぶことにより得られる線分はいくつできるか。

もちろん, 答は ${}_4C_2 = 6$ です。

これを ${}_nP_r$ を使うと次のようになります。

1, 2, 3, 4 から順番を考慮せずに 2 個選ぶ

${}_nP_r$ を使った解答 ◀ 普通はやらない

A, B, C, D から順番を考慮して 2 個選ぶ方法は, ${}_4P_2 = 12$ (通り)

ところが, **線分 AB と線分 BA は同じもの**なので, この 12 個は **2 個 1 セットで同じもの**とみなされる。

同じもの
①(A, B) ③(A, C) ⑤(A, D) ⑦(B, C) ⑨(B, D) ⑪(C, D) **ポイント**
②(B, A) ④(C, A) ⑥(D, A) ⑧(C, B) ⑩(D, B) ⑫(D, C)

12 個あっても 2 個 1 セットにすると 6 種類になる

したがって, 求める答は $\dfrac{12}{2} = 6$

では, いよいよ本題です。

例❷ p, q, r, s の 4 人を, 2 人, 2 人の 2 組に分ける方法は何通りか。

答 まず, (i) A 組 2 人, B 組 2 人として組分けする。◀── 上の手順 (i)

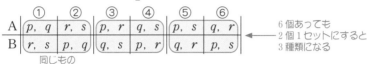

① 4人からA組の2人を選ぶ ➡ そのあと ② 残った2人からB組の2人を選ぶ

$$\underset{①}{{}_4\mathrm{C}_2} \times \underset{②}{{}_2\mathrm{C}_2} = 6 \,(通り)$$

(ii) (i)において，たとえば $\{\overset{A}{p,}\ q\}$, $\{\overset{B}{r,}\ s\}$ と $\{\overset{A}{r,}\ s\}$, $\{\overset{B}{p,}\ q\}$ は同じものとみなされる。 ◀── 2個1セット

よって，求める答は $\dfrac{6}{2} = 3\,(通り)$ ◀── これが手順(ii)

	①	②	③	④	⑤	⑥
A	$p,\ q$	$r,\ s$	$p,\ r$	$q,\ s$	$p,\ s$	$q,\ r$
B	$r,\ s$	$p,\ q$	$q,\ s$	$p,\ r$	$q,\ r$	$p,\ s$

同じもの

6個あっても 2個1セットにすると 3種類になる

このように，「入れ替え可能な組」を見つけて，〇個1セットと考えて，割り算します。

例題 56

異なる6個の球 p, q, r, s, t, u を次のように分ける方法は何通りあるか。

(1) A，B，Cの3組に2個ずつ分ける

(2) 2個ずつ3組に分ける

ポイント

A, B, Cの入れ替えは 3! 個ある

(2)は，(1)のA，B，Cの3組が入れ替え可能で，6個1セットで同じものとなります。

解答

残り2個は自動的にC組に入る

(1) ① A組の2個を選ぶ ➡ そのあと ② 残り4個からB組の2個を選ぶ と考えて，

$$\underset{①}{{}_6\mathrm{C}_2} \times \underset{②}{{}_4\mathrm{C}_2} = 90 \,(通り)$$

(2) (1)において，A，B，Cの3つの組は入れ替え可能な組であるので，**6個1セット**で同じものとみなされ，求める答は

$$\frac{90}{6} = 15 \,(通り)$$

たとえば

A	B	C
pq	rs	tu
pq	tu	rs
rs	pq	tu
rs	tu	pq
tu	pq	rs
tu	rs	pq

(2)ではこの6個は同じものとみなされる

パターン編

数と式

2次関数

データの分析

場合の数・確率

図形と計量

図形の性質

区別のあるn個を A,B,Cに分ける ⇒ といったら 空箱ができてもよい分け方は 3^n 通り

パターン **56** では，●個，●個，●個というように**個数の決まっている組分け**を扱いました。今度は**個数の決まっていない組分け**です。

例 ⓐ, ⓑ, ⓒ, ⓓ 4つの球を A, B 2つの箱に空箱がないように入れる方法は，何通りあるか。

答 空箱ができてもよい分け方は，次のように順序立てることができます。

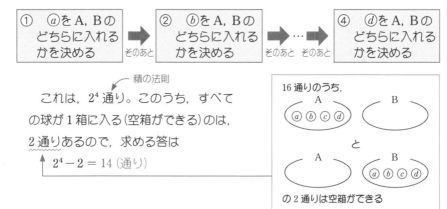

① ⓐをA, Bのどちらに入れるかを決める　そのあと ➡ ② ⓑをA, Bのどちらに入れるかを決める　そのあと ➡ … ➡ ④ ⓓをA, Bのどちらに入れるかを決める

積の法則

これは，2^4 通り。このうち，すべての球が1箱に入る（空箱ができる）のは，2通りあるので，求める答は

$$2^4 - 2 = 14 （通り）$$

16通りのうち，
A（ⓐ ⓑ ⓒ ⓓ）　B（　）
と
A（　）　B（ⓐ ⓑ ⓒ ⓓ）
の2通りは空箱ができる

空箱ができてもよい入れ方は**重複順列**になります。

重複順列の公式

異なる n 個の中から，重複を許して r 個とり，1列に並べた順列の総数は

$$n^r 通り$$

上の **例** だと…

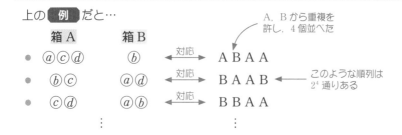

	箱 A	箱 B		
●	ⓐⓒⓓ	ⓑ	対応	A B A A
●	ⓑⓒ	ⓐⓓ	対応	B A A B
●	ⓒⓓ	ⓐⓑ	対応	B B A A

A, Bから重複を許し，4個並べた

このような順列は 2^4 通りある

パターン編

数と式

2次関数

データの分析

場合の数・確率

図形と計量

図形の性質

例題 57

a, b, c, d, e の 5 個の球を A，B，C の 3 つの箱に空箱がないように入れる方法は何通りあるか。

ポイント

空箱ができてもよい入れ方は，3^5 通りあります。ここから，空箱ができる場合（6 つの場合があります）を引き算します。

解答

空箱ができてもよい入れ方は，$3^5 = 243$（通り）　◀── A，B，C を 5 個並べる重複順列

このうち，空箱ができるものは，次の 6 つの場合がある。

- (i)　A と B が空箱　◀── つまり，すべての球が C に入るということ!!
- (ii)　B と C が空箱
- (iii)　C と A が空箱
- (iv)　A だけが空箱 ◀──
- (v)　B だけが空箱
- (vi)　C だけが空箱

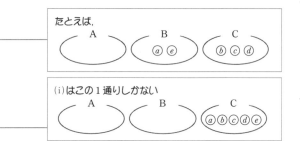

たとえば，

(i) はこの 1 通りしかない

(i) は 1 通り。　◀──

同様に，(ii) と (iii) も 1 通りずつある。

一方，(iv) は，B と C の 2 箱に空箱ができないように入れる入れ方なので，

$$2^5 - 2 = 30\,（通り）$$ ◀── 左ページの **例** と同様

同様に，(v) と (vi) も 30 通りずつある。

したがって，求める答は

$$243 - (1 + 1 + 1 + 30 + 30 + 30)$$

(i) 〜 (vi) の合計

$$= 150\,（通り）$$

まとめてひとつとみなし, 箱 を作ってから並べる

まず, 次の **例** を見てください。

例 A, A, B, C の 4 個の文字を 1 列に並べるとき, 2 個の A が隣り合う並べ方は何通りあるか。

全部書き上げると, 右の 6 通りです。

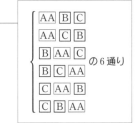

これは,

AA と B と C の 3 文字が並んでいる!!

とみなすことができるので, 次のように順序立てして求めることができます。

AA をまとめてひとつとみなす

答

① 2 個の A をまとめてひとつとみなし 箱 を作る ➡ 1 通り

箱 の作り方は
AA の 1 通りしかありません
(下の **参考** を見よ)

そのあと

② AA, B, C の 3 文字を並べる ➡ 3! 通り

と順序立てて, $\underset{①}{1} \times \underset{②}{3!} = 6$ (通り)

参考

たとえば, X と Y が隣り合うとき, 箱 の作り方は, XY と YX の 2 通りあります (例題58 参照)。

パターン編

数と式

2次関数

データの分析

場合の数・確率

図形と計量

図形の性質

例題 58

A, B, C, D, E, F の 6 人が 1 列に並ぶとき, 次の並べ方は何通りあるか。

(1) A と B が隣り合う

(2) A と B が隣り合いかつ C と D が隣り合わない

ポイント

(2) ベン図で考えます。集合 P, Q を

$$\begin{cases} P : A と B が隣り合う並べ方の集合 \\ Q : C と D が隣り合う並べ方の集合 \end{cases}$$

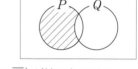

とおくと, 右の斜線部分 $P \cap \overline{Q}$ の要素の個数 $n(P \cap \overline{Q})$ が答になります。

これは,

$$n(P \cap \overline{Q}) = n(P) - n(P \cap Q)$$

を利用して求めます。

解答

(1)　① A, B をまとめてひとつとみなし 箱 を作る　そのあと　② 箱, C, D, E, F の 5 個を並べる

と順序立てて,

$$\underset{①}{2!} \times \underset{②}{5!} = 240 \,(通り)$$

イメージ ◀── たとえば
① BA と箱を作り
　　↓ そのあと
② CF BA ED と並べる

(2) 集合 P, Q を ポイント のようにおく。このとき,

$$n(P) = 240 \quad \text{◀── (1)より}$$

一方, $P \cap Q$ の要素の個数は,

① A と B, C と D をそれぞれまとめてひとつとみなし 箱₁, 箱₂ を作る　そのあと　② 箱₁, 箱₂, E, F の 4 個を並べる

と順序立てて,

$$n(P \cap Q) = \underset{①}{(2!)^2} \times \underset{②}{4!} = 96 \,(通り)$$

イメージ ◀── たとえば
① BA, DC と箱を作り
　　↓ そのあと
② E DC F BA と並べる

これより, 求める答は

$$240 - 96 = 144 \,(通り)$$

$$\underset{n(P \cap \overline{Q}) = n(P) - n(P \cap Q)}{}$$

パターン 59 ～が隣り合わない

あとからすき間と両端に入れる

次は，「～が隣り合わない」並べ方です。

例 A，A，B，C の 4 個の文字を 1 列に並べるとき，2 個の A が隣り合わない並べ方は何通りあるか。

答① **(全体) から (A が隣り合う) を引く方法** ← 確率では余事象という（パターン 64）

すべての並べ方は $\dfrac{4!}{2!}=12$ (通り) ← 同じものを含む順列（パターン 53）

このうち，A が隣り合う並べ方は，6 通り ← パターン 58 の 例

したがって，求める答は，

(全体) − (A が隣り合う)

$= \quad 12 \quad - \quad 6 \quad = 6$ (通り)

この方法は，数学的には正しいのですが，3 個以上のものが隣り合わないときは計算が複雑です（次ページ参照）。

隣り合わないときは，次のように順序立てます。

答② **あとからすき間と両端に入れる方法**

① BとCを並べる → そのあと ② このときできるすき間と両端の 3 か所に A 2 個を入れる

イメージ　たとえば ○B○C○として → ○に A を入れる Ⓐ B Ⓐ C ○

これより，$\underset{①}{2!} \times \underset{②}{{}_3C_2} = 6$ (通り) ← ㋐B㋑C㋒として，㋐，㋑，㋒から順番を考慮せず 2 つ選ぶ

このように，A が隣り合わないときは，

A はあとからすき間と両端に入れる

ようにしてください。

数と式

2次関数

データの分析

場合の数・確率

図形と計量

図形の性質

例題 59

男子4人，女子3人が次のように並ぶとき，次の並び方は何通りあるか。

(1) 女子どうしが隣り合わないように1列に並ぶ

(2) 女子どうしが隣り合わないように円形に並ぶ

ポイント

(1) 男子を並べておいて，あとから女子をすき間と両端に入れます。

(2) まず，男子を円形に並べておいて，あとから女子をすき間に入れます。

解答

男子($♂$)a, b, c, d，女子($♀$)e, f, gとする。

(1)

| ① ♂4人を1列に並べる | → | ② このときにできる両端とすき間5か所に♀を1人ずつ入れる |

そのあと

と順序立てて，

$$\underset{①}{4!} \times \underset{②}{{}_5\mathrm{P}_3} = 24 \times 60 = 1440 \,(通り)$$

イメージ

① ♂を並べて

② ア♂イ♂ウ♂エ♂オ
ア～オの中から e, f, g を入れる3か所を選ぶと♀は隣り合わない

♂e♂ ♂f♂

(2)

| ① ♂4人を円形に並べる | → | ② このときにできるすき間4か所に♀を1人ずつ入れる |

そのあと

と順序立てて，

$$\underset{①}{3!} \times \underset{②}{{}_4\mathrm{P}_3} = 6 \times 24 = 144 \,(通り)$$

♂4人を円形に並べると

すき間は4か所できる

注意

(♀が隣り合わない) = (全体) − (♀が隣り合う)

は間違いです。正しくは

(♀が隣り合わない) = (全体) − (♀の少なくとも2人が隣り合う)

つまり，例題 59 (1)の場合，

(全体) −
$\begin{cases} \text{(i)} & e と f だけが隣り合う \\ \text{(ii)} & e と g だけが隣り合う \\ \text{(iii)} & f と g だけが隣り合う \\ \text{(iv)} & e, f, g の3人が隣り合う \end{cases}$

たとえば $a\;\boxed{e\;f}\;b\;d\;g\;c$

たとえば $c\;\boxed{f\;e\;g}\;b\;d\;a$

となります。

○と｜で図式化せよ

n 種類のものから重複を許して r 個取り出す組合せが **重複組合せ** です。

同じ種類のものを 何個とってもよい

r 個の順番は 考慮しない

例　赤玉，白玉，黒玉がたくさんある。この中から 2 個取り出す方法 は何通りあるか。

2 個取り出すのですが，玉は色以外は区別がつきません。したがって，**色 ごとの個数の問題** になります（ パターン **55** ）。

答　全部書き上げて

(赤, 白, 黒) = (2 個, 0 個, 0 個)，(1 個, 1 個, 0 個)

(0 個, 2 個, 0 個)，(1 個, 0 個, 1 個)　の 6 通り

(0 個, 0 個, 2 個)，(0 個, 1 個, 1 個)

これは，次のように○と｜の図を対応させて数え上げることができます。

赤玉	白玉	黒玉		
2個	0個	0個	⟷	○○｜｜
0個	2個	0個	⟷	｜○○｜
0個	0個	2個	⟷	｜｜○○
1個	1個	0個	⟷	○｜○｜
1個	0個	1個	⟷	○｜｜○
0個	1個	1個	⟷	｜○｜○

〈図の作り方〉
｜は赤と白の仕切り，白と黒の仕切りなので 2 個用意します。そして○を
　(赤の個数)｜(白の個数)｜(黒の個数)
とおきます。たとえば
　　　○｜○｜
　　赤1 白1 黒0
です

こうすると，重複組合せは，

○と｜の図がいくつ作れるか？ ← ココがポイント

という問題に帰着されます。

そしてこの図は，2 個の○と 2 個の｜が並んでいる図なので， その並べ方の個数は，

$$\frac{4!}{2!\,2!} = 6 \text{ (通り)}$$ ← 同じものを含む順列（ パターン **53** ）

このように，計算で求めることができます。

パターン編

数と式

2次関数

データの分析

場合の数・確率

図形と計量

図形の性質

例題 ⑥

6個の柿を A, B, C の3人に分ける方法は, 次の場合何通りあるか。

(1) 1個ももらえない人がいてもよい

(2) どの人も少なくとも1個はもらう

ポイント

6個の柿なので○は6個, 3人に分けるので仕切り（｜）は2個。この8個の並べ方を考えます。

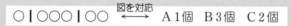

○｜○○○｜○○　⟷　A1個　B3個　C2個

ただし,（2）では次の並べ方は禁止です!!

｜が端にくる ➡ ○｜○○○○○｜　⟷　A1個　B5個　C0個

｜が隣り合う ➡ ○○○○｜｜○○　⟷　A4個　B0個　C2個

解答　(1) ○6個, ｜2個を1列に並べて

$$\frac{8!}{6!\,2!} = 28\,(通り)$$

(2) (1)において,『**｜が隣り合わない, かつ｜が端にこない並べ方**』を考える。

　　　　　　　　　　　　　　　── 隣り合わない（**パターン ㊿**）

① ○6個を並べる ➡ ○○○○○○の1通り

② すき間5か所から2個選んで｜を入れる。 ➡ $_5C_2$ 通り

両端は使えないので
｜はこの5か所に入る

よって, $1 \times {}_5C_2 = 10\,(通り)$

別解

　　　　　　　　　　　少なくとも1個はもらうので

まず, A, B, C の3人が1個ずつもらっておく。すると

残り3個を A, B, C に分ける方法は何通りあるか?

という問題に帰着されます。

　　　　　　　　　　残り3個に関しては
　　　　　　　　　　1個ももらえない人がいてもよい
　　　　　　　　　　（ということは,（1）と同様に求められる）

よって, ○3個と｜2個の並べ方を考えて

$$\frac{5!}{3!\,2!} = 10\,(通り)$$

基本パターンをおさえよう!!

---

n 桁の整数が〜の倍数になる条件

(i) 2 の倍数 … 一の位が偶数

(ii) 3 の倍数 … 各位の和が 3 の倍数

(iii) 4 の倍数 … 下 2 桁が 4 の倍数

(iv) 5 の倍数 … 一の位が 0 か 5

(v) 6 の倍数 … 『2 の倍数』かつ『3 の倍数』 ◀── (i)と(ii)を利用

(vi) 9 の倍数 … 各位の和が 9 の倍数

例 次の(1)から(6)までの整数が,[ ]内に書かれた数の倍数である

ことを上の判定法で確かめよ。

(1) 324 [2] (2) 1374 [3] (3) 2256 [4]

(4) 3145 [5] (5) 47364 [6] (6) 43974 [9]

答 (1) 324 は,一の位が偶数だから偶数。
        偶数

(2) 1374 は,各位の和 $1+3+7+4=15$ が 3 の倍数なので,1374 も 3

の倍数。

(3) 2256 は,下 2 桁 56 が 4 の倍数なので,2256 は 4 の倍数。
                    4×14

(4) 3145 は,一の位が 5 なので,5 の倍数。

(5) 47364 は,$\begin{cases} \text{一の位が 4 なので,2 の倍数。} \blacktriangleleft\text{(i)より} \\ \text{各位の和 } 4+7+3+6+4=24 \text{ が 3 の倍数なので,3 の倍数。} \end{cases}$ (ii)より

したがって,47364 は 6 の倍数。 ◀── 2 の倍数かつ 3 の倍数なので,6 の倍数

(6) 43974 は各位の和 $4+3+9+7+4=27$ が 9 の倍数なので,43974 も

9 の倍数。

例題 **61**

7 個の数字 0, 1, 2, 3, 4, 5, 6 から異なる 3 個の数字を選んで 3

桁の整数を作る。次のような整数は何個作れるか。

(1) 5 の倍数   (2) 4 の倍数   (3) 9 の倍数

ポイント

0 の存在に注意します（例題 **50** と同じ）。

(3) 9 の倍数となる条件は『各位の和が 9 の倍数』です。ただし，和が 0，9，18，27…と考えると，和は 9 しかありえないとわかります。

解答

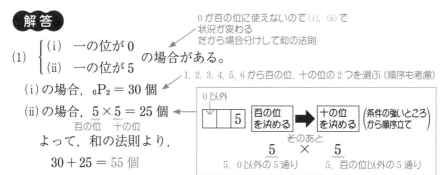

(1) $\begin{cases} (\text{i}) & \text{一の位が } 0 \\ (\text{ii}) & \text{一の位が } 5 \end{cases}$ の場合がある。

0 が百の位に使えないので (i), (ii) で
状況が変わる
だから場合分けして和の法則

(i) の場合，$_6\text{P}_2 = 30$ 個

1, 2, 3, 4, 5, 6 から百の位，十の位の 2 つを選ぶ（順序も考慮）

(ii) の場合，$5 \times 5 = 25$ 個
　　　　　　　百の位　十の位

0以外

| 百の位 を決める | → | 十の位 を決める | （条件の強いところ から順序立て） |

そのあと
5×5
5, 0以外の 5 通り　　5, 百の位以外の 5 通り

よって，和の法則より，

$30 + 25 = 55$ 個

(2) 下 2 桁が 4 の倍数になるのは，

$\begin{cases} (\text{i}) \text{型}\cdots 04, \ 20, \ 40, \ 60 \\ (\text{ii}) \text{型}\cdots 12, \ 16, \ 24, \ 32, \ 36, \ 52, \ 56, \ 64 \end{cases}$

0 を使っているか（(i)型）
0 を使っていないか（(ii)型）
て百の位の状況が変わる

例 1, 2, 3, 5, 6 の
5 通り

0 4

(i)型は，百の位のとり方が 5 通りずつあるので

$4 \times 5 = 20$ 個

例 3, 4, 5, 6 の 4 通り（0 はダメ）

1 2

(ii)型は，百の位のとり方が 4 通りずつあるので

$8 \times 4 = 32$ 個

よって，4 の倍数は，$20 + 32 = 52$ 個

(3) 各位の和が 9 になればよい。

$\begin{cases} (\text{i}) \text{型}\cdots \{0, \ 3, \ 6\}, \ \{0, \ 4, \ 5\} \\ (\text{ii}) \text{型}\cdots \{1, \ 2, \ 6\}, \ \{1, \ 3, \ 5\}, \ \{2, \ 3, \ 4\} \end{cases}$

各位の和が 9 の倍数になればよい
この問題は $\begin{cases} \text{和の最大} & 4+5+6=15 \\ \text{和の最小} & 0+1+2=3 \end{cases}$
だから和は 9 しか作れない
（0, 18 などは不可能）

ここで，(i)型は数字の並べ方が

4 通りずつあるので

たとえば {0, 3, 6} なら
360, 306, 630, 603

$2 \times 4 = 8$ 個

(ii)型は，数字の並べ方が $3! = 6$ 通りずつあるので

異なる 3 個の順列

$3 \times 6 = 18$ 個

よって，9 の倍数は　$8 + 18 = 26$ 個

パターン編

数と式

2次関数

データの分析

場合の数・確率

図形と計量

図形の性質

同じものでも区別する（番号をつけろ）

確率と場合の数ではものの数え方が違います。 ← 確率は場合の数を単に分数にするわけではありません

例 展開図が下の図であるようなサイコロを１回振るとき，

(1) 出る目は全部で何通りか。

(2) １が出る確率を求めよ。

{**１が出る**，**２が出る**，**３が出る**} の３通り

(1)は３通りです。ここで，問題となるのは(2)です。

(1)が３通りだからといって(2)を

$$\frac{1}{3}$$ ← Ⓐ 全体 ➡ {1, 2, 3} の３通り。だから１は $\frac{1}{3}$ の確率で出ると考えた

とするのは正しくありません!!

では，正しい答はいくつだと思いますか？ もちろん $\frac{4}{6}$ です。

分母が６だから

(1)ではすべての目の出方を３通りとしましたが，(2)では**６通り**にしています。

じつは，確率では，**４つある１を区別**して，左のようなサイコロだとみなさないと，根元事象（１つひとつ）が**同様に確からしい**（等確率）となりません。

Ⓑ このとき全体の場合の数は {1_a, 1_b, 1_c, 1_d, 2, 3} の６通りだから１は $\frac{4}{6}$ の確率で出る

- Ⓐのように全体を①②③とする $\frac{4}{6}$ $\frac{1}{6}$ $\frac{1}{6}$ ➡ 等確率でない
- Ⓑのように全体を 1_a 1_b 1_c 1_d ②③とする ➡ 等確率

$\frac{1}{6}$ $\frac{1}{6}$ $\frac{1}{6}$ $\frac{1}{6}$ $\frac{1}{6}$ $\frac{1}{6}$ ↖ 根元事象が同様に確からしい

したがって，確率では，**同じものでも区別する**というのが基本になります。

数と式

2次関数

データの分析

場合の数・確率

図形と計量

図形の性質

例題 62

袋の中に赤玉が 4 個，白玉が 5 個入っている。玉を同時に 5 個取り出すとき，

(1) 同じ色の玉が 2 個出る確率を求めよ。

(2) 白玉が 3 個以上出る確率を求めよ。

ポイント

（●：赤玉 ○：白玉）

同じものでも区別するので，①〜⑨と番号をつけます。

(1) $\begin{cases} \text{(i)} & \text{赤玉 2 個，白玉 3 個} \\ \text{(ii)} & \text{赤玉 3 個，白玉 2 個} \end{cases}$ の場合があります。

(2) **余事象**（ **パターン64** ）を利用します。

解答

すべての取り出し方は $_9C_5 = 126$（通り） ← $_9C_5 = {}_9C_4 = \dfrac{9 \cdot 8 \cdot 7 \cdot 6}{4 \cdot 3 \cdot 2 \cdot 1}$

(1) 2 つの場合がある。

$\begin{cases} \text{(i)} & \text{赤玉 2 個，白玉 3 個型} \\ \text{(ii)} & \text{赤玉 3 個，白玉 2 個型} \end{cases}$

> (i)は｛①②，⑤⑥⑦｝とか｛①④，⑤⑥⑧｝とかいろいろあるから〜型と書いてます

(i)は $\underset{\substack{\text{赤玉の} \\ \text{選び方}}}{_4C_2} \times \underset{\substack{\text{白玉の} \\ \text{選び方}}}{_5C_3} = 6 \times 10 = 60$（通り）

(ii)は $\underset{}{_4C_3} \times \underset{}{_5C_2} = 4 \times 10 = 40$（通り）

∴ $60 + 40 = 100$（通り） ← 場合分けしたら和の法則

求める確率は，$\dfrac{100}{126} = \dfrac{50}{63}$

(2) 余事象は (iii) 白玉 2 個，赤玉 3 個型，または (iv) 白玉 1 個，赤玉 4 個型

(iii)は 40 通り ← (ii)と同じ

(iv)は $\underset{\substack{\text{白玉の} \\ \text{選び方}}}{_5C_1} \times \underset{\substack{\text{赤玉の} \\ \text{選び方}}}{_4C_4} = 5$（通り）

∴ $40 + 5 = 45$（通り） ← 場合分けしたら和の法則

よって，求める確率は，$1 - \dfrac{45}{126} = \dfrac{9}{14}$ ← 余事象の確率の公式は **パターン64**

分子は分母に合わせて数える!!

僕が確率の授業をしているときに，次のようなことを質問されます。

「これは $_nP_r$ で数えるのですか？　それとも $_nC_r$ ですか？」

確率では，どちらで考えてもよいものもあります!!

例 赤玉が3個，白玉が2個入った袋から2個の玉を取り出すとき，赤玉と白玉を1つずつ取り出す確率を求めよ。

答

$_nC_r$ を使った解答

すべての取り出し方は $_5C_2 = 10$ （通り）

このうち，赤，白1つずつ取り出すのは

$\begin{cases} (\text{i}) & \text{赤の選び方} \Rightarrow 3 \text{通り} \\ (\text{ii}) & \text{白の選び方} \Rightarrow 2 \text{通り} \end{cases}$

なので $\underset{\text{順序立てたら積の法則}}{3 \times 2 = 6 \text{（通り）}}$　よって，求める答は $\dfrac{6}{10} = \dfrac{3}{5}$

$_nP_r$ を使った解答 ← 順番を考慮して取り出しても，求める確率は変わらない!!

すべての取り出し方は，順番を考慮すると $_5P_2 = 20$ （通り）

このうち，赤，白1つずつ取り出すのは，順番を考慮すると，2つの場合がある。

$\begin{cases} (\text{i}) & \text{赤白の順の場合} \Rightarrow 3 \times 2 = 6 \text{（通り）} \\ (\text{ii}) & \text{白赤の順の場合} \Rightarrow 2 \times 3 = 6 \text{（通り）} \end{cases}$

和の法則より，$6 + 6 = 12$ （通り）　よって，求める答は $\dfrac{12}{20} = \dfrac{3}{5}$

このように確率では，

$\begin{cases} \text{・分母を組合せ扱いしたら，分子も順番を考慮せず} \\ \text{・分母を順列扱いしたら，分子も順番を考慮して} \end{cases}$

これが → **分子は分母に合わせて数える**ということ!!

数えます。

ただし，分母を**順列扱いしかできない**ものもあります（例題**63**(2)参照）。

番号をつけておく

（パターン**62**）

パターン編

数と式

2次関数

データの分析

場合の数・確率

図形と計量

図形の性質

例題 ⑥

(1) 1から4までの番号札が2枚ずつ合計8枚ある。この中から無作為に1枚ずつ計2枚取り出すとき

  (i) 2枚とも2以下である確率を求めよ。

  (ii) (1枚目の数字) > (2枚目の数字)である確率を求めよ。

(2) 3個のサイコロを同時に投げるとき,目の和が6となる確率を求めよ。

ポイント

(1) (i) $_nP_r$ でも $_nC_r$ でもよいので $_nC_r$ を使います。 ← 1枚ずつ2枚とっても2枚同時にとっても確率は同じ

  (ii) 分子は順番を考慮する場合の数なので,分母も $_nP_r$ で数えなければいけません。 ← たとえば,分子は (3, 4) は NG,(4, 3) は OK この場合,分母も順番を考慮して数える必要があります

(2) 3個のサイコロは区別します。

すべての目の出方は,$6^3 = 216$ 通り。これは**重複順列**なので,**順列扱い**。よって,分子は,順番を考慮して目の和が6となるものを数えます。

解答 (1) 8枚を 1_a, 1_b, 2_a, 2_b, 3_a, 3_b, 4_a, 4_b とする。← 同じものでも区別する

(i) 2枚とも2以下である確率は

$$\dfrac{_4C_2}{_8C_2} = \dfrac{6}{28} = \dfrac{3}{14}$$

 1_a, 1_b, 2_a, 2_b から2枚選ぶ
8枚から2枚選ぶ

$$\boxed{1_a}\ \boxed{2_a}\ \boxed{3_a}\ \boxed{4_a}$$
$$\boxed{1_b}\ \boxed{2_b}\ \boxed{3_b}\ \boxed{4_b}$$

(ii) 順番を考えると,すべての取り出し方は $_8P_2 = 56$ (通り)

このうち,(1枚目の数字) > (2枚目の数字)であるのは,場合分けして

$\begin{cases} (ア)\ \ 1枚目 4,\ 2枚目 3以下 \Rightarrow 2 \times 6 \\ (イ)\ \ 1枚目 3,\ 2枚目 2以下 \Rightarrow 2 \times 4 \\ (ウ)\ \ 1枚目 2,\ 2枚目 1 \ \ \ \ \ \Rightarrow 2 \times 2 \end{cases}$

(ア) ← 1枚目 4_a または 4_b,2枚目 3_a, 3_b, 2_a, 2_b, 1_a, 1_b から選ぶ

よって,$12 + 8 + 4 = 24$ (通り)

場合分けしたら和の法則

これより,$\dfrac{24}{56} = \dfrac{3}{7}$

(2) すべての目の出方は,$6^3 = 216$ (通り)

このうち,目の和が6であるのは

$\begin{cases} (ア)\ \ 1+1+4型 \Rightarrow 3通り \\ (イ)\ \ 1+2+3型 \Rightarrow 6通り \\ (ウ)\ \ 2+2+2型 \Rightarrow 1通り \end{cases}$

(ア) ← (1, 1, 4), (1, 4, 1), (4, 1, 1) の3通り

(イ) ← 1, 2, 3 の並べかえは 3! 通り

ポイント
まず,小さい順で和が6となるものを考え,**並び方はあとから考える**のがコツ

よって,$3 + 6 + 1 = 10$ (通り)であるので,求める確率は $\dfrac{10}{216} = \dfrac{5}{108}$

和の法則

「少なくとも〜」は余事象!!
(特に「積が〜の倍数」は余事象を使え!)

余事象の確率

$\overline{A}$: A が起こらない事象とするとき
$P(\overline{A}) = 1 - P(A)$

← $P(X)$ で X の起こる確率を表します

事象 A に対し，$\overline{A}$ を A の**余事象**といいます。次の例のように「**少なく
とも**」とあったら，余事象の利用を考えます。

例 赤玉が 3 個，白玉が 4 個入っている袋から 3 個の玉を同時に取り
出すとき，<u>少なくとも 1 個が赤玉である確率</u>を求めよ。

答 余事象は 3 個とも白玉であることです。

$\begin{cases} 7 \text{個の玉から 3 個を取り出すすべての取り出し方} \Rightarrow {}_7C_3 \text{通り} \\ \text{そのうち，3 個とも白玉である取り出し方} \Rightarrow {}_4C_3 \text{通り} \end{cases}$ ① ② ③ ④ ⑤ ⑥ ⑦

よって $1 - \dfrac{{}_4C_3}{{}_7C_3} = 1 - \dfrac{4}{35} = \dfrac{31}{35}$

まともにやると…

少なくとも 1 個が赤玉 ⇔ $\begin{cases} (\text{i}) & 3 \text{個とも赤玉} \\ (\text{ii}) & \text{赤玉 2 個，白玉 1 個} \\ (\text{iii}) & \text{赤玉 1 個，白玉 2 個} \end{cases}$ ◀ 場合分けが メンドー

余事象が特に有効なのが
「積が〜の倍数」
です。たとえば，

$24 = 2^3 \cdot 3$
$36 = 2^2 \cdot 3^2$
のように 4 の倍数は
2 が少なくとも 2 つ必要

$\begin{cases} \text{積が 4 の倍数} \Rightarrow \text{素因数分解において，2 が少なくとも 2 つ} \\ \text{積が 6 の倍数} \Rightarrow \text{素因数分解において，「2 が少なくとも 1 つ」かつ「3 が少なくとも 1 つ」} \end{cases}$

というように，「少なくとも」が出てきます。だから，余事象!!

例題 64

8 枚のカードに 1 から 8 までの数字が 1 つずつ書いてある。この 8
枚のカードの中から，3 枚同時に抜き出したとき，

(1) 積が偶数である確率を求めよ。

(2) 積が 4 の倍数である確率を求めよ。

(3) 積が 6 の倍数である確率を求めよ。

ポイント

(1) 余事象は，積が奇数，つまり 3 枚とも奇数。

(2) 1～8 を素因数 2 の個数に応じて，3 つにグループ分けします。

(3) 積が 6 の倍数を表現すると，「少なくとも」が 2 回出てきます。

「少なくとも」が 2 回以上出てくるときは，

ベン図を利用して処理します。

> 素因数分解において
> 「2 が少なくとも 1 つ」
> かつ
> 「3 が少なくとも 1 つ」

解答 すべての取り出し方は ${}_8 C_3 = 56$（通り）

(1) 余事象は，「3 枚とも奇数である」なので ${}_4 C_3 = 4$（通り） ← 1, 3, 5, 7
から 3 枚選ぶ

求める確率は，$1 - \dfrac{4}{56} = \dfrac{13}{14}$

(2) 1～8 を次の 3 つのグループに分ける。

$A = \{1, 3, 5, 7\}$ ← 素因数 2 が 0 個のグループ

$B = \{2, 6\}$ ← 素因数 2 が 1 個のグループ

$C = \{4, 8\}$ ← 素因数 2 が 2 個以上のグループ

余事象は，次の 2 つの場合がある。

> **ポイント**
> 積が 4 の倍数でない（余事象）は
> 素因数 2 が 1 個以下なので
> $\begin{cases} C \text{ は使えない} \\ B \text{ は 1 個までしか使えない} \end{cases}$
> と考えます

$\begin{cases} \text{(i)} \quad 3 \text{ 枚とも } A \text{ から選ぶ} \Rightarrow {}_4 C_3 = 4 \text{（通り）} \\ \qquad \text{または} \\ \text{(ii)} \quad A \text{ から 2 枚，} B \text{ から 1 枚選ぶ} \Rightarrow {}_4 C_2 \times {}_2 C_1 = 12 \text{（通り）} \end{cases}$

よって，$4 + 12 = 16$（通り） ← 和の法則

求める確率は，$1 - \dfrac{16}{56} = \dfrac{5}{7}$

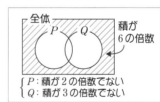

$\begin{cases} P : \text{積が 2 の倍数でない} \\ Q : \text{積が 3 の倍数でない} \end{cases}$

(3) 右のベン図において

$\begin{cases} P \text{ は 3 枚とも奇数より，} {}_4 C_3 = 4 \text{（通り）} \\ Q \text{ は 3 枚とも「3 の倍数でない」より，} {}_6 C_3 = 20 \text{（通り）} \\ P \cap Q \text{ は 3 枚とも「奇数」かつ「3 の倍数でない」} \end{cases}$

3 枚とも
{1, 2, 4, 5, 7, 8}
から選ぶ

より，$\{1, 5, 7\}$ の 1 通り

余事象は $P \cup Q$ であるので

$4 + 20 - 1 = 23$（通り） ← $n(P \cup Q) = n(P) + n(Q) - n(P \cap Q)$

求める確率は，$1 - \dfrac{23}{56} = \dfrac{33}{56}$

コメント 「積が 6 の倍数」=「積が 2 の倍数」∩「積が 3 の倍数」= $\overline{P} \cap \overline{Q} = \overline{P \cup Q}$

ド・モルガンの法則

数と式

2 次関数

データの分析

場合の数・確率

図形と計量

図形の性質

〜で割った余りで分類（グループ分け）

次は，「和が〜の倍数」です。

これは全部書き上げてしまうことも可能ですが，**書き忘れやダブルカウント**（同じものを2回書く間違い）が，起こりやすくなります。

次の方法をマスターしてください。

例 2数の和が4の倍数になる条件

4で割った余りで分類すると，すべての整数は

$$\begin{cases} A：4m\,\text{型} & （4の倍数）\\ B：4m+1\,\text{型} & （4で割った余りが1）\\ C：4m+2\,\text{型} & （4で割った余りが2）\\ D：4m+3\,\text{型} & （4で割った余りが3） \end{cases}$$

の4つに分類されます。

このとき，和が4の倍数になるのは

$$\begin{cases} （\text{i}） & （4m\,\text{型}）+（4m\,\text{型}）\\ （\text{ii}） & （4m+1\,\text{型}）+（4m+3\,\text{型}）\\ （\text{iii}） & （4m+2\,\text{型}）+（4m+2\,\text{型}） \end{cases}$$

の3つの場合しかありません。

〈2数の和を4で割った余り〉

	$4m$型	$4m+1$型	$4m+2$型	$4m+3$型
$4m$型	0	1	2	3
$4m+1$型	1	2	3	0
$4m+2$型	2	3	0	1
$4m+3$型	3	0	1	2

〈(ii)の場合の 証明 〉

$（4m+1\,\text{型}）$は$4k+1$，$（4m+3\,\text{型}）$は$4l+3$と表せるので $(k，l$は整数)，

$$（4m+1\,\text{型}）+（4m+3\,\text{型}）=（4k+1）+（4l+3）$$
$$=4（k+l+1） \qquad \longleftarrow \quad 4\times（整数）の形$$

$\therefore \quad （4m+1\,\text{型}）+（4m+3\,\text{型}）$は4の倍数。

（他も同様に証明できます）

あとはそれぞれの場合の数を求めて，和の法則で合計します。

パターン編

数と式

2次関数

データの分析

場合の数・確率

図形と計量

図形の性質

例題 65

8枚のカードに1から8までの数字が1つずつ書いてある。

(1) この8枚のカードから2枚同時に抜き出したとき，和が3の倍数である確率を求めよ。

(2) この8枚のカードから3枚同時に抜き出したとき，和が3の倍数である確率を求めよ。

ポイント 1〜8を3つのグループに分類します。

$$A = \{3, 6\} \quad \Leftarrow 3m\text{型} \qquad B = \{1, 4, 7\} \quad \Leftarrow 3m+1\text{型} \qquad C = \{2, 5, 8\} \quad \Leftarrow 3m+2\text{型}$$

あとはどう組み合わせるか考えてみてください。解答中では $(3m\text{型}) + (3m+1\text{型})$ を省略して，$A + B$型などと書きます。

解答

(1) すべての取り出し方は $_8C_2 = 28$（通り）

このうち，2数の和が3の倍数になるのは，次の2つの場合。

$$\begin{cases} \text{(i)} \quad A + A\text{型} \Rightarrow \underset{A\text{から2つ選ぶ}}{_2C_2 = 1}（通り） & \Leftarrow 3+6\text{の1通り} \\ \text{(ii)} \quad B + C\text{型} \Rightarrow \underset{B\text{から1つ選ぶ} \quad C\text{から1つ選ぶ}}{_3C_1 \times _3C_1 = 9}（通り） \end{cases}$$

よって，$1 + 9 = 10$（通り） ← 場合分けしたら和の法則

求める確率は $\dfrac{10}{28} = \dfrac{5}{14}$

A が2個しかないので，「3枚とも A」は起こりえない

(2) すべての取り出し方は $_8C_3 = 56$（通り）

このうち，3数の和が3の倍数になるのは次の3つの場合。

$$\begin{cases} \text{(i)} \quad B + B + B\text{型} \Rightarrow \underset{B\text{から3つ選ぶ}}{_3C_3 = 1}（通り） & \Leftarrow 1+4+7\text{の1通り} \\ \text{(ii)} \quad C + C + C\text{型} \Rightarrow \underset{C\text{から3つ選ぶ}}{_3C_3 = 1}（通り） & \Leftarrow 2+5+8\text{の1通り} \\ \text{(iii)} \quad A + B + C\text{型} \Rightarrow \underset{A\text{から1つ} \quad B\text{から1つ} \quad C\text{から1つ}}{_2C_1 \cdot _3C_1 \cdot _3C_1 = 18}（通り） \end{cases}$$

証明
$k_1,\ k_2,\ k_3$を整数とすると
$3k_1 + (3k_2 + 1) + (3k_3 + 2)$
$= 3(k_1 + k_2 + k_3 + 1)$ ← 3の倍数

よって，$1 + 1 + 18 = 20$（通り）

求める確率は $\dfrac{20}{56} = \dfrac{5}{14}$ ← 場合分けしたら和の法則

余事象を利用してベン図をかけ

ここでは，最小値について説明します。最大値についても不等号の向きを変えると，同様の結果が得られます。

◎**最小値が k 以上，最小値が k 以下**

パターン **34** で次のことを学びました。

すべての x に対し $f(x) \geq k$ ⟺ $f(x)$ の最小値 $\geq k$ ← 絶対不等式は最大値・最小値で判断

今回はこれを逆に使います。

例 1つのサイコロを2回投げるとき，目の最小値が3以上になる確率を求めよ。

答 上を使うと，

最小値が3以上 ⟺ すべて（2回とも）3以上

となるから，$4^2 = 16$（通り） ～2回とも 3, 4, 5, 6

∴ 求める確率は $\dfrac{16}{36} = \dfrac{4}{9}$

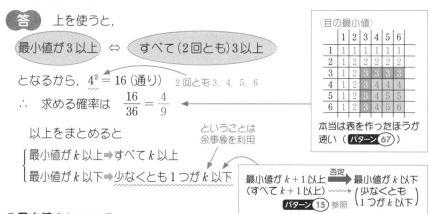

〈目の最小値〉

	1	2	3	4	5	6
1	1	1	1	1	1	1
2	1	2	2	2	2	2
3	1	2	3	3	3	3
4	1	2	3	4	4	4
5	1	2	3	4	5	5
6	1	2	3	4	5	6

本当は表を作ったほうが速い（パターン **67**）

以上をまとめると

ということは余事象を利用

$\begin{cases} 最小値が k 以上 \Rightarrow すべて k 以上 \\ 最小値が k 以下 \Rightarrow 少なくとも1つが k 以下 \end{cases}$

最小値が $k+1$ 以上（すべて $k+1$ 以上）　—否定→　最小値が k 以下（少なくとも1つが k 以下）

パターン **15** 参照

◎**最小値 k について**

上の **例** で最小値が3となる確率を求めてみます。

最小値が3以上は，下の4つの場合からなる集合です。

最小値が3以上⟺$\begin{cases} (\text{i})\ \ 最小値 3 \\ (\text{ii})\ \ 最小値 4 \\ (\text{iii})\ 最小値 5 \quad Ⓐ \\ (\text{iv})\ 最小値 6 \end{cases}$ ← この4つの集まりが最小値3以上

この4つから，上のⒶの部分を取り除けば，最小値3の部分が求まります。ここで，Ⓐは「最小値が4以上」を表します。

したがって,

「最小値が 3」=「最小値が 3 以上」-「最小値が 4 以上」

$$= 4^2 - 3^2 = 7 \text{ (通り)}$$
<u>すべて 3, 4, 5, 6</u>　<u>すべて 4, 5, 6</u>

ここが最小値 3

全体
最小値 3 以上
最小値 4 以上

よって,求める確率は $\dfrac{7}{36}$

パターン編

数と式

2次関数

データの分析

場合の数・確率

図形と計量

図形の性質

例題 66

1 つのサイコロを 3 回投げるとき,目の最大値が 5 となる確率を求めよ。

　ポイント

最大値のときと不等号の向きが逆

最大値のときは,最大値が k 以下を 1 つずらして引きます。

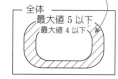

ここが最大値 5

全体
最大値 5 以下
最大値 4 以下

解答

すべての目の出方は　$6^3 = 216 \text{ (通り)}$

このうち,

$\begin{cases} \text{最大値 5 以下} & \Leftrightarrow \quad \text{すべて (3 回とも) 5 以下} \Rightarrow 5^3 = 125 \text{ (通り)} \\ \text{最大値 4 以下} & \Leftrightarrow \quad \text{すべて (3 回とも) 4 以下} \Rightarrow 4^3 = 64 \text{ (通り)} \end{cases}$

であるから,最大値が 5 となるのは

$$125 - 64 = 61 \text{ (通り)}$$

これより,求める確率は,$\dfrac{61}{216}$

注意　下のようにやる人がいます。どこが間違いかわかりますか?

誤答　最大値が 5 $\Rightarrow$ $3 \times 5^2 = 75 \text{ (通り)}$
<u>何回目に</u>　<u>他の 2 回は</u>
5 が出るか　すべて 5 以下

これは　| 1 回目 | 2 回目 | 3 回目 |

原因

$\begin{cases} \text{(i)} & 5 & \text{5 以下} & \text{5 以下} \\ \text{(ii)} & \text{5 以下} & 5 & \text{5 以下} \\ \text{(iii)} & \text{5 以下} & \text{5 以下} & 5 \end{cases}$

この考え方だと
| 1 回目 | 2 回目 | 3 回目 |
| 5 | 5 | 3 |
は (i) にも (ii) にも含まれる

と場合分けして,$25 + 25 + 25 = 25 \times 3$ と考えています。この場合,同じものを重複して数えていることになります（[　　]参照）。だからダメ!!

2個のサイコロの問題は，迷わず表を作れ!!

2個のサイコロの問題は，

$6 \times 6 = 36$ 個の表を作って解くようにします。

たとえば，**パターン66** で扱った **例** も，表を作ると，簡単です。

2個のサイコロの問題は，いろいろな技法とかを考えるまでもなく，表を作ったほうが速く解けます。

例題 67

2個のサイコロを1回投げるとき，次の確率を求めよ。

(1) 目の和が3の倍数となる確率

(2) 一方が他方の倍数または約数となる確率

ポイント

(1) 目の和が3，6，9，12の4つの場合に場合分けして，和の法則でもできますが，2個のサイコロの問題では表を作ったほうが速く解けます。

(2) 迷わず表を作りましょう。

解答

(1) 目の和が3の倍数となるのは，

右の表から，12通り

よって，求める確率は $\dfrac{12}{36} = \dfrac{1}{3}$

コツ

> 36個の表の中に和を全部書くと時間がもったいないので，実際には表に数値は書かず○印をつけてください（下の表参照）

〈目の和が3の倍数〉

	1	2	3	4	5	6
1	2	3	4	5	6	7
2	3	4	5	6	7	8
3	4	5	6	7	8	9
4	5	6	7	8	9	10
5	6	7	8	9	10	11
6	7	8	9	10	11	12

(2) 一方が他方の倍数または約数となるのは，

右の表から，22通り

よって，求める確率は $\dfrac{22}{36} = \dfrac{11}{18}$

〈一方が他方の倍数または約数〉

	1	2	3	4	5	6
1	○	○	○	○	○	○
2	○	○		○		○
3	○		○			○
4	○	○		○		
5	○				○	
6	○	○	○			○

◎じゃんけんであいこになる確率

2人でじゃんけんをする場合と3人でじゃんけんをする場合, あいこ (引き分け) になる確率は等しいことが知られています。

| 2人の場合 |

すべての手の出し方は $3^2 = 9$ (通り)

あいこは, 2人とも同じ手を出す場合で3通り。

2人ともグー, 2人ともチョキ, 2人ともパーの3通り

$$\therefore \quad \frac{3}{9} = \frac{1}{3}$$

| 3人の場合 |

すべての手の出し方は $3^3 = 27$ (通り)

あいこは,

$$\begin{cases} 3人とも同じ手を出す \Rightarrow 3 通り \\ 3人とも異なる手を出す \Rightarrow 3! = 6 通り \end{cases}$$

3人ともグー, 3人ともチョキ, 3人ともパーの3通り

1人がグー, 1人がチョキ, 1人がパーの並べかえ

なので, あいこの確率は

$$\frac{3+6}{27} = \frac{9}{27} = \frac{1}{3}$$

4人以上の場合, あいこは, 「全員が同じ手を出す場合」と「少なくとも1人がグー かつ 少なくとも1人がチョキ かつ 少なくとも1人がパー」の場合があるので, 面倒です。←「少なくとも」なので余事象を利用します

たとえば, 4人の場合は次のように求めます。

すべての手の出し方は $3^4 = 81$ (通り) 2^4 から「全員がグー」と「全員がチョキ」の2通りを除きます

余事象 (つまり, 勝負がつく) は

$$\begin{cases} \cdot 4人がグーとチョキに分かれる \Rightarrow 2^4 - 2 = 14 (通り) \\ \cdot 4人がグーとパーに分かれる \Rightarrow 2^4 - 2 = 14 (通り) \\ \cdot 4人がチョキとパーに分かれる \Rightarrow 2^4 - 2 = 14 (通り) \end{cases}$$

合計すると, $14 + 14 + 14 = 42$ (通り) ←—— 場合分けしたら和の法則

求める確率は,

$$1 - \frac{42}{81} = \frac{39}{81} = \frac{13}{27}$$

$$\left\{\begin{array}{l} \text{すべて異なる目} \\ A < B < \cdots < C \\ A \leqq B \leqq \cdots \leqq C \end{array}\right. \Longrightarrow \begin{array}{l} \text{順列} \\ \text{組合せ} \\ \text{重複組合せ} \end{array}$$

ここでは，サイコロに関する頻出問題を扱います。(1)，(2)，(3)はどう違うのか？　をよく考えて解いてみてください。

例題 68

1つのサイコロを4回投げる。

(1)　出た目がすべて異なる確率を求めよ。

1回目，2回目，3回目，4回目に出る目をそれぞれ X, Y, Z, W とする。

(2)　$X < Y < Z < W$ となる確率を求めよ。

(3)　$X \leqq Y \leqq Z \leqq W$ となる確率を求めよ。

ポイント

重複順列
（**パターン 57**）

すべての目の出方は，6^4 通り。

(1)，(2)は，両方とも 1，2，3，4，5，6 の6個の数字から異なる4個の数字を選ぶことになるのですが，違いはわかりますか？

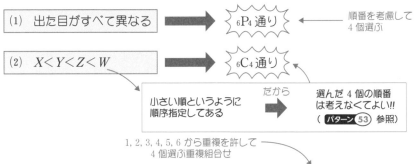

| (1)　出た目がすべて異なる | ➡ | $_6\mathrm{P}_4$ 通り | ◀ | 順番を考慮して4個選ぶ |

| (2)　$X < Y < Z < W$ | ➡ | $_6\mathrm{C}_4$ 通り |

小さい順というように順序指定してある

だから

選んだ4個の順番は考えなくてよい!!
（**パターン 53** 参照）

1, 2, 3, 4, 5, 6 から重複を許して4個選ぶ重複組合せ

(3)　$X \leqq Y \leqq Z \leqq W$ となるサイコロの目の出方は，重複組合せになります。

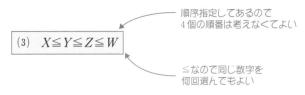

順序指定してあるので4個の順番は考えなくてよい

(3)　$X \leqq Y \leqq Z \leqq W$

≦なので同じ数字を何回選んでもよい

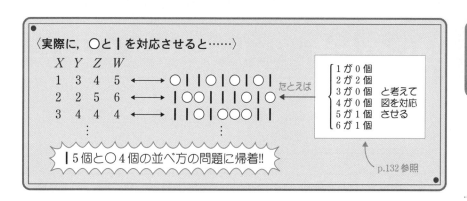

〈実際に，○と｜を対応させると……〉

X	Y	Z	W		
1	3	4	5	⟵	○｜｜○｜○｜○｜
2	2	5	6	⟵	｜○○｜｜｜○｜○
3	4	4	4	⟵	｜｜○｜○○○｜｜

たとえば

$\left\{\begin{array}{l}1\,\text{が}\,0\,\text{個}\\2\,\text{が}\,2\,\text{個}\\3\,\text{が}\,0\,\text{個}\\4\,\text{が}\,0\,\text{個}\\5\,\text{が}\,1\,\text{個}\\6\,\text{が}\,1\,\text{個}\end{array}\right.$ と考えて 図を対応 させる

｜5個と○4個の並べ方の問題に帰着!!

p.132 参照

解答

すべての目の出方は，6^4 通り

> 確率を計算するときは このように約分できるので ここでは 6^4 を計算しない

(1) 出た目がすべて異なるのは，$_6\mathrm{P}_4$ 通り

これより，求める確率は

> このようにすると 約分できる

$$\frac{_6\mathrm{P}_4}{6^4} = \frac{6\cdot5\cdot4\cdot3}{6^4} = \frac{5}{18}$$

(2) $X < Y < Z < W$ となる目の出方は，

$$_6\mathrm{C}_4 = 15\,(通り)$$

$X < Y < Z < W$ なので，選んだ 4 個の 数字の順番は考慮しなくてよい

これより，求める確率は

$$\frac{15}{6^4} = \frac{5}{432}$$

(3) $X \leqq Y \leqq Z \leqq W$ となる目の出方は，

｜5個と○4個の並べ方に帰着され

> **ポイント** 参照

$$\frac{9!}{5!\,4!} = 126\,(通り)$$

> 同じものを含む順列（**パターン 53**）

これより，求める確率は

$$\frac{126}{6^4} = \frac{7}{72}$$

独立のとき, $P(A \cap B) = P(A)P(B)$

2つの試行が独立であるとは,「互いに影響を与えない」ということです。
独立のとき,次が成り立ちます。

独立な試行の確率

2つの独立な試行 S, T を行うとき,S では事象 A が起こり,T で事象 B が起こる事象を $A \cap B$ とすると,

$$P(A \cap B) = P(A)P(B)$$

例

(1) 1個のサイコロと1枚の硬貨を同時に投げるとき,サイコロは2以下で硬貨は表が出る確率を求めよ(独立の例)。

(2) 10本の中に3本の当たりくじがある。P, Q がこの順に引くとき,2人とも当たりくじを引く確率を求めよ。ただし,引いたくじは元に戻さないものとする(独立でない例)。

〈(1)について〉 1個のサイコロを投げる試行と1枚の硬貨を投げる試行は独立です。◀── サイコロの目の値にかかわらず,硬貨を投げて表の出る確率は $\frac{1}{2}$

よって,サイコロの目が2以下であるという事象を A,硬貨は表が出るという事象を B とすると,

$$P(A \cap B) = P(A)P(B)$$
$$= \frac{2}{6} \cdot \frac{1}{2} = \frac{1}{6}$$

{ P が当たると,Q は当たりにくくなる
{ P がはずれると,Q は当たりやすくなる

〈(2)について〉 P がくじを引くという試行と Q がくじを引くという試行は 独立ではありません 。この場合,P が当たりくじを引くという事象を A,Q が当たりくじを引くという事象を B とすると,$P(A \cap B) = P(A)P(B)$ は不成立です。

実際,$P(A) = P(B) = \frac{3}{10}$(くじ引きの公平性 ← p.157 参照)より,

$$P(A)P(B) = \frac{3}{10} \times \frac{3}{10} = \frac{9}{100}$$

また，$P(A \cap B) = \dfrac{1}{15}$ より，$P(A \cap B) = P(A)P(B)$ は成立していません。

◎ $P(A \cap B)$ の計算

その1
$\begin{cases} \text{すべての引き方} \Rightarrow {}_{10}\mathrm{P}_2 = 90 \ (通り) \\ A \cap B \text{ となる引き方} \Rightarrow {}_3\mathrm{P}_2 = 6 \ (通り) \end{cases}$ 　 $\therefore \ \dfrac{6}{90} = \dfrac{1}{15}$

その2 　$P(A \cap B) = P(A)P_A(B) = \dfrac{3}{10} \cdot \dfrac{2}{9} = \dfrac{1}{15}$ （パターン 72 参照）

例題 69

A, B, C の3人が PK（サッカーのペナルティキック）を行う。それぞれ，$\dfrac{1}{2}$, $\dfrac{2}{3}$, $\dfrac{4}{5}$ の確率でゴールするとするとき，次の場合の確率を求めよ。ただし，3人がゴールするかしないかは，互いに独立であるとする。

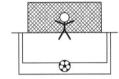

(1) A, B のみゴールする　(2) 3人のうち少なくとも1人はゴールする

ポイント

(2)「少なくとも1人」なので余事象を使います。

解答
$\begin{cases} \text{事象 } X : \text{「A がゴールするという事象」} \\ \text{事象 } Y : \text{「B がゴールするという事象」 とおく。} \\ \text{事象 } Z : \text{「C がゴールするという事象」} \end{cases}$

(1) $X \cap Y \cap \overline{Z}$ が起こる確率だから　$1 - P(Z) = 1 - \dfrac{4}{5} = \dfrac{1}{5}$

$$P(X \cap Y \cap \overline{Z}) = P(X)P(Y)P(\overline{Z}) = \dfrac{1}{2} \cdot \dfrac{2}{3} \cdot \dfrac{1}{5} = \dfrac{1}{15}$$

(2) 余事象は，3人ともゴールしないことであり，$\overline{X} \cap \overline{Y} \cap \overline{Z}$ と表される。

$$\therefore \ P(\overline{X} \cap \overline{Y} \cap \overline{Z}) = P(\overline{X})P(\overline{Y})P(\overline{Z}) = \dfrac{1}{2} \cdot \dfrac{1}{3} \cdot \dfrac{1}{5} = \dfrac{1}{30}$$

よって，求める確率は　$1 - \dfrac{1}{30} = \dfrac{29}{30}$

コメント 共通テストで解答するときは，(1)なら

$$\underset{\text{A がゴール}}{\dfrac{1}{2}} \cdot \underset{\text{B がゴール}}{\dfrac{2}{3}} \cdot \underset{\text{C がゴールしない}}{\dfrac{1}{5}} = \dfrac{1}{15}$$

の部分だけ書けば OK です。　←細かい論述に気を使いすぎないこと!!

パターン編

数と式

2次関数

データの分析

場合の数・確率

図形と計量

図形の性質

（パターンの数）×（おのおのの確率）

同一条件のもとである試行をくり返し行うことを反復試行といいます。

ただし，5 個のサイコロを同時に 1 回だけ投げるというのも反復試行とみなすことができます。

たとえば，1 個のサイコロを 5 回投げること

1 個のサイコロを 5 回投げるのと確率は変わらない

ここでのキーワードは，

（パターンの数）×（おのおのの確率）

例 1 個のサイコロを 4 回続けて投げるとき，1 の目が 2 回出る確率を求めよ。

答 1 の目が 2 回出るのは下の 6 つの場合があって，等確率です。

4 回中どの 2 回で 1 が出るかを考えると，
$_4C_2 = 6$
パターンある

(i)　1 1 △ △ ⟹ $\left(\dfrac{1}{6}\right)^2 \left(\dfrac{5}{6}\right)^2$

(ii)　1 △ 1 △ ⟹ $\left(\dfrac{1}{6}\right)^2 \left(\dfrac{5}{6}\right)^2$

(iii)　1 △ △ 1 ⟹ $\left(\dfrac{1}{6}\right)^2 \left(\dfrac{5}{6}\right)^2$

(iv)　△ 1 1 △ ⟹ $\left(\dfrac{1}{6}\right)^2 \left(\dfrac{5}{6}\right)^2$

(v)　△ 1 △ 1 ⟹ $\left(\dfrac{1}{6}\right)^2 \left(\dfrac{5}{6}\right)^2$

(vi)　△ △ 1 1 ⟹ $\left(\dfrac{1}{6}\right)^2 \left(\dfrac{5}{6}\right)^2$

（□⟹1 が出る　△⟹1 以外が出る）

$\begin{cases} 1 \text{ が出る} \Rightarrow \dfrac{1}{6} \\ 1 \text{ 以外が出る} \Rightarrow \dfrac{5}{6} \end{cases}$ で

順番にかかわりなく
□が 2 回，△ が 2 回
となる確率は
$\left(\dfrac{1}{6}\right)^2 \left(\dfrac{5}{6}\right)^2$

$\therefore \quad 6 \times \left(\dfrac{1}{6}\right)^2 \left(\dfrac{5}{6}\right)^2 = \dfrac{25}{216}$

$\left(\dfrac{1}{6}\right)^2 \left(\dfrac{5}{6}\right)^2$ を 6 回足すのだから，6 倍すればよい

（パターンの数）×（おのおのの確率）

これを一般化したものが次の公式です。

反復試行の確率

事象 A の起こる確率

1 回につき確率 p の事象が n 回中 r 回起こる確率は，

$$_nC_r \times p^r (1-p)^{n-r}$$

（パターンの数）　（おのおのの確率）

事象 A が n 回中
$\begin{cases} r \text{ 回起こり} \\ n-r \text{ 回起こらない} \end{cases}$
という確率の公式

ただし，これは

$\begin{cases} \cdot r \text{ 回に条件がつくとき（例題 70 (2)）} \\ \cdot \text{起こる，起こらないではない問題（例題 70 (1)）} \end{cases}$ では使えません!!

大事なのは（パターンの数）×（おのおのの確率）です。

パターン編

数と式

2次関数

データの分析

場合の数・確率

図形と計量

図形の性質

例題 70

(1) 平面上の点Pは，東西南北いずれかへの1メートルの移動をくり返し行う。また，東，西，南，北に移動する確率は各回ともそれぞれ $\frac{1}{10}$, $\frac{3}{10}$, $\frac{4}{10}$, $\frac{2}{10}$ である。Pが3回の移動を終えたとき，最初の位置から東へ1メートルの位置にいる確率を求めよ。

(2) AとBが続けて試合を行い，先に3勝したほうが優勝とする。Aの勝つ確率が $\frac{2}{3}$ のとき，Aが3勝2敗で優勝する確率を求めよ。ただし，引き分けはないものとする。

ポイント

(1) 3回の移動の方向は
$\begin{cases}(\text{i}) & \text{東}2回，\text{西}1回 \\ (\text{ii}) & \text{東}1回，\text{北}1回，\text{南}1回\end{cases}$
の2つの場合があります。

（○ → Aが勝つ
× → Aが負ける とする。
たとえば
○○○××
は3回戦の時点でAの優勝が決まるので3勝2敗でAが優勝ではありません）

(2) 5回中，Aが3回勝って2回負けるではありません。正しくは，**条件付き**3勝2敗
4戦目まで2勝2敗で，5戦目にAが勝つとなります。
4戦目までに決着がつかず　　5戦目に決着

解答 (1) 次の2つの場合がある。
(i) 東2回，西1回 ⟹ $3 \times \left(\frac{1}{10}\right)^2 \left(\frac{3}{10}\right) = \frac{9}{1000}$
(ii) 東1回，北1回，南1回 ⟹ $3! \times \left(\frac{1}{10}\right)\left(\frac{2}{10}\right)\left(\frac{4}{10}\right) = \frac{48}{1000}$

よって，$\frac{9}{1000} + \frac{48}{1000} = \frac{57}{1000}$

(2) 4戦目まで2勝2敗で，5戦目にAが勝てばよい。よって，
$_4C_2 \times \left(\frac{2}{3}\right)^3 \left(\frac{1}{3}\right)^2 = \frac{16}{81}$

$\therefore \frac{4!}{2!2!} = 6(パターン)$
(全部書くと右の6通り)

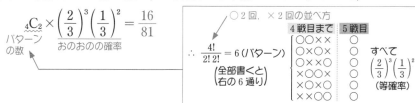

期待値は表を作成せよ

期待値

変量 X のとりうる値が x_1, x_2, $x_3\cdots$, x_n であり，その値をとる確率 P がそれぞれ p_1, p_2,

X	x_1	x_2	x_3	$\cdots$	x_n
P	p_1	p_2	p_3	$\cdots$	p_n

ということは $\quad p_1 + p_2 + p_3 + \cdots + p_n = 1$

p_3, $\cdots$, p_n であるとする。このとき，

$$E = x_1 p_1 + x_2 p_2 + x_3 p_3 + \cdots + x_n p_n$$

← 確率分布の表を作って **タテに掛けて和をとれ**ということ

を X の期待値（平均）という。

期待値を求めるには，確率分布の表を作ることがポイントとなります。

例① 変量 X の確率分布が右のようになるとき X の期待値を求めよ。

X	1	2	3	4
P（確率）	$\dfrac{3}{10}$	$\dfrac{2}{10}$	$\dfrac{4}{10}$	$\dfrac{1}{10}$

答 タテに掛けて和をとればよいので

$$E = 1 \times \frac{3}{10} + 2 \times \frac{2}{10} + 3 \times \frac{4}{10} + 4 \times \frac{1}{10}$$

$$= \frac{3 + 4 + 12 + 4}{10} = \frac{23}{10}$$

◎表作成のポイント

(ⅰ) X のとりうる値をすべて求めること。

(ⅱ) P（確率）の合計が 1 であることをうまく利用する。共通テストでは，

$\begin{cases} \cdot\ p_1 + p_2 + p_3 + \cdots + p_n = 1\ \text{を検算に使う} \\ \cdot\ \text{どこか1か所の確率を余事象を利用} \\ \quad \text{して求める} \end{cases}$

というように使います。

(ⅲ) 確率の分数を約分しない。

例②

X	1	2	3	4	5
P	$\dfrac{3}{10}$	$\dfrac{2}{10}$	$\dfrac{1}{10}$	?	$\dfrac{2}{10}$

$X = 4$ の確率は，

$$1 - \left(\frac{3}{10} + \frac{2}{10} + \frac{1}{10} + \frac{2}{10} \right) = \frac{2}{10}$$

$X = 4$ でない確率（余事象）

例①で

X	1	2	3	4
P	$\dfrac{3}{10}$	$\dfrac{1}{5}$	$\dfrac{2}{5}$	$\dfrac{1}{10}$

とすると，あとから通分が必要になる

パターン編

数と式

2次関数

データの分析

場合の数・確率

図形と計量

図形の性質

例題 71

(1) 2個のサイコロを同時に投げて，同じ目が出れば10点，1つ違いの目が出れば5点，2つ違いの目が出れば3点，それ以外の目の出方は0点とする。このとき，得点 X の期待値を求めよ。

(2) 次のゲームがある。

〈ルール〉 コインを3枚投げて，表の出た枚数が (参加料…1000円)	3枚…賞金 4000 円 2枚…賞金 1000 円 1枚…賞金 200 円 0枚…賞金 0 円

このゲームに参加することは得か損か。

ポイント

(1) 2個のサイコロの問題では，表を作ります（ パターン 67 ）。

(2) 期待値は平均を表します。つまり，『平均するとどのくらいもらえるか』なので，これと参加料の大小で判断します。

解答

(1) 2個のサイコロの表は右の通り。これより，X の確率分布は下のようになる。

	1	2	3	4	5	6
1	10	5	3	0	0	0
2	5	10	5	3	0	0
3	3	5	10	5	3	0
4	0	3	5	10	5	3
5	0	0	3	5	10	5
6	0	0	0	3	5	10

X	10	5	3	0
P (確率)	$\dfrac{6}{36}$	$\dfrac{10}{36}$	$\dfrac{8}{36}$	$\dfrac{12}{36}$

$\leftarrow 0 \times \dfrac{12}{36}$ は 0 だから書かなくてもよい

$\dfrac{3}{18}$　$\dfrac{5}{18}$　$\dfrac{4}{18}$（約分はココまでにしておく !!）　省略している

よって，期待値は

$$E = 10 \times \frac{3}{18} + 5 \times \frac{5}{18} + 3 \times \frac{4}{18} = \frac{30 + 25 + 12}{18} = \frac{67}{18}$$

(2) 賞金 Y の確率分布は右のようになる。これより，期待値は

$0 \times \dfrac{1}{8}$ は不要

Y	4000	1000	200	0
P	$\dfrac{1}{8}$	$\dfrac{3}{8}$	$\dfrac{3}{8}$	$\dfrac{1}{8}$

$$E = 4000 \times \frac{1}{8} + 1000 \times \frac{3}{8} + 200 \times \frac{3}{8}$$

$$= \frac{7600}{8} = 950$$

← 平均すると賞金はいくらかということ

ココは反復試行の公式です。（ パターン 70 ）
表が2枚ということは

$$3 \times \left(\frac{1}{2}\right)^3$$

パターンの数　おのおのの確率
・表表裏
・表裏表 の3パターン
・裏表表

参加料が1000円で，平均すると950円しかもらえないから，参加することは損。

Aを全事象としたときの$A\cap B$が起こる確率が$P_A(B)$

事象 A が起こったことがわかっているときに，B が起こる確率を「A が起こったときに B が起こる条件付き確率」といい，$P_A(B)$ で表します。

例 1から8までの番号のついた8枚のカードから1枚取り出す。カードの番号が偶数であることがわかっているとき，その番号が3の倍数である確率を求めよ。

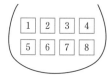

答 カードの番号が偶数であることがわかっているので，すべての取り出し方は $\{2,\ 4,\ 6,\ 8\}$ の4通り。 ← 全体の場合の数は 8 通りではなく 4 通りであることに注意

そのうち，その番号が3の倍数であるのは，$\{6\}$ の1通り。

よって，求める確率は $\dfrac{1}{4}$

このように，条件付き確率 $P_A(B)$ は，A を全事象（全体の場合の数）としたときの $A\cap B$ が起こる確率のことです。よって，

$$P_A(B) = \frac{n(A\cap B)}{n(A)} = \frac{\dfrac{n(A\cap B)}{n(U)}}{\dfrac{n(A)}{n(U)}} = \frac{P(A\cap B)}{P(A)}$$

$n(U)$ は全体の場合の数

が成り立ちます。上の **例** のように直感的にわからない場合（例題73 (2)）は，

条件付き確率は $\dfrac{P(A\cap B)}{P(A)}$ で計算します。

公式

$$P_A(B) = \frac{P(A\cap B)}{P(A)} \quad \cdots ①$$

①の分母を払っただけ

特に，$P(A\cap B) = P(A)P_A(B)$ ← これを乗法定理といいます

パターン編

数と式

2次関数

データの分析

場合の数・確率

図形と計量

図形の性質

例題 72

10本のくじの中に2本の当たりくじがある。X, Yの2人がこの順にくじを1本ずつ引くとき, 次の確率を求めよ。ただし, 引いたくじは元には戻さないものとする。

(1) Xが当たりくじを引いたときに, Yが当たりくじを引く確率

(2) Yが当たりくじを引く確率

ポイント (1) Xが当たりくじを引いたらどうなるかを考えます。

(2) Xが当たりくじを引くか, はずれくじを引くかで場合分けします。

解答

$$\begin{cases} A: \text{Xが当たりくじを引くという事象} \\ B: \text{Yが当たりくじを引くという事象} \end{cases}$$

とおく。

(1) Xが当たりくじを引いたとき, 残り9本のうち,
当たりくじは1本なので

$$P_A(B) = \frac{1}{9}$$

（当：1本
は：8本）

(2) Xが当たり, Yも当たる確率は 乗法定理

$$P(A \cap B) = P(A)P_A(B) = \frac{2}{10} \times \frac{1}{9} = \frac{1}{45}$$

Xがはずれると……

（当：2本
は：7本）

Xがはずれ, Yが当たる確率は 乗法定理

$$P(\overline{A} \cap B) = P(\overline{A})P_{\overline{A}}(B) = \frac{8}{10} \times \frac{2}{9} = \frac{8}{45}$$

よって,

$$P(B) = P(A \cap B) + P(\overline{A} \cap B) = \frac{1}{45} + \frac{8}{45} = \frac{1}{5}$$

コメント

Yが当たりくじを引く確率は, Xが当たりくじを引く確率 $\left(\frac{1}{5}\right)$ と一致します。これを「くじ引きの公平性」といいます。

くじ引きは
引く順番によらない
ということ

$P_E(A) = \dfrac{P(A \cap E)}{P(E)}$ に当てはめて計算せよ!!

事象 E が起こる原因として，A と B の2つがあり，事象 E が起こったことがわかったとき，それが原因 A から起こったと考えられる確率（条件付き確率）$P_E(A)$ を原因の確率といいます。

原因の確率の計算では，例題72 (1) のように直感的にとらえることができないので，156 ページの公式

$$P_E(A) = \frac{P(A \cap E)}{P(E)}$$

を使って計算します。

例題 73

(1) 事象 A, B について，$P(A) = \dfrac{1}{5}$, $P(\overline{B}) = \dfrac{1}{3}$, $P_A(B) = \dfrac{1}{10}$ のとき，次の確率を求めよ。

　(i) $P(B)$ 　　(ii) $P(A \cap B)$ 　　(iii) $P_B(A)$ 　　(iv) $P_{\overline{B}}(A)$

(2) X の箱には白球が3個，黒球が7個，Y の箱には白球が8個，黒球が2個入っている。サイコロを投げて，2以下の目なら X の箱から，3以上の目なら Y の箱から1球取り出す。取り出した球が白球であったとき，それが X の箱の白球である確率を求めよ。

ポイント

(1) 乗法定理を使う練習です。機械的に使えるようにしてください。

(2) 取り出した球が白球であるという事象を E とするとき，E の原因が箱 X である確率を求める問題です。

解答

余事象の確率

(1) (i) $P(B) = 1 - P(\overline{B}) = 1 - \dfrac{1}{3} = \dfrac{2}{3}$

乗法定理

　(ii) $P(A \cap B) = P(A)P_A(B) = \dfrac{1}{5} \times \dfrac{1}{10} = \dfrac{1}{50}$

　(iii) $P_B(A) = \dfrac{P(A \cap B)}{P(B)} = \dfrac{\dfrac{1}{50}}{\dfrac{2}{3}} = \dfrac{3}{100}$

(ⅳ) $P(\overline{B} \cap A) = P(A) - P(A \cap B) = \dfrac{1}{5} - \dfrac{1}{50} = \dfrac{9}{50}$ より,

$$P_{\overline{B}}(A) = \frac{P(\overline{B} \cap A)}{P(\overline{B})} = \frac{\dfrac{9}{50}}{\dfrac{1}{3}} = \frac{27}{50}$$

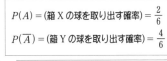

$P_A(\overline{B}) = 1 - P_A(B) = \dfrac{9}{10}$ より,
$P(\overline{B} \cap A) = P(A)P_A(\overline{B})$ ← 乗法定理
　　　　　 $= \dfrac{1}{5}\cdot\dfrac{9}{10} = \dfrac{9}{50}$ でも OK

(2) 取り出した球が白球であるという事象を E, 箱 X の球を取り出すという事象を A とおくと,

ということは, $\overline{A}$ は箱 Y の球を取り出すという事象

(箱 X を選んで白球を取り出す) または (箱 Y を選んで白球を取り出す)

$$\begin{aligned}
P(E) &= \boxed{P(A \cap E)}^{(\bigstar)} + P(\overline{A} \cap E)\\
&= P(A)P_A(E) + P(\overline{A})P_{\overline{A}}(E)\\
&= \frac{2}{6}\cdot\frac{3}{10} + \frac{4}{6}\cdot\frac{8}{10}\\
&= \frac{38}{60}
\end{aligned}$$

乗法定理

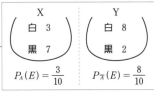

$P(A) =$ (箱 X の球を取り出す確率)$= \dfrac{2}{6}$
$P(\overline{A}) =$ (箱 Y の球を取り出す確率)$= \dfrac{4}{6}$

X	Y
白　3	白　8
黒　7	黒　2

$P_A(E) = \dfrac{3}{10}$　$P_{\overline{A}}(E) = \dfrac{8}{10}$

一方,

$$P(A \cap E) = P(A)P_A(E) = \frac{2}{6}\cdot\frac{3}{10} = \frac{6}{60}$$

(★)で計算済み

よって

$$P_E(A) = \frac{P(A \cap E)}{P(E)} = \frac{\dfrac{6}{60}}{\dfrac{38}{60}} = \frac{6}{38} = \frac{3}{19}$$

コメント

これを一般化したものをベイズの定理といいます。

$A \cap B = \phi,\ A \cup B = U$
(全事象) ということ

ベイズの定理

事象 E の原因となる事象を A, B とする (ただし, $\overline{B} = A$)。

事象 E が起こったとき, それが原因 A から生じたものである確率 $P_E(A)$ は

$$P_E(A) = \frac{P(A \cap E)}{P(E)} = \frac{P(A \cap E)}{P(A \cap E) + P(B \cap E)} = \frac{P(A)P_A(E)}{P(A)P_A(E) + P(B)P_B(E)}$$

(＊原因となる事象が 3 個以上のときも同様の公式が成立します。)

パターン編

数と式

2次関数

データの分析

場合の数・確率

図形と計量

図形の性質

2つの定義を使い分けよ!!

三角比には，2つの定義があります。

◎**直角三角形による定義** ← θが鋭角のとき

右図において

$$\sin\theta = \frac{対辺}{斜辺}, \quad \cos\theta = \frac{隣辺}{斜辺}, \quad \tan\theta = \frac{対辺}{隣辺}$$

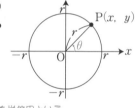

| θの隣辺 ⇒ θの隣りの辺 |
| θの対辺 ⇒ θの向かい側の辺 (矢印) |

たとえば，60°の三角比を求めるときは，右図のようなθ=60°の直角三角形を考えると，

$$\sin 60° = \frac{\sqrt{3}}{2}, \quad \cos 60° = \frac{1}{2}, \quad \tan 60° = \frac{\sqrt{3}}{1} = \sqrt{3}$$

◎**座標を用いた定義** ← θはどのような角でもよい

原点を中心とする半径 r の円において，x 軸の正の向きから反時計回りに角 θ をとったときの半径を OP とします。このとき，$P(x, y)$ とすると，

$$\sin\theta = \frac{y}{r}, \quad \cos\theta = \frac{x}{r}, \quad \tan\theta = \frac{y}{x}$$

特に，$r=1$ のとき（この場合が**重要**），← この円を単位円という

$$\begin{cases} \sin\theta \Rightarrow 単位円の y 座標 \\ \cos\theta \Rightarrow 単位円の x 座標 \end{cases} となります。$$

それから，次の2つの三角形は重要です。

(ⅰ)

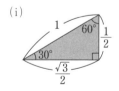

$\frac{1}{2}$ 倍に縮小したもの

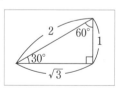

(ⅱ)

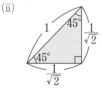

$\frac{1}{\sqrt{2}}$ 倍に縮小したもの

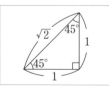

パターン編

数と式

2次関数

データの分析

場合の数・確率

図形と計量

図形の性質

例題 74

(1) 右図において，

$\sin\theta$，$\cos\theta$，$\tan\theta$ の値を求めよ。

(2) 次の値を求めよ。

  (i) $\sin 120°$ (ii) $\cos 90°$

  (iii) $\tan 45°$ (iv) $\sin 180°$

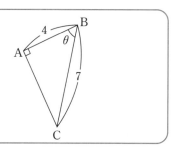

ポイント

(1) AC の長さは，三平方の定理。斜辺，隣辺，対辺はどれか判断してください。

(2) 単位円をかいて，左ページの(i)，(ii)の三角形をはめこみます。

解答

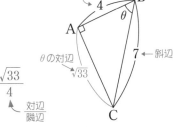

(1) $AC = \sqrt{7^2 - 4^2} = \sqrt{33}$

これより

$$\sin\theta = \frac{\sqrt{33}}{7}, \quad \cos\theta = \frac{4}{7}, \quad \tan\theta = \frac{\sqrt{33}}{4}$$

$\underset{\text{斜辺}}{\overset{\text{対辺}}{}}$ $\underset{\text{斜辺}}{\overset{\text{隣辺}}{}}$ $\underset{\text{隣辺}}{\overset{\text{対辺}}{}}$

(2) 単位円上に，120°，90°，45°，180° をとると，次のようになる。

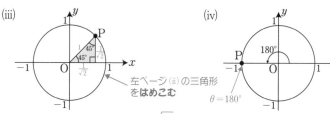

よって，(i) $\sin 120° = \dfrac{\sqrt{3}}{2}$ (ii) $\cos 90° = 0$

Pの y 座標   Pの x 座標

$(x 座標) = (y 座標)$ だから $\dfrac{y}{x} = 1$

(iii) $\tan 45° = \dfrac{y}{x} = 1$ (iv) $\sin 180° = 0$

Pの y 座標

$$\begin{cases} \sin\theta \Rightarrow y \text{ とおけ} \\ \tan\theta \Rightarrow \dfrac{y}{x} \text{ とおけ} \end{cases} \qquad \cos\theta \Rightarrow x \text{ とおけ}$$

← 単位円との交点を考えよ!!

ここでは三角方程式を扱います。三角不等式に関しては，「数学Ⅱ」の「三角関数」を参照してください。

三角方程式の解法

(ⅰ) $\sin\theta = y$, $\cos\theta = x$, $\tan\theta = \dfrac{y}{x}$ とおく。

(ⅱ) (ⅰ)の表す直線と単位円の交点が求める答。

$$\dfrac{\sin\theta}{\cos\theta} = \dfrac{\frac{b}{c}}{\frac{a}{c}} = \dfrac{b}{a} = \tan\theta$$

> $\sin\theta$, $\cos\theta$ はそれぞれ単位円の y 座標，x 座標なので，$\sin\theta = y$, $\cos\theta = x$ とおきます
> $\tan\theta$ は $\dfrac{\sin\theta}{\cos\theta}$ だから $\dfrac{y}{x}$ とおきます

例 $0° \leqq \theta \leqq 180°$ のとき，$\sin\theta = \dfrac{\sqrt{3}}{2}$ を解け。

答 $\sin\theta = y$ とおくと，与えられた方程式は

$$y = \dfrac{\sqrt{3}}{2}$$

次に，この直線と単位円の交点を考えます
（図1）。← 交点は2つあるとわかる

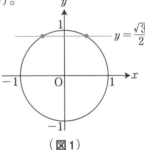

（図1）

最後に，パターン**74** で出てきた，1, $\dfrac{1}{2}$, $\dfrac{\sqrt{3}}{2}$
の三角形を2つ「はめこむ」と，
$\theta = 60°$, $120°$ （図2）

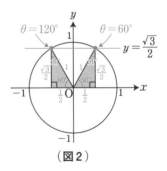

（図2）

例題 75

$0° \leqq \theta \leqq 180°$ のとき，次の方程式を解け。

(1) $\sin\theta = 1$　(2) $\cos\theta = \dfrac{1}{2}$　(3) $\tan\theta = -\sqrt{3}$　(4) $\sin\theta = \dfrac{\sqrt{2}}{2}$

ポイント

直線 $x = k$ のグラフは，y 軸に平行な直線。あとは手順にしたがって解いていきます。

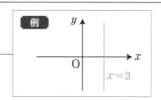

解答 $\sin\theta = y$，$\cos\theta = x$，$\tan\theta = \dfrac{y}{x}$ とおくと，

(1) $y = 1$　(2) $x = \dfrac{1}{2}$　(3) $\underbrace{\dfrac{y}{x} = -\sqrt{3}}_{(y = -\sqrt{3}\,x)}$　(4) $y = \dfrac{\sqrt{2}}{2}$

これらの直線と，単位円の交点は下図のようになる。

(1)
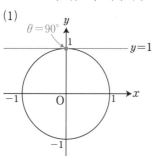

(2)
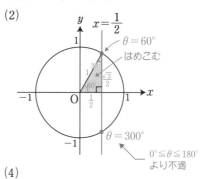

(3)
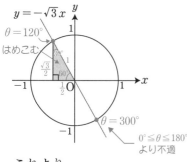

(4)
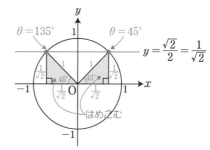

これより

(1) $\theta = 90°$　(2) $\theta = 60°$　(3) $\theta = 120°$　(4) $\theta = 45°,\ 135°$

数と式

2次関数

データの分析

場合の数・確率

図形と計量

図形の性質

ひとつがわかれば, すべて求められる(図を利用せよ)

三角比の相互関係

$$
\begin{cases}
\text{(i)} & \sin^2\theta + \cos^2\theta = 1 \\[4pt]
\text{(ii)} & \tan\theta = \dfrac{\sin\theta}{\cos\theta} \\[6pt]
\text{(iii)} & 1 + \tan^2\theta = \dfrac{1}{\cos^2\theta}
\end{cases}
$$

(i)の原理

$$
\sin^2\theta + \cos^2\theta = \left(\frac{b}{c}\right)^2 + \left(\frac{a}{c}\right)^2
$$

三平方の定理

$$
= \frac{b^2 + a^2}{c^2} = \frac{c^2}{c^2} = 1
$$

上の公式を**相互関係**といいます。

これを用いると, $\sin\theta$, $\cos\theta$, $\tan\theta$ の1つがわかれば, 他をすべて求めることができます。

例 θ が鈍角で $\sin\theta = \dfrac{3}{4}$ のとき, $\cos\theta$, $\tan\theta$ の値を求めよ。

〈**相互関係を用いた** **解答** 〉

$\sin^2\theta + \cos^2\theta = 1$ より, $\cos^2\theta = 1 - \sin^2\theta = 1 - \left(\dfrac{3}{4}\right)^2 = \dfrac{7}{16}$

$\cos\theta < 0$ より,　　　　$\cos\theta = -\sqrt{\dfrac{7}{16}} = -\dfrac{\sqrt{7}}{4}$
$\underset{\theta は鈍角だから}{}$

また, $\tan\theta = \dfrac{\sin\theta}{\cos\theta} = \dfrac{\dfrac{3}{4}}{-\dfrac{\sqrt{7}}{4}} = -\dfrac{3}{\sqrt{7}}$

図を利用した解答の方がオススメです。

◎**図を利用した求め方の手順**　　第何象限か?

(i) パターン**75** の要領で答の場所を確認する。

(ii) 座標平面上に三角形をかき込む。

(iii) 三平方の定理で, 残りの辺を求める。

手順(i)は頭の中に思い浮かべる

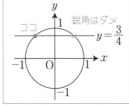

ココ　　　　鋭角はダメ

$y = \dfrac{3}{4}$

〈 **例** の **別解** 〉

(ii) $\underset{\text{半径}}{\overset{y座標}{\sin\theta = \dfrac{3}{4}}}$ より右図のようになる。

(iii) 三平方の定理より, 残りの辺は $\sqrt{7}$

$$
\therefore \quad \cos\theta = \frac{-\sqrt{7}}{4}, \quad \tan\theta = \frac{3}{-\sqrt{7}}
$$

$\underset{\overset{\parallel}{\sqrt{7}}}{\sqrt{4^2 - 3^2}}$　$\dfrac{x}{\text{半径}} = \dfrac{x}{\text{斜辺}}$　$\dfrac{y}{x}$

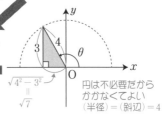

円は不必要だから
かかなくてよい
(半径) = (斜辺) = 4

例題 76

(1) θ は鋭角で，$\cos\theta = \dfrac{2}{5}$ のとき，$\sin\theta$，$\tan\theta$ の値を求めよ。

(2) θ は鈍角で，$\tan\theta = -3$ のとき，$\sin\theta$，$\cos\theta$ の値を求めよ。

(3) $0° \leqq \theta \leqq 180°$ で，$\sin\theta = \dfrac{1}{6}$ のとき，$\cos\theta$，$\tan\theta$ の値を求めよ。

ポイント

まずは，頭の中で答の場所を確認すると，(3)は答が2つあるので，三角形も2つかきます。

(2)は $\tan\theta = \dfrac{3 \; y}{-1 \; x}$ として三角形をかきます。

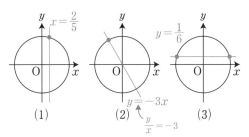

解答

(1) $\cos\theta = \dfrac{2}{5}$ より，右図のようになる。

これより

$$\sin\theta = \frac{\sqrt{21}}{5}, \quad \tan\theta = \frac{\sqrt{21}}{2}$$

$\underset{\frac{y}{半径}}{} \qquad \underset{\frac{y}{x}}{}$

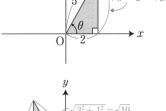

(2) $\tan\theta = \dfrac{3}{-1}$ より，右図のようになる。

これより

$$\sin\theta = \frac{3}{\sqrt{10}}, \quad \cos\theta = \frac{-1}{\sqrt{10}}$$

$\underset{\frac{y}{半径}}{} \qquad \underset{\frac{x}{半径}}{}$

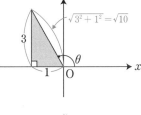

(3) $\sin\theta = \dfrac{1}{6}$ より，右図のようになる。

右の三角形では

$$\cos\theta = \frac{\sqrt{35}}{6}, \quad \tan\theta = \frac{1}{\sqrt{35}}$$

左の三角形では

$$\cos\theta = \frac{-\sqrt{35}}{6}, \quad \tan\theta = \frac{1}{-\sqrt{35}}$$

よって，$\cos\theta = \pm\dfrac{\sqrt{35}}{6}$，$\tan\theta = \pm\dfrac{1}{\sqrt{35}}$ （複号同順）

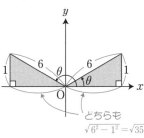

数 と 式

2 次 関 数

データ の 分 析

場 合 の 数 ・ 確 率

図 形 と 計 量

図 形 の 性 質

$\sin\theta + \cos\theta$ を2乗すると, $\sin\theta\cos\theta$ が求められる

すべての対称式は基本対称式で表されます（ **パターン 7** ）。

そして，$\sin\theta$ と $\cos\theta$ の基本対称式（つまり，$\sin\theta + \cos\theta$ と $\sin\theta\cos\theta$）には，次の関係があります。

例 $\sin\theta + \cos\theta = k$ のとき，$\sin\theta\cos\theta$ を k の式で表せ。

答 $\sin\theta + \cos\theta = k$ の両辺を2乗すると，

$\sin^2\theta + \cos^2\theta + 2\sin\theta\cos\theta = k^2$

$1 + 2\sin\theta\cos\theta = k^2$ ◀—— $\sin^2\theta + \cos^2\theta = 1$ を代入

$\therefore \quad \sin\theta\cos\theta = \dfrac{k^2 - 1}{2}$

これにより，$\sin\theta$ と $\cos\theta$ の対称式は $k(=\sin\theta + \cos\theta)$ だけで表されます。あとは **パターン 7** の公式を組み合わせて問題を解きます。

例題 77

$0° \leqq \theta \leqq 180°$，$\sin\theta + \cos\theta = \dfrac{1}{2}$ のとき，次の式の値を求めよ。

(1) $\sin\theta\cos\theta$　　(2) $\sin^3\theta + \cos^3\theta$　　(3) $\cos\theta - \sin\theta$　　(4) $\sin\theta$

ポイント

(1)は $\sin\theta + \cos\theta$ を2乗して求めます。

(2)は $\alpha^3 + \beta^3 = (\alpha + \beta)^3 - 3\alpha\beta(\alpha + \beta)$ を利用（ **パターン 7** ）。

(3)は $|\beta - \alpha| = \sqrt{(\alpha + \beta)^2 - 4\alpha\beta}$（ **パターン 7** ）ですが，$\beta - \alpha$ の符号が問題です。(4)は(3)と $\sin\theta + \cos\theta = \dfrac{1}{2}$ を利用します。

解答

(1) $\sin\theta + \cos\theta = \dfrac{1}{2}$ の両辺を2乗すると，

$1 + 2\sin\theta\cos\theta = \dfrac{1}{4}$　◀　(左辺)$= \underline{\sin^2\theta + \cos^2\theta} + 2\sin\theta\cos\theta$
$\phantom{1 + 2\sin\theta\cos\theta = \dfrac{1}{4}}$　$= \underline{1} + 2\sin\theta\cos\theta$

$2\sin\theta\cos\theta = -\dfrac{3}{4}$

$\therefore \quad \sin\theta\cos\theta = -\dfrac{3}{8}$　…①

(2) $\sin^3\theta + \cos^3\theta = (\sin\theta + \cos\theta)^3 - 3\sin\theta\cos\theta(\sin\theta + \cos\theta)$

$$= \left(\frac{1}{2}\right)^3 - 3\cdot\left(-\frac{3}{8}\right)\cdot\frac{1}{2}$$

$\alpha^3 + \beta^3 = (\alpha+\beta)^3 - 3\alpha\beta(\alpha+\beta)$ （パターン**7**）

$$= \frac{1}{8} + \frac{9}{16} = \frac{11}{16}$$

$|\beta - \alpha| = \sqrt{(\alpha+\beta)^2 - 4\alpha\beta}$ （パターン**7**）

(3) $|\cos\theta - \sin\theta| = \sqrt{(\sin\theta + \cos\theta)^2 - 4\sin\theta\cos\theta}$

$$= \sqrt{\left(\frac{1}{2}\right)^2 - 4\cdot\left(-\frac{3}{8}\right)} = \sqrt{\frac{7}{4}} = \frac{\sqrt{7}}{2}$$

$$\therefore\quad \cos\theta - \sin\theta = \pm\frac{\sqrt{7}}{2}$$

ここで，$\cos\theta < 0$，$\sin\theta > 0$ より，
$\cos\theta - \sin\theta < 0$ であるから，

$$\cos\theta - \sin\theta = -\frac{\sqrt{7}}{2}$$

> (1)より $\sin\theta\cos\theta = -\frac{3}{8}$
> これより，左辺は 正×負 or 負×正
> であるが $0° \leqq \theta \leqq 180°$ より
> $\sin\theta \geqq 0$
> よって，正×負

(4) $\begin{cases} \sin\theta + \cos\theta = \dfrac{1}{2} & \cdots② \\ \cos\theta - \sin\theta = -\dfrac{\sqrt{7}}{2} & \cdots③ \end{cases}$

②－③より，$2\sin\theta = \dfrac{1+\sqrt{7}}{2}$

$$\therefore\quad \sin\theta = \frac{1+\sqrt{7}}{4}$$

（余談）

θ と $180° - \theta$ は右図のように
y 軸対称な位置関係になります。

これより，

$\begin{cases} \sin(180° - \theta) = \sin\theta \\ \cos(180° - \theta) = -\cos\theta \end{cases}$

が成立します。

$\begin{cases} \sin(90° - \theta) = \cos\theta \\ \cos(90° - \theta) = \sin\theta \end{cases}$

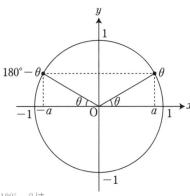

θ と $180° - \theta$ は
$\begin{cases} y\text{ 座標が等しい} \\ x\text{ 座標は符号だけ違う} \end{cases}$

と合わせて，覚えておいて（導き出せるようにして）ください。

数と式

2次関数

データの分析

場合の数・確率

図形と計量

図形の性質

⎰2辺2角
⎱外接円の半径 R は正弦定理

◎**三角形の表し方**　← *これはただの約束事!!*

a, b, c は，それぞれ $\angle A$, $\angle B$, $\angle C$
の対辺を表します。

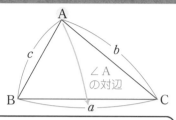

正弦定理

$\triangle ABC$ の外接円の半径を R とすると，

$$2R = \frac{a}{\sin A} = \frac{b}{\sin B} = \frac{c}{\sin C}$$ ← 分子は分母の角の対辺

上を正弦定理といいます。その使い方は 2 つあります。

(i) **2 辺 2 角のとき**

➡ $\dfrac{a}{\sin A} = \dfrac{b}{\sin B}$ の形で使う!!

(ii) **外接円の半径 R が出てくるとき**

➡ $2R = \dfrac{a}{\sin A}$ の形で使う!!

いずれの場合も

方程式的に使う!! ←

たとえば
a, A, b, B のうち未知数が 1 個
あるならば，(i) より方程式を
作ることができます

ことがポイントです。

例題 78

$\triangle ABC$ において，外接円の半径を R とする。次のものを求めよ。

(1) $C = 60°$, $c = 4\sqrt{6}$ のときの R

(2) $B = 30°$, $b = 4$, $c = 4\sqrt{3}$ のときの C

(3) $A = 15°$, $C = 45°$, $c = 3$ のときの b

(4) $A : B : C = 3 : 4 : 5$, $R = 2$ のときの b

ポイント

図をかいて，正弦定理をどう使うか考えます。(3), (4) では，

(三角形の内角の和) $= 180°$

を利用します。

解答

(1) 正弦定理より，

$$2R = \frac{4\sqrt{6}}{\sin 60°} = \frac{4\sqrt{6}}{\frac{\sqrt{3}}{2}}$$ 　分母，分子2倍

$$= \frac{8\sqrt{6}}{\sqrt{3}} = 8\sqrt{2}$$

$$\therefore \quad R = 4\sqrt{2}$$

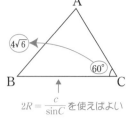

$2R = \dfrac{c}{\sin C}$ を使えばよい

(2) 正弦定理より，　分母，分子2倍

2辺2角だから $\dfrac{c}{\sin C} = \dfrac{b}{\sin B}$ を使う

$$\frac{4\sqrt{3}}{\sin C} = \frac{4}{\sin 30°} = \frac{4}{\frac{1}{2}} = 8$$

両辺の逆数をとると，

$$\frac{\sin C}{4\sqrt{3}} = \frac{1}{8}$$

$$\therefore \quad \sin C = \frac{\sqrt{3}}{2}$$

よって，$C = 60°, \ 120°$

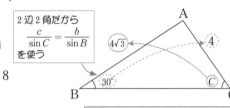

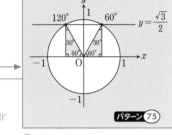

パターン75

(3) $B = 180° - (15° + 45°)$　← $A + B + C = 180°$ を利用

$\quad\quad = 120°$

正弦定理より，　分母・分子を $\sqrt{2}$ 倍

$$\frac{b}{\sin 120°} = \frac{3}{\sin 45°} = \frac{3}{\frac{1}{\sqrt{2}}} = 3\sqrt{2}$$

よって，

$$b = 3\sqrt{2} \times \sin 120° = 3\sqrt{2} \times \frac{\sqrt{3}}{2} = \frac{3\sqrt{6}}{2}$$

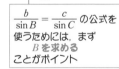

$\dfrac{b}{\sin B} = \dfrac{c}{\sin C}$ の公式を使うためには，まず **Bを求める** ことがポイント

(4) $A : B : C = 3 : 4 : 5$ より，

$A = 3k, \ B = 4k, \ C = 5k$ とおくと，

$3k + 4k + 5k = 180°$ より，$k = 15°$　（内角の和）$= 180°$

よって，$B = 60°$ であるから，正弦定理より，

$$2 \times 2 = \frac{b}{\sin 60°}$$ 　← $2R = \dfrac{b}{\sin B}$

$$\therefore \quad b = 4 \times \sin 60° = 4 \times \frac{\sqrt{3}}{2} = 2\sqrt{3}$$

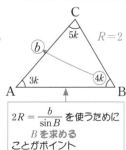

$2R = \dfrac{b}{\sin B}$ を使うために **Bを求める** ことがポイント

パターン編

数と式

2次関数

データの分析

場合の数・確率

図形と計量

図形の性質

「3辺1角」は余弦定理

余弦定理

△ABC において

$$\begin{cases} a^2 = b^2 + c^2 - 2bc\cos A \\ b^2 = c^2 + a^2 - 2ca\cos B \\ c^2 = a^2 + b^2 - 2ab\cos C \end{cases}$$

> いちばん上の式さえ覚えておけば，
> $a\,(A) \Rightarrow b\,(B),\; b\,(B) \Rightarrow c\,(C),\; c\,(C) \Rightarrow a\,(A)$
> と文字を循環させると，
> 2番目，3番目の式になります

上を余弦定理といいます。使い方の基本は，

2辺と間の角が与えられたときに残りの辺を求める

ことですが，共通テストでは，正弦定理のときと同様に

方程式的に使う

ことが予想されます。**3辺1角のときは，余弦定理**と覚えておいてください。また，上の余弦定理を変形して，

$$\cos A = \frac{b^2 + c^2 - a^2}{2bc}$$

の形で使うこともあります。

例題 79

△ABC において，次のものを求めよ。

(1) $b = 5$, $c = 6$, $A = 60°$ のときの a

(2) $a = 5$, $b = 7$, $c = 3$ のときの $\sin A$

(3) $a = \sqrt{13}$, $b = \sqrt{3}$, $A = 30°$ のときの c

(4) $c = 4$, $a = 2\sqrt{3} + 2$, $B = 30°$ のときの $\sin C$

ポイント

(1)は余弦定理のいちばん典型的な例です。(2)は $\sin A$ を求める問題ですが，使うのは正弦定理ではありません。3辺1角なので，余弦定理で $\cos A$ を求め，$\cos A$ から $\sin A$ を求めます。(3)は余弦定理で c についての方程式を立てます。(4)は正弦定理，余弦定理を組み合わせます。

解答

(1) 余弦定理より，
$$a^2 = 5^2 + 6^2 - 2 \cdot 5 \cdot 6 \cos 60°$$
$$= 25 + 36 - 30 = 31 \qquad \underbrace{}_{\frac{1}{2}}$$
$$\therefore \quad a = \sqrt{31}$$

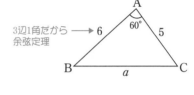

3辺1角だから → 余弦定理

(2) 余弦定理より，
$$\cos A = \frac{7^2 + 3^2 - 5^2}{2 \cdot 7 \cdot 3} = \frac{33}{42} = \frac{11}{14}$$
$$\therefore \quad \sin A = \frac{5\sqrt{3}}{14}$$

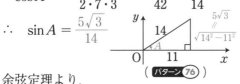

(パターン**76**)

余弦定理で $\cos A$ を求めて パターン**76** $\sin A$ を求める

(3) 余弦定理より，
$$13 = 3 + c^2 - 2\sqrt{3}\, c \cos 30° \quad \longleftarrow \quad c\,の方程式$$
$$\underbrace{}_{\frac{\sqrt{3}}{2}}$$
これより，
$$c^2 - 3c - 10 = 0$$
$$(c - 5)(c + 2) = 0 \quad \longleftarrow \quad 因数分解した$$
$c > 0$ より，$c = 5$

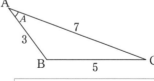

3辺1角。30°の対辺 a の2乗から始まる余弦定理 $a^2 = b^2 + c^2 - 2bc \cos A$ を利用

(4) 余弦定理より，
$$b^2 = 4^2 + (2\sqrt{3} + 2)^2 - 2 \cdot 4(2\sqrt{3} + 2)\overbrace{\cos 30°}^{\frac{\sqrt{3}}{2}}$$
$$= 16 + (16 + 8\sqrt{3}) - 4\sqrt{3}(2\sqrt{3} + 2) = 8$$
$$\therefore \quad b = 2\sqrt{2}$$
よって，正弦定理より，   分子・分母2倍
$$\frac{4}{\sin C} = \frac{2\sqrt{2}}{\sin 30°} = \frac{2\sqrt{2}}{\frac{1}{2}} = 4\sqrt{2}$$
両辺の逆数をとり，$\dfrac{\sin C}{4} = \dfrac{1}{4\sqrt{2}}$
$$\therefore \quad \sin C = \frac{1}{\sqrt{2}}$$

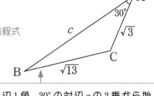

3辺1角だから $b^2 = c^2 + a^2 - 2ca \cos B$ で b を求める

④ ⓑ ← 求値済み

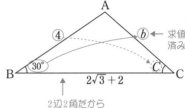

2辺2角だから $\dfrac{c}{\sin C} = \dfrac{b}{\sin B}$ で $\sin C$ を求める

コメント

(4)において，C は 45° です（135° ではありません）。

(パターン**81** 参照)

正弦定理…円周角が一定であることを利用
余弦定理…三平方の定理を利用

正弦定理，余弦定理を鋭角三角形の場合に証明してみましょう。

例題 80

(1) 太郎さんは △ABC が鋭角三角形のときに，正弦定理

$$2R = \frac{a}{\sin A}$$

が成り立つことを次のように証明した。

証明

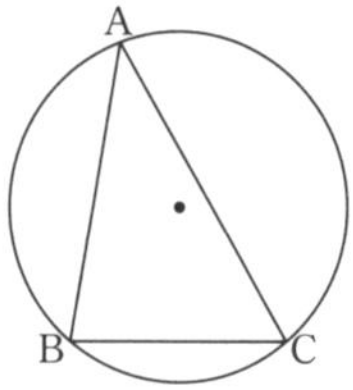

点 A を含む弧 BC 上に点 A′ をとると， ア より

$$\angle CAB = \angle CA'B$$

が成り立つ。特に，線分 A′B が △ABC の外接円の
直径となる場合を考えると，∠A′CB = イウ °
であるから，

$$\sin A = \sin \angle CA'B = エ$$

が成り立つ。よって，

$$2R = \frac{a}{\sin A}$$

である。

ア ， エ の解答群（同じものを繰り返し選んでよい）

⓪ 方べきの定理	① 三平方の定理	② 円周角の定理
③ $\dfrac{a}{2R}$	④ $\dfrac{2R}{a}$	⑤ $\dfrac{2a}{R}$

(2) 花子さんは △ABC が鋭角三角形のときに，余弦定理

$$a^2 = b^2 + c^2 - 2bc \cos A$$

が成り立つことを次のように証明した。

点 B から辺 AC に垂線 BH を下ろすと,

$$AH = \boxed{オ}, \quad BH = \boxed{カ}$$

より, $CH = \boxed{キ} - \boxed{オ}$

また, 三平方の定理より,

$$BH^2 + CH^2 = \boxed{ク}^2$$

これを計算することにより,

$$a^2 = b^2 + c^2 - 2bc\cos A$$

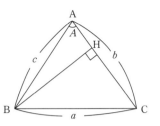

$\boxed{オ}$ ～ $\boxed{ク}$ の解答群 (同じものを繰り返し選んでよい)

⓪ a　　　① b　　　② c　　　③ $c\cos A$

④ $c\sin A$　　⑤ $b\cos A$　　⑥ $b\sin A$

パターン編

数と式

2次関数

データの分析

場合の数・確率

図形と計量

図形の性質

解答

(1) 円周角の定理 ($\boxed{ア}$ =②) より, ∠CAB = ∠CA′B

右図のように, 線分 A′B が △ABC の外接円の直径

となるようにとると, ∠A′CB = 90° … $\boxed{イウ}$

<u>直径の円周角は 90°</u>

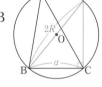

これより, $\sin A = \sin∠CA′B = \dfrac{a}{2R}$　($\boxed{エ}$ =③)

よって, $2R = \dfrac{a}{\sin A}$　← 2R について解いた

(2) △AHB に注目すると,

$$\cos A = \dfrac{AH}{c}, \quad \sin A = \dfrac{BH}{c}$$　<u>← 三角比の定義</u>

∴　$AH = c\cos A$, $BH = c\sin A$　($\boxed{オ}$ =③, $\boxed{カ}$ =④)

これより, $CH = AC - AH$

$$= b - c\cos A \quad (\boxed{キ} =①)$$

また, △BCH に三平方の定理を適用すると,

$$BH^2 + CH^2 = BC^2 = a^2 \quad (\boxed{ク} =⓪)$$

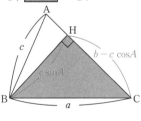

これより, $(c\sin A)^2 + (b - c\cos A)^2 = a^2$

$$b^2 + c^2(\sin^2 A + \cos^2 A) - 2bc\cos A = a^2$$　← 展開して整理した

∴　$a^2 = b^2 + c^2 - 2bc\cos A$　← $\sin^2 A + \cos^2 A = 1$ を利用

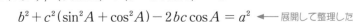

(i) $a:b:c = \sin A : \sin B : \sin C$ ← **「分数は比」**
(ii) **最大角は最大辺の対角**

◎(i) **$a:b:c = \sin A : \sin B : \sin C$ について**

一般に，分数は比を表します。たとえば，

$\dfrac{2}{3} = \dfrac{4}{6}$ は $2:4 = 3:6$ という意味であり，

$\dfrac{1}{5} = \dfrac{2}{10}$ は $1:2 = 5:10$ ということ。 ←── $1:5 = 2:10$ と解釈しても OK

これより，正弦定理

$\dfrac{a}{\sin A} = \dfrac{b}{\sin B} = \dfrac{c}{\sin C}$ は $a:b:c = \sin A : \sin B : \sin C$ を意味します。

◎(ii) **最大角について**

△ABC について，   パターン**92** 参照

$b > c$ ⇔ $B > C$ が成立します。

これより，△ABC において

最大辺の対角が最大の角 ←

であることがわかります。

〈**参考**〉 例題**79** (4)は $a > c$ なので，

$C = 135°$（このとき $A = 15°$）は不適です。

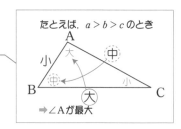

たとえば，$a > b > c$ のとき
⇒∠Aが最大

例題 **81**

(1) $a = 5$，$b = 16$，$c = 19$ の △ABC において，最も大きい角の大きさを求めよ。

(2) (i) △ABC において，$\sin A : \sin B : \sin C = 4:5:6$ であるとき，$\cos A$，$\sin A$ の値をそれぞれ求めよ。

   (ii) (i)において，頂点 A から辺 BC に下ろした垂線を AD とする。$AD = 3\sqrt{7}$ のとき，3辺 a, b, c の長さをそれぞれ求めよ。

ポイント

(1) c が最大辺なので，最大角は C です。

(2) (i) $a:b:c = \sin A : \sin B : \sin C = 4:5:6$ なので，$a = 4k$, $b = 5k$, $c = 6k$ とおけます。これより，$\cos A$ が求まります。

解答

(1) c が最大辺なので C が最大角である。

よって，余弦定理より，

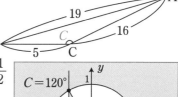

$$\cos C = \frac{5^2 + 16^2 - 19^2}{2 \cdot 5 \cdot 16} = \frac{-80}{160} = -\frac{1}{2}$$

$$\therefore \quad C = 120° \quad \longleftarrow$$

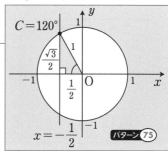

$C = 120°$

パターン **75**

(2) (i) $a : b : c = 4 : 5 : 6$ より，

$a = 4k, \quad b = 5k, \quad c = 6k$

とおける。よって，

$$\cos A = \frac{b^2 + c^2 - a^2}{2bc}$$

$$= \frac{(5k)^2 + (6k)^2 - (4k)^2}{2 \cdot 5k \cdot 6k}$$

$$= \frac{45k^2}{60k^2} = \frac{3}{4}$$

右図を利用して， $\longleftarrow$ パターン **76**

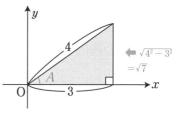

$\longleftarrow \sqrt{4^2 - 3^2} = \sqrt{7}$

$$\sin A = \frac{\sqrt{7}}{4}$$

(ii) $\sin A : \sin B = 4 : 5$ より，

(i)を代入

$$\sin B = \frac{5}{4} \sin A = \frac{5}{4} \cdot \frac{\sqrt{7}}{4}$$

$$= \frac{5\sqrt{7}}{16}$$

△ABD に注目すると，

$$\frac{5\sqrt{7}}{16} = \frac{3\sqrt{7}}{6k} \quad \longleftarrow \sin B = \frac{AD}{AB}$$

$$\therefore \quad k = \frac{3 \cdot 16}{6 \cdot 5} = \frac{8}{5}$$

これより，

$$(\underset{4k}{a}, \ \underset{5k}{b}, \ \underset{6k}{c}) = \left(\frac{32}{5}, \ 8, \ \frac{48}{5} \right)$$

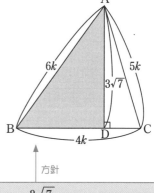

方針

$\sin B = \dfrac{3\sqrt{7}}{6k}$ だから $\longleftarrow$ 図より

$\sin B$ がわかれば k が求まる

そこで

$\sin A = \dfrac{\sqrt{7}}{4}$, $\sin A : \sin B = 4 : 5$

を利用して $\sin B$ を求める!!

パターン編

数と式

2次関数

データの分析

場合の数・確率

図形と計量

図形の性質

三角形の面積 ➡ 2辺と間の角の sin
四角形の面積 ➡ 2つの三角形の面積の和として求める

三角形の面積

△ABC の面積 S は

$$S = \frac{1}{2}bc\sin A$$

2辺と間の角の sin で
求まる

← **原理**

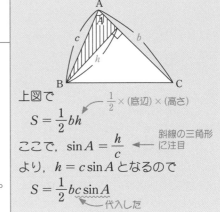

上図で

$$S = \frac{1}{2}bh$$ ← $\frac{1}{2} \times (底辺) \times (高さ)$

ここで, $\sin A = \dfrac{h}{c}$ ← 斜線の三角形に注目

より, $h = c\sin A$ となるので

$$S = \frac{1}{2}bc\sin A$$ ← 代入した

三角形の面積は,

2辺と間の角の sin で求まります。

例 $c = 7$, $a = 5$, $B = 60°$ のとき, △ABC の面積 S を求めよ。

答 $S = \dfrac{1}{2} \cdot 5 \cdot 7 \sin 60° = \dfrac{35}{4}\sqrt{3}$

2辺と間の角が与えられている →

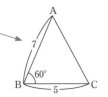

また, 四角形の面積は,

2つの三角形に分割して 求めます (**例題82**(2))。

例題 82

(1) $a = 6$, $b = 5$, $c = 4$ である △ABC の面積 S を求めよ。

(2) 内角がすべて 180° より小さい四角形 ABCD において,

$$\text{AB} = 5, \quad \text{BC} = 8, \quad \text{CD} = 5, \quad \text{DA} = 3, \quad \angle\text{D} = 120°$$

であるとき, 四角形 ABCD の面積を求めよ。

ポイント

2辺と間の角の sin をどう求めるかがポイントです。

(1) (i) $\cos A$ を求める ← 3辺1角だから余弦定理

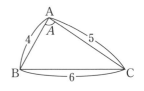

(ii) $\sin A$ を求める ←─── 相互関係 パターン**76**

↓

(iii) 面積 S を求める

(2) (i) AC を求める ←─── 余弦定理

↓

(ii) AC が求まれば(1)と同様の手順で
$\triangle$BAC の面積が求まる

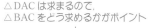
△DAC は求まるので,
△BAC をどう求めるかがポイント

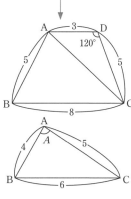

 解答

(1) 余弦定理より,

$$\cos A = \frac{5^2 + 4^2 - 6^2}{2 \cdot 5 \cdot 4} = \frac{5}{40} = \frac{1}{8}$$

よって,

$$\sin A = \frac{\sqrt{63}}{8} = \frac{3\sqrt{7}}{8} ◀$$

$$\therefore \quad S = \underbrace{\frac{1}{2} \cdot 5 \cdot 4 \cdot \frac{3\sqrt{7}}{8}}_{\frac{1}{2}bc\sin A} = \frac{15}{4}\sqrt{7}$$

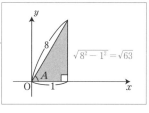

(2) $\triangle$DAC $= \dfrac{1}{2} \cdot 3 \cdot 5 \sin 120° = \dfrac{15}{4}\sqrt{3}$

また,余弦定理より, $-\frac{1}{2}$

$$\mathrm{AC}^2 = 3^2 + 5^2 - 2 \cdot 3 \cdot 5 \underline{\cos 120°}$$

$$= 9 + 25 + 15 = 49$$

$$\therefore \quad \mathrm{AC} = 7$$

これより,

$$\cos B = \frac{5^2 + 8^2 - 7^2}{2 \cdot 5 \cdot 8} = \frac{40}{80} = \frac{1}{2}$$

よって,$B = 60°$ となるので,

$$\triangle\mathrm{BAC} = \frac{1}{2} \cdot 5 \cdot 8 \sin 60° = 10\sqrt{3}$$

したがって,

$$\square\mathrm{ABCD} = \triangle\mathrm{DAC} + \triangle\mathrm{BAC}$$

$$= \frac{15}{4}\sqrt{3} + 10\sqrt{3} = \frac{55}{4}\sqrt{3}$$

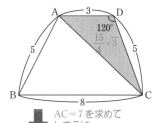

AC=7 を求めて
しまえば

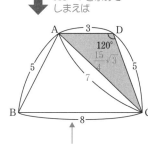

(1)と同様の手順で △BACの面
積が求まります

パターン編

数 と 式

2 次 関 数

データ の 分 析

場合 の 数・確 率

図 形 と 計 量

図 形 の 性 質

中線といったら，平行四辺形!!

三角形の頂点と対辺の中点を結ぶ線分を中線といいます。

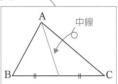
中線

重心について

三角形の3つの中線は1点で交わり，その点は，各中線を2：1に内分する。この点を重心という。

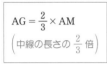

$$AG = \frac{2}{3} \times AM$$
（中線の長さの $\frac{2}{3}$ 倍）

ポイント →

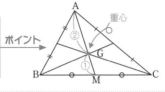

中線の長さを求めるには，平行四辺形を作ることが有効です。

例 $b = 8$, $c = 5$, $A = 60°$ の △ABC において，BC の中点を M とするとき，AM の長さを求めよ。

答

（図1）の △ABC から，補助線を引き，平行四辺形 ABDC を作ります（図2）。

このとき，対角線 AD と BC の交点が M になっています。

平行四辺形の対角線は互いに他を2等分する

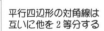

よって，（図3）のようになります。

△CAD に対し余弦定理を用いると，

$$AD^2 = 8^2 + 5^2 - 2 \cdot 8 \cdot 5 \cos 120°$$
$$= 64 + 25 + 40 \qquad \underbrace{}_{-\frac{1}{2}}$$
$$= 129$$

$$\therefore \quad AM = \frac{1}{2}AD = \frac{1}{2}\sqrt{129}$$

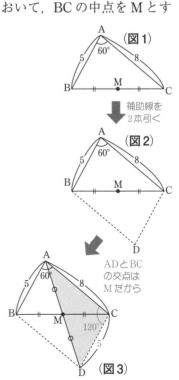

補助線を
2本引く

AD と BC
の交点は
M だから

これを応用すると，次の中線定理が証明できます。

例 のように例 BC の長さが
与えられていないときは
「平行四辺形を作る」
ほうが速く解けます

中線定理

△ABC の辺 BC の中点を M とすると

$$AB^2 + AC^2 = 2(AM^2 + BM^2)$$

（証明）右のように平行四辺形を作ると，余弦定理より，

$$
\begin{cases}
\underset{BC^2}{(2\,BM)^2} = AB^2 + AC^2 - 2\,AB \cdot AC\cos\theta & \cdots① \impliedby \text{△ABC に余弦定理}\\
\underset{AD^2}{(2\,AM)^2} = AB^2 + AC^2 - 2\,AB \cdot AC\cos(180° - \theta) & \cdots② \impliedby \text{△CAD に余弦定理}
\end{cases}
$$

①＋② ➡ $4\,BM^2 + 4\,AM^2 = 2\,AB^2 + 2\,AC^2$

①＋②をすると，
$\cos(180° - \theta) = -\cos\theta$
より消える!!

$$\therefore \quad AB^2 + AC^2 = 2(AM^2 + BM^2)$$

〈**中線定理を使ったときの 例 の 別解**〉

余弦定理より，$BC^2 = 5^2 + 8^2 - 2\cdot5\cdot8\cos60° = 25 + 64 - 40 = 49$

よって，$BC = 7$ ◀―――――― ということは $BM = \dfrac{7}{2}$

したがって，中線定理から，

$$5^2 + 8^2 = 2\left\{ AM^2 + \left(\dfrac{7}{2}\right)^2 \right\}$$

$25 + 64 = 2\,AM^2 + \dfrac{49}{2}$

$2\,AM^2 = \dfrac{129}{2}$

$\therefore \quad AM^2 = \dfrac{129}{4}$

$$\therefore \quad AM = \dfrac{1}{2}\sqrt{129} \quad \text{◀――― 計算部分}$$

例題 83

　△ABC において，$a = 6$，$b = 4\sqrt{2}$，$C = 45°$ とし，辺 AB の中点を M とするとき，CM の長さを求めよ。

解答　右図のように平行四辺形 ADBC を作る。

△ADC に余弦定理を用いると

$$CD^2 = 6^2 + (4\sqrt{2})^2 - 2\cdot6\cdot4\sqrt{2}\underset{-\frac{1}{\sqrt{2}}}{\cos135°}$$

$$= 36 + 32 + 48 = 116 \quad \text{◀―― } CD = 2\sqrt{29}$$

$$\therefore \quad CM = \dfrac{1}{2}CD = \sqrt{29}$$

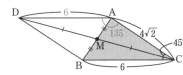

パターン 84 角の二等分線

(i) AB : AC = BD : DC（角の二等分線の性質）
(ii) 角の二等分線の長さは「面積に関する方程式」または「余弦定理」

角の二等分線の性質

△ABC において，∠A の二等分線が辺 BC と交わる点を D とするとき，BD : DC = AB : AC が成り立つ（証明は パターン89）。

例 右図において，BD の長さを求めよ。

答 上の性質より，

BD : DC = 4 : 6 = 2 : 3

$\therefore \quad BD = \frac{2}{5}BC = \frac{14}{5}$　（BC ← 7）

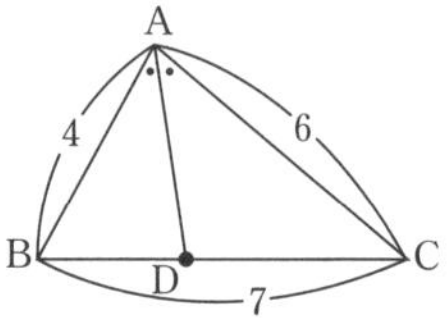

◎角の二等分線の長さの求め方 ⬅ 2 つとも重要

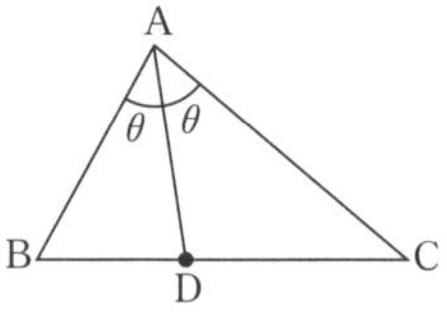

(i) **面積に関する方程式を立てる**

AD = x とおいて，等式

△ABC = △ABD + △ADC を利用する。

これは，上手な方法ですが，$A = 30°$ のときは，$\theta = 15°$ となり，使えません。

そのような場合は (ii) を使います。

(ii) **余弦定理を利用する**

AB, BD, cos B を求めて，$AD^2 = AB^2 + BD^2 - 2AB \cdot BD\cos B$ を利用する。（← 余弦定理）

（BD ← 角の二等分線の性質を使って求める）

こちらのほうが確実に求められます（計算量が増えるのが難点）。

例題 84

$a = 7$, $b = 5$, $c = 3$ の △ABC において，∠A の二等分線が辺 BC と交わる点を D とするとき

(1) A を求めよ。　　(2) 線分 AD の長さを求めよ。

ポイント

(1) 3 辺 1 角だから余弦定理。

(2) 上で紹介した両方の方法に挑戦してみよう。

パターン編

数と式

2次関数

データの分析

場合の数・確率

図形と計量

図形の性質

解答

(1) 余弦定理より,

$$\cos A = \frac{5^2 + 3^2 - 7^2}{2 \cdot 5 \cdot 3} = \frac{-15}{30} = -\frac{1}{2}$$

$$\therefore \quad A = 120°$$

（パターン 75 ）

3辺1角は余弦定理（パターン 79 ）

(2) 解答1 ← (i)面積に関する方程式を立てる

$\mathrm{AD} = x$ とおくと，$\triangle \mathrm{ABC} = \triangle \mathrm{ABD} + \triangle \mathrm{ADC}$ より,

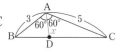

$$\frac{1}{2} \cdot 3 \cdot 5 \sin 120° = \frac{1}{2} \cdot 3 \cdot x \sin 60° + \frac{1}{2} \cdot 5 \cdot x \sin 60°$$

$$15 = 3x + 5x$$

ポイント
$\frac{1}{2}$ のほかに $\sin 60° = \sin 120°$ も消える

$$\therefore \quad x = \frac{15}{8}$$

解答2 ← (ii)余弦定理を利用する

$\triangle \mathrm{ABC}$ において，余弦定理を用いると,

$$\cos B = \frac{3^2 + 7^2 - 5^2}{2 \cdot 3 \cdot 7} = \frac{33}{42} = \frac{11}{14}$$

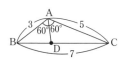

$$\begin{cases} \cos B & \Leftarrow \text{余弦定理} \\ \mathrm{BD} & \Leftarrow \text{角の二等分線} \\ & \quad \text{の性質} \end{cases}$$
を求める

$\mathrm{BD} : \mathrm{DC} = \overset{\mathrm{AB}}{3} : \overset{\mathrm{AC}}{5}$ より，← 角の二等分線の性質

$$\mathrm{BD} = 7 \times \frac{3}{8} = \frac{21}{8}$$

よって，$\triangle \mathrm{BAD}$ に余弦定理を用いると,

$$\mathrm{AD}^2 = 3^2 + \left(\frac{21}{8}\right)^2 - 2 \cdot 3 \cdot \frac{21}{8} \cdot \frac{11}{14}$$

$$= 9 + \frac{3^2 \cdot 7^2}{64} - \frac{99}{8}$$

$$= 9\left(1 + \frac{49}{64} - \frac{11}{8}\right) = 9 \cdot \frac{25}{64}$$

$$\therefore \quad \mathrm{AD} = 3 \cdot \frac{5}{8} = \frac{15}{8}$$

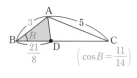

$\left(\cos B = \dfrac{11}{14}\right)$

まずは，「面積」と「3辺の長さ」を求めよ（S と a, b, c を求めよ）

△ABC の 3 つの辺に接する円を内接円といいます（中心 I を内心という）。

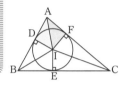

内接円に関する重要公式

(i) 内心は，**内角の二等分線の交点**である。

(ii) 内接円の半径を r，△ABC の面積を S とすると
$$S = \frac{1}{2}(a + b + c)r$$
が成立する。

〈**(i) の証明**〉内心 I をとると，右図で △ADI ≡ △AFI

$$\begin{cases} \text{AI は共通} \\ \angle ADI = \angle AFI = 90° \quad \text{← D, F は接点だから 90°} \\ ID = IF \quad \text{← 円の半径} \end{cases}$$

よって，2 つの直角三角形において，

斜辺と他の 1 辺が等しいから，この 2 つは合同である。

合同なので，∠DAI = ∠FAI ← 対応する角の大きさが等しい

同様に ∠DBI = ∠EBI，∠ECI = ∠FCI より，

I は内角の二等分線の交点。 ← こういうこと

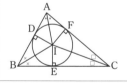

〈**(ii) について**〉

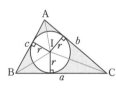 3つに分割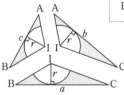

△ABC の面積は，右上図のように 3 つに分割して考えると，

$$S = \frac{1}{2}ar + \frac{1}{2}br + \frac{1}{2}cr = \frac{1}{2}(a + b + c)r$$

（△IBC　△ICA　△IAB）

この公式は **r を求める公式**です。はじめに S, a, b, c を求めてから，**公式を利用して，r を求めます。**

パターン編

数と式

2次関数

データの分析

場合の数・確率

図形と計量

図形の性質

例題 85

△ABC において，$a = 4$，$b = 2$，$c = 3$ のとき，内接円の半径 r を求めよ。

ポイント

r を求めるには，まず S と a，b，c を求めます!!

この場合は **例題82**(1)と同じ手順で S を求めます。

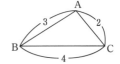

解答

$$\cos A = \frac{2^2 + 3^2 - 4^2}{2 \cdot 2 \cdot 3} = \frac{-1}{4}$$ ← 3辺1角は余弦定理

よって，$\sin A = \dfrac{\sqrt{15}}{4}$

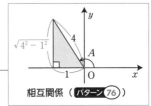

相互関係（**パターン76**）

したがって，

$$\triangle ABC = \frac{1}{2} \cdot 2 \cdot 3 \cdot \frac{\sqrt{15}}{4}$$ ← $S = \frac{1}{2}bc\sin A$（**パターン82**）

$$= \frac{3}{4}\sqrt{15}$$

これより，

$$\frac{3}{4}\sqrt{15} = \frac{1}{2}(4 + 2 + 3)r$$ ← $S = \frac{1}{2}(a+b+c)r$ に代入

$$\frac{3}{4}\sqrt{15} = \frac{9}{2}r$$

$$\therefore \quad r = \frac{\sqrt{15}}{6}$$

コメント $\cos B$ や $\cos C$ を求めてから，S を求めても OK です。たとえば，

$$\cos B = \frac{3^2 + 4^2 - 2^2}{2 \cdot 3 \cdot 4} = \frac{7}{8}$$

よって，$\sin B = \dfrac{\sqrt{15}}{8}$

したがって，

$$\triangle ABC = \frac{1}{2} \cdot 3 \cdot 4 \cdot \frac{\sqrt{15}}{8}$$ ← $\frac{1}{2}ca\sin B$

$$= \frac{3}{4}\sqrt{15}$$

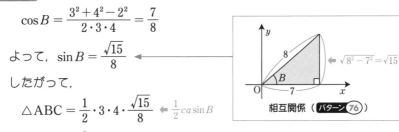

相互関係（**パターン76**）

(i) 最大角で判断する
(ii) $\cos\theta$ の符号で鋭角か鈍角か判断する

◎**三角形の成立条件**

たとえば，右図のような三角形は存在しません!!

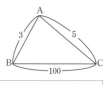

理由 点 B と点 C の最短距離は，線分 BC です。だから

$$\begin{cases} BC = 100 & \text{← 最短} \\ BA + AC = 3 + 5 = 8 & \text{← 遠回り} \end{cases}$$

は起こりえません。つまり三角形では

2 辺の和は他の 1 辺よりも大きい!!

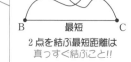

2 点を結ぶ最短距離は
真っすぐ結ぶこと!!

┌─────────────────────────┐
│   **三角形の成立条件**   │
└─────────────────────────┘

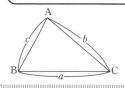

左の三角形が成立する

$$\Leftrightarrow \begin{cases} a + b > c \\ b + c > a \\ c + a > b \end{cases}$$

◎**鋭角三角形，鈍角三角形の判定**

$\cos\theta$ は単位円の x 座標。ということは

$$\begin{cases} \cos\theta > 0 & \Leftrightarrow & \theta \text{ は鋭角}(90° \text{ より小さい}) \\ \cos\theta = 0 & \Leftrightarrow & \theta = 90° \\ \cos\theta < 0 & \Leftrightarrow & \theta \text{ は鈍角}(90° \text{ より大きい}) \end{cases}$$

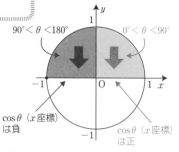

$\cos\theta$（x 座標）
は負

$\cos\theta$（x 座標）
は正

例 $a = 7$, $b = 5$, $c = 6$ のとき，A は鋭角，直角，鈍角のいずれか。

答 余弦定理より，

$$\cos A = \frac{5^2 + 6^2 - 7^2}{2 \cdot 5 \cdot 6} = \frac{12}{60} > 0$$

実際には
（分母）> 0 より
分子の符号だけ調べれば OK

よって，A は鋭角。

これを使うと，鋭角三角形，鈍角三角形を判定できます。

┌─────────────────────────┐
│   **公式**   │
└─────────────────────────┘

- 鋭角三角形 $\Leftrightarrow$ **最大角が $90°$ より小さい**
- 鈍角三角形 $\Leftrightarrow$ **最大角が $90°$ より大きい**

最大角が $90°$ より小さいと
3 角とも $90°$ より小さい
から鋭角三角形

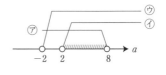

パターン編

数と式

2次関数

データの分析

場合の数・確率

図形と計量

図形の性質

例題 86

(1) 次の三角形は鋭角三角形，直角三角形，鈍角三角形のいずれか。
$$a = 3, \quad b = 10, \quad c = 8$$

(2) 3辺の長さが，3，a，5 の三角形が鋭角三角形となるように a の値の範囲を定めよ。

ポイント

(1) **最大角**は最大辺の対角（**パターン 81**）。よって，B が最大角です。

(2) $AB = 3$，$BC = a$，$CA = 5$ とし，まず三角形の成立条件を考えます。

そのあとに鋭角三角形となるための条件を考える

ということは $C < B$

本問は，$AB < CA$ より，C が最大角となることはありません。よって，A と B の両方が $90°$ より小さければ，最大角が $90°$ より小さくなるので鋭角三角形となります。

解答

(1) 最大角は B である。よって，

負

$$\cos B = \frac{8^2 + 3^2 - 10^2}{2 \cdot 8 \cdot 3} = \frac{-27}{48} \text{ より，鈍角三角形。}$$

(2) $AB = 3$，$BC = a$，$CA = 5$ とおく。

三角形の成立条件より，

$$\begin{cases} 3 + 5 > a & \cdots ⑦ \\ 3 + a > 5 & \cdots ⑦ \\ a + 5 > 3 & \cdots ⑨ \end{cases}$$

$2 < a < 8$ …① の下で，鋭角三角形になるための条件は

$$\begin{cases} \cos A = \dfrac{3^2 + 5^2 - a^2}{2 \cdot 3 \cdot 5} > 0 \\ \qquad \Leftrightarrow 34 - a^2 > 0 \quad \cdots ② \\ \cos B = \dfrac{3^2 + a^2 - 5^2}{2 \cdot 3 \cdot a} > 0 \\ \qquad \Leftrightarrow a^2 - 16 > 0 \quad \cdots ③ \end{cases}$$

◀── $2 < a < 8$ より，（分母）> 0 に注意！

①，②，③ より，

$$4 < a < \sqrt{34}$$

(i) 向かい合う角の和が $180°$
(ii) 余弦2本で連立方程式を作れ

〈(i)について〉

円に内接する四角形では向かい合う角の和は $180°$ になります。

原理

円周角と中心角の関係から右図のようになります。

このとき，$2A + 2C = 360°$ なので

この式の両辺を 2 で割ると，

$A + C = 180°$

中心角は円周角の 2 倍

点 O のところの 2 角を合計すると丸 1 周（$360°$）

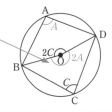

たとえば，右図の場合，

$B = 180° - 135° = 45°$

また，向かい合う角では

$$\begin{cases} \sin C = \sin(180° - A) = \sin A \\ \cos C = \cos(180° - A) = -\cos A \end{cases}$$

sin は変わらない
cos は符号違い

が成り立ちます（p.167 参照）。

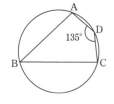

〈(ii)について〉

円に内接する四角形では，

対角線で，2 つの三角形に分割する!!

ことがよく用いられます。

たとえば，右図のように分割して，△ABD，△CBD に余弦定理を用いると

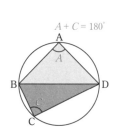

$A + C = 180°$

$$\begin{cases} BD^2 = AB^2 + AD^2 - 2AB \cdot AD\cos A \\ BD^2 = CB^2 + CD^2 - 2CB \cdot CD\cos C \end{cases}$$

$\cos(180° - A) = -\cos A$ と処理する

これを「連立方程式的に扱う!!」ことが，共通テストでは重要ポイント!!

例題 87

円に内接する四角形 ABCD において，AB $= 3$，BC $= \sqrt{3}$，CD $= \sqrt{3}$，DA $= 2$ とする。このとき

(1) BD の長さを求めよ。

(2) 四角形 ABCD の面積 S を求めよ。

ポイント

余弦定理 2 本で，BD と $\cos A$ についての連立方程式を立てます。

解答

(1) $\triangle$ABD，$\triangle$CBD に余弦定理を用いると，

$$\begin{cases} BD^2 = 3^2 + 2^2 - 2 \cdot 3 \cdot 2 \cos A \\ BD^2 = (\sqrt{3})^2 + (\sqrt{3})^2 - 2 \cdot \sqrt{3} \cdot \sqrt{3} \underbrace{\cos(180° - A)}_{-\cos A} \end{cases}$$

計算すると，

$$\begin{cases} BD^2 = 13 - 12\cos A & \cdots① \\ BD^2 = 6 + 6\cos A & \cdots② \end{cases}$$

← $\cos A$ と BD の連立方程式ができた！

①−② ⇒ $0 = 7 - 18\cos A$

$$\therefore \quad \cos A = \frac{7}{18}$$

①に代入して，

$$BD^2 = 13 - 12 \cdot \frac{7}{18} = \frac{25}{3}$$

$$\therefore \quad BD = \frac{5}{\sqrt{3}}$$

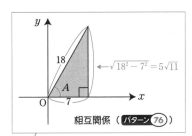

$\leftarrow \sqrt{18^2 - 7^2} = 5\sqrt{11}$

相互関係（**パターン 76**）

(2) $\cos A = \dfrac{7}{18}$ より，$\sin A = \dfrac{5\sqrt{11}}{18}$

これより，

四角形の面積は 2 つの三角形の面積の和として求める（**パターン 82**）

$$S = \triangle ABD + \triangle CBD$$

$$= \frac{1}{2} \cdot 3 \cdot 2 \sin A + \frac{1}{2}\sqrt{3} \cdot \sqrt{3} \underbrace{\sin(180° - A)}_{\sin A}$$

$$= 3\sin A + \frac{3}{2}\sin A$$

$$= \frac{9}{2}\sin A \quad {}_{\frac{5\sqrt{11}}{18}}$$

$$= \frac{5}{4}\sqrt{11}$$

3つの必殺技をマスターせよ!!

ここでは，共通テスト用のウラ技を3つ紹介します。

〈その1〉トレミーの定理

円に内接する四角形において

$$AC \times BD = ac + bd$$

これは 例題 ㊴ の状況です

例❶ 右図において，ACの長さを求めよ。

答 トレミーの定理を使うと，

$$AC \times \frac{5}{\sqrt{3}} = 3 \cdot \sqrt{3} + 2 \cdot \sqrt{3}$$

$$\therefore \quad \frac{5}{\sqrt{3}} AC = 5\sqrt{3}$$

よって，$AC = 3$

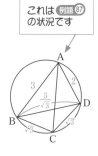

AEのところはAEをはさむ
2辺（aとd）の積

〈その2〉対角線の交点までの比

円に内接する四角形において

$$\underline{AE} : BE : CE : DE$$

$$= \underline{da} : ab : bc : cd$$

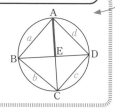

〰〰 部分の覚え方

例❷ 右図で $AE : CE$ を求めよ。

答 〈**その2**〉より，$AE : CE = (5 \cdot 5) : (8 \cdot 3)$

$$= 25 : 24$$

〈その3〉面積公式

右図の四角形（円に内接していなくてもよい）の
面積 S は

$$S = \frac{1}{2} AC \cdot BD \sin\theta$$

パターン編

数と式

2次関数

データの分析

場合の数・確率

図形と計量

図形の性質

イメージ

右図のように平行四辺形 PQRS を作ると,

$$\square ABCD = \frac{1}{2}\square PQRS$$

ここで, $\square PQRS = 2 \times \triangle SPR$

$$= 2 \times \frac{1}{2}AC \cdot BD\sin\theta = AC \cdot BD\sin\theta$$

よって, $\square ABCD = \frac{1}{2}AC \cdot BD\sin\theta$

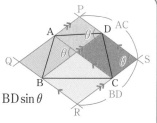

例題 88

円に内接する四角形 ABCD において, AB = 2, BC = 3, CD = 1, DA = 2 とし, 対角線 AC と BD の交点を E とする。このとき, AC, BD, AE の長さをそれぞれ求めよ。

ポイント

AC までは 例題87 と同じ。BD は〈**その1**〉, AE は〈**その2**〉を用います。

解答

余弦定理より,

△ABC に余弦定理

$$\begin{cases} AC^2 = 2^2 + 3^2 - 2 \cdot 2 \cdot 3\cos B = 13 - 12\cos B & \cdots① \\ AC^2 = 2^2 + 1^2 - 2 \cdot 2\cos(180° - B) = 5 + 4\cos B & \cdots② \end{cases}$$

① － ② ➡ $0 = 8 - 16\cos B$

△ACD に余弦定理

$$\therefore \quad \cos B = \frac{1}{2}$$

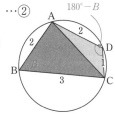

①に代入して, $AC^2 = 13 - 6 = 7$

$$\therefore \quad AC = \sqrt{7}$$

トレミーの定理より,

AC を求める

$$\sqrt{7} \times BD = 2 \cdot 1 + 2 \cdot 3 \longleftarrow \text{〈その1〉}$$

$$\therefore \quad BD = \frac{8}{\sqrt{7}} = \frac{8}{7}\sqrt{7}$$

また, $AE : EC = (2 \cdot 2) : (3 \cdot 1) = 4 : 3$ より,

〈その2〉

$$AE = \frac{4}{7}AC = \frac{4}{7}\sqrt{7}$$

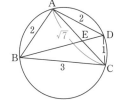

面積比を辺の比で読みかえろ!!

共通テストでは，面積比を利用する問題が予想されます。

次の2つの公式のように，面積比は辺の比で読みかえることがポイントです。

面積比の公式1

右図において

$$\triangle ABD : \triangle ADC$$
$$= BD : DC$$

証明 → △ABDと△ADCは高さ(h)が共通。だから，底辺の比 BD：DC が面積比

例 △ABC において，∠A の二等分線が辺 BC と交わる点を D とするとき，BD：DC = AB：AC を示せ（パターン **84** の性質）。

証明 上の **公式1** より，

$$\triangle ABD : \triangle ADC = BD : DC \quad \cdots ①$$

また，

$$\begin{cases} \triangle ABD = \dfrac{1}{2} AB \cdot AD \sin \theta \\ \triangle ADC = \dfrac{1}{2} AC \cdot AD \sin \theta \end{cases}$$

共通　共通

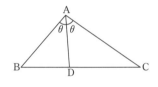

よって，$\triangle ABD : \triangle ADC = AB : AC \quad \cdots ②$ ◄── 共通なものを約分した

①，②より，BD：DC = AB：AC

面積比の公式2

右図において

$$\triangle ABP : \triangle ACP = BD : DC$$

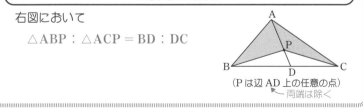

（P は辺 AD 上の任意の点）
◄── 両端は除く

証明

BD $= x$，DC $= y$ とおく。**公式1** より，

$$\triangle ABD : \triangle ADC = x : y, \quad \triangle PBD : \triangle PDC = x : y$$

よって，

$$\begin{cases} \triangle ABD = kx \\ \triangle ADC = ky \end{cases} \qquad \begin{cases} \triangle PBD = lx \\ \triangle PDC = ly \end{cases}$$

とおける（k, l は 0 ではない正の実数で，$k \neq l$）。ここで，

$$\begin{cases} \triangle ABP = \triangle ABD - \triangle PBD = (k-l)x \\ \triangle ACP = \triangle ADC - \triangle PDC = (k-l)y \end{cases}$$

よって，

$$\triangle ABP : \triangle ACP = (k-l)x : (k-l)y$$
$$= x : y$$

> 要するに，$x:y$ のもの（$\triangle ABD : \triangle ADC$）から，$x:y$ のもの（$\triangle PBD : \triangle PDC$）を引いても $x:y$ ということ!!

例題 89

$\triangle ABC$ において，

$$BD : DC = 3 : 2, \quad AP : PD = 7 : 4$$

のとき，4つの三角形の面積比

$$\triangle PAB : \triangle PBD : \triangle PDC : \triangle PCA$$

を求めよ。

解答

ポイント

> 3 : 2 ですが
> 7 : 4 を後で使うので
> 12 : 8 と書く（4倍した）

公式 1 より

$$\triangle PBD : \triangle PDC = 3 : 2$$

次に，$AP : PD = 7 : 4$ より，再び**公式 1** から，

$$\triangle BAP : \triangle BPD = 7 : 4$$

同様に，$\triangle CAP : \triangle CPD = 7 : 4$

これより，

$$\triangle PAB : \triangle PBD : \triangle PDC : \triangle PCA$$
$$= 21 : 12 : 8 : 14$$

> $\triangle ABP : \triangle ACP = BD : DC$ が成り立っていること（**公式 2**）も確認してください

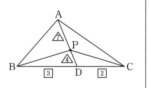

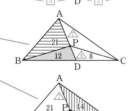

特定の三角形に注目せよ!!

ここでは，空間図形の計量について練習します。

空間図形では，特定の三角形に注目すれば，平面の問題に帰着されることがほとんどです。

例 次の条件を満たす三角すい O − ABC がある。

$AB = 100$, $\angle BCA = 30°$,

$\angle ABC = 45°$, $\angle OAC = 60°$,

$\angle OCA = \angle OCB = 90°$

このとき，辺 OC の長さを求めよ。

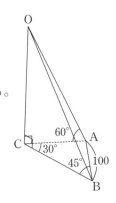

答 △OAC に注目すると，

$$OC = AC \times \sqrt{3}$$

よって，辺 OC の長さを求めるためには，

底面 ABC に注目して，AC を求めればよいとわかります。 ← 平面の問題に帰着

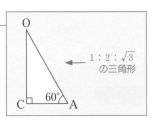

したがって，正弦定理より

$$\frac{AC}{\sin 45°} = \frac{100}{\sin 30°} = 200$$

$$\therefore \quad AC = 200 \sin 45° = 100\sqrt{2}$$

よって，$OC = AC \times \sqrt{3} = 100\sqrt{6}$

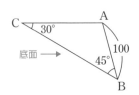

例題 90

右図の直方体 ABCD − EFGH において AB = 4, BC = 6, BF = 2 であるとき

(1) △AFC の面積 S を求めよ。

(2) B から △AFC に下ろした垂線 BP の長さを求めよ。

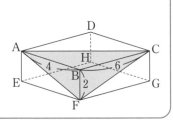

パターン編

数と式

2次関数

データの分析

場合の数・確率

図形と計量

図形の性質

ポイント

(1) 三平方の定理を使うと，AF，AC，FC が求まります。すなわち，△AFC に注目すると 3 辺が求まっているということ。あとは，例題82(1)と同じです。

(2) △BAF を底面積，CB を高さと考えると，四面体 CAFB の体積 V は簡単に求めることができます。このとき，V は

$$V = \frac{1}{3} \times (\underbrace{\triangle\text{AFC}}_{\text{底面積}}) \times \underbrace{\text{BP}}_{\text{高さ}}$$

$\leftarrow$ これを BP についての方程式とみなします

と表すこともできるので，ここから BP を求めます。

解答

(1) 三平方の定理より

$$\begin{cases} \text{AF} = \sqrt{4^2 + 2^2} = 2\sqrt{5} \\ \text{AC} = \sqrt{4^2 + 6^2} = 2\sqrt{13} \\ \text{CF} = \sqrt{2^2 + 6^2} = 2\sqrt{10} \end{cases}$$ となるので，

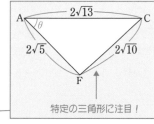

特定の三角形に注目！

△AFC は右図のようになる。余弦定理より，

$$\cos\theta = \frac{(2\sqrt{5})^2 + (2\sqrt{13})^2 - (2\sqrt{10})^2}{2 \cdot 2\sqrt{5} \cdot 2\sqrt{13}} = \frac{32}{8\sqrt{65}} = \frac{4}{\sqrt{65}}$$

したがって，$\sin\theta = \dfrac{7}{\sqrt{65}}$

よって，

$$S = \frac{1}{2} \cdot 2\sqrt{5} \cdot 2\sqrt{13} \cdot \frac{7}{\sqrt{65}}$$
$$= 14$$

$S = \dfrac{1}{2}bc\sin A$ （パターン82）

相互関係（パターン76）

$\sqrt{65 - 4^2} = \sqrt{49} = 7$

(2) 右図のように見る。このとき，

$\text{CB} \perp \triangle\text{BAF}$ $\leftarrow$ CB⊥BA，CB⊥BF より CB⊥△BAF

四面体 CAFB の体積を V とすると，

$$V = \frac{1}{3}\underbrace{\triangle\text{BAF}}_{\text{底面積}} \cdot \text{CB} = \frac{1}{3} \cdot 4 \cdot 6 = 8$$

これより，

$$8 = \frac{1}{3} \times 14 \times \text{BP}$$ $\leftarrow$ $V = \dfrac{1}{3} \times \triangle\text{AFC} \times \text{BP}$ に代入

$$\therefore \quad \text{BP} = \frac{12}{7}$$

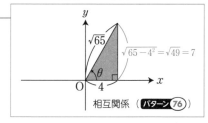

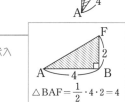

$\triangle\text{BAF} = \dfrac{1}{2} \cdot 4 \cdot 2 = 4$

$OA = OB = OC$ の四面体 OABC の高さ $h = \sqrt{OA^2 - R^2}$

△ABCが底面のとき

（R は △ABC の外接円の半径）

◎ **$OA = OB = OC$ となる四面体について**

右図のような，直円すいの底面の円周上に
3 点 A，B，C をとると，$OA = OB = OC$ が
成り立ちます。 ← OA，OB，OC は母線の長さだから等しい

逆に $OA = OB = OC$ の四面体 OABC は，右図
のような直円すいの中にとれることが知られてい
ます。だから，△OAH に注目すると，

$$OH^2 + AH^2 = OA^2 \quad \text{← 三平方の定理}$$

なので，

$$OH = \sqrt{OA^2 - AH^2} \quad \text{← これが上の公式}$$

となります。

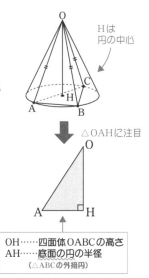

Hは
円の中心

△OAHに注目

> OH……四面体OABCの高さ
> AH……底面の円の半径
> （△ABCの外接円）

例題 91

(1) 1 辺の長さが 2 の正四面体 OABC の体積を求めよ。

(2) $OA = OB = OC = 5$，$AB = 4$，$BC = 2$，$CA = 2\sqrt{3}$ である四
面体 OABC の体積を求めよ。

ポイント

(1) 正四面体だから，$OA = OB = OC = 2$

(2) $OA = OB = OC = 5$ なので，△ABC を底面にします。このとき，△ABC は
3 辺が 4，2，$2\sqrt{3}$（← $2 : 1 : \sqrt{3}$）より，直角三角形。ここで，下を利用します。

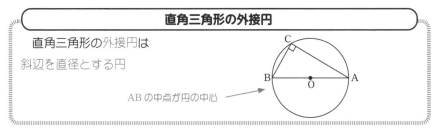

> **直角三角形の外接円**
>
> 直角三角形の外接円は
> 斜辺を直径とする円
>
> AB の中点が円の中心

パターン編

数と式

2次関数

データの分析

場合の数・確率

図形と計量

図形の性質

解答

(1) △ABC を底面と考える。

step 1 **底面積 S と外接円の半径 R を求める**

$$S = \frac{1}{2} \cdot 2 \cdot 2 \sin 60° = \sqrt{3}$$

また，正弦定理より，$2R = \dfrac{2}{\sin 60°}$

よって，$R = \dfrac{2}{2 \sin 60°} = \dfrac{2}{\sqrt{3}}$

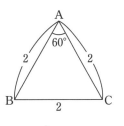

底面に注目

step 2 **高さ h を求め，体積 V を求める**

$$h = \sqrt{OA^2 - R^2} = \sqrt{2^2 - \frac{4}{3}} = \sqrt{\frac{8}{3}}$$

これより，体積 V は

$$V = \frac{1}{3} \times S \times h$$
$$= \frac{1}{3} \times \sqrt{3} \times \sqrt{\frac{8}{3}} = \frac{2\sqrt{2}}{3}$$

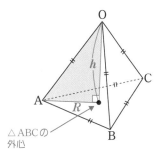
△ABCの外心

(2) △ABC を底面と考える。

step 1 **底面積 S と外接円の半径 R を求める**

$$S = \frac{1}{2} \cdot 2 \cdot 2\sqrt{3} = 2\sqrt{3} \quad \longleftarrow \frac{1}{2} \cdot BC \cdot AC$$

また，$R = \dfrac{1}{2} AB = 2 \quad \longleftarrow$ 斜辺 AB が △ABC の外接円の直径

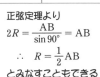
正弦定理より
$2R = \dfrac{AB}{\sin 90°} = AB$
∴ $R = \dfrac{1}{2} AB$
とみなすこともできる

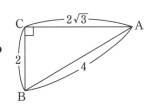

底面に注目

step 2 **高さ h を求め，体積 V を求める**

$$h = \sqrt{OA^2 - R^2} = \sqrt{5^2 - 2^2} = \sqrt{21}$$

これより，体積 V は

$$V = \frac{1}{3} \times S \times h = \frac{1}{3} \times 2\sqrt{3} \times \sqrt{21} = 2\sqrt{7}$$

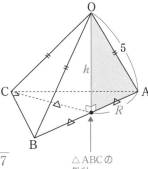
△ABCの外心

$c < b \Leftrightarrow C < B$

ここから,「図形の性質」に入ります。まずは, パターン**81** で利用した公式から。

> **公式**
>
> △ABC について
>
> $c < b \Leftrightarrow C < B$

$c < b \Rightarrow C < B$ だけ証明しておきます。

仮定より, $c < b$ だから, △ABD が二等辺三角形となるように, 線分 AC 上に点 D をとります(右図)。

このとき

$B > \theta$ …① ◀— 図より当たり前

です。また,

$\theta > C$ …② ◀

なので, ①, ②より,

$B > C$

同様に

$$\begin{cases} c > b \Rightarrow C > B \\ c = b \Rightarrow C = B \end{cases}$$

が成り立つので, 逆が成り立つことがわかります

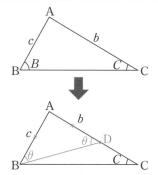

右図で

$C + \psi = \theta$

だから

$\theta > C$

三角形において
(2角の和)＝(残り1角の外角)

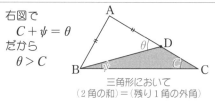

例題 92

(1) △ABC において, $A = 40°$, $B = 80°$ のとき, a, b, c の大小を調べよ。

(2) AB > AC である △ABC の辺 BC の中点をMとするとき, $\angle CAM > \angle BAM$ が成り立つことを次のように証明した。

☐ に適する語句をうめよ。

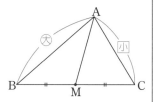

証明

図のように平行四辺形 ABDC を考えると,

BD = ☐ ア

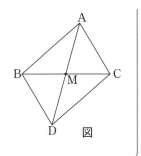

パターン編

数と式

2次関数

データの分析

場合の数・確率

図形と計量

図形の性質

また，AC // BD より

∠CAM = ∠ イ 　…①

ここで，AB > AC であることから，

△ABD において

AB > ウ 　となり，したがって

∠ADB > ∠ エ である。これと①より

∠CAM > ∠BAM である。

ポイント

(1) C を求めて，角の大小から，辺の大小を判断します。

(2) 平行四辺形は，向かい合う辺の長さが等しい図形です。イは錯角が等しいということ。ウ，エのところが パターン92 のポイント。じっくり考えてみよう。

解答

(1) $C = 180° - 40° - 80° = 60°$

　よって，$B > C > A$ なので，$b > c > a$

(2) □ABDC は，平行四辺形だから，

　BD = AC 　　　…ア 　← 向かい合う辺が等しい

　(ア はCAでもよい。

　 イ 以下も**同値なものはすべて正解**です。)

また，AC // BD より，

∠CAM = ∠ADB 　…① イ 　← 錯角が等しい（図のθ）

ここで，△ABD において，

AB > BD 　　　…ウ

であるから，

∠ADB > ∠BAM 　…エ ← ココの説明

①と合わせると，

∠CAM > ∠BAM

コメント 証明の方針は パターン83

「中線といったら平行四辺形」です。

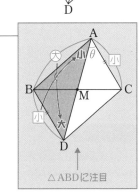

△ABDに注目

2辺の和は,他の1辺より大きい!!

次は パターン86 で扱った内容です。

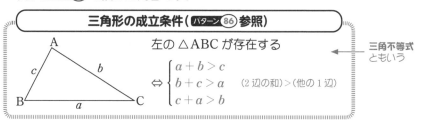

三角形の成立条件 (パターン86 参照)

左の △ABC が存在する

$$\Leftrightarrow \begin{cases} a+b>c \\ b+c>a \\ c+a>b \end{cases} \quad (2\text{辺の和})>(\text{他の1辺})$$

三角不等式
ともいう

これを使うと,

(i) $a=5$, $b=4$, $c=10$ の三角形は**存在せず**,

(ii) $a=6$, $b=5$, $c=7$ の三角形は**存在する**

ことがわかります。

$$\begin{cases} 5+4>10 \cdots \times \\ 4+10>5 \\ 5+10>4 \end{cases}$$
は不成立

$$\begin{cases} 6+5>7 \\ 5+7>6 \\ 7+6>5 \end{cases}$$ は成立

ここでは,この公式を証明問題に利用します。

コツは,

三角形に分割すること

です。

例題 93

(1) 3辺の長さが,a, 5, 4 である三角形が
存在するように a の値の範囲を定めよ。

(2) △ABC の内部に1点 P をとると,
$$c+b>\text{PC}+\text{PB}$$
であることを証明せよ。

(3) △ABC の辺 BC の中点を M とするとき,
$$\text{AB}+\text{AC}>2\text{AM}$$
を証明せよ。

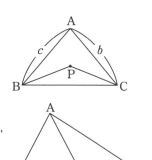

ポイント

(1) 「三角形の成立条件」にあてはめて,オシマイ。

(2) △ABC を三角形に分割します。

(3) AM は中線です。中線といったら，平行四辺形（ パターン83 ）。

解答

(1) 三角形の成立条件より，

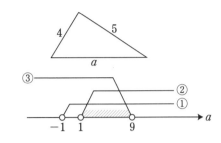

$$\begin{cases} a+5>4 & \cdots ① \\ 4+a>5 & \cdots ② \\ 4+5>a & \cdots ③ \end{cases}$$

これより，$1<a<9$

(2) 右図のようにおく。

このとき，$\triangle ABD$，$\triangle DPC$ に注目すると，

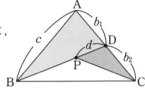

$$\begin{cases} c+b_1>d+PB & \cdots ④ \\ d+b_2>PC & \cdots ⑤ \end{cases}$$ 三角不等式

④では △ABD に注目	⑤では △DPC に注目
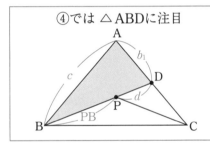	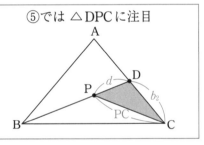

④＋⑤を計算すると，

$$(c+b_1)+(d+b_2)>(d+PB)+PC$$
$$c+b_1+b_2>PC+PB$$ d は消える
$$\therefore \quad c+b>PC+PB$$

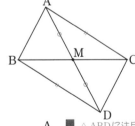

(3) 右図のように平行四辺形 ABDC を作ると，

$$\begin{cases} BD=AC & \longleftarrow \text{向かい合う辺の長さは等しい} \\ AM=MD & \longleftarrow \text{2本の対角線は中点で交わる} \end{cases}$$

したがって，$\triangle ABD$ に注目すると，

$$AB+AC>2AM \quad \longleftarrow \text{三角不等式}$$

が成立する。

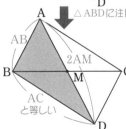

△ABDに注目

パターン編

数 と 式

2 次 関 数

データ の 分 析

場合の数・確率

図 形 と 計 量

図 形 の 性 質

「内心」「傍心」が出てきたら「角の二等分線」に注意せよ

角の二等分線の性質（ パターン84 ）は，外角の二等分線のときも成立します。

角の二等分線の性質

（ⅰ） △ABC において，∠A の内角の二等分線と辺 BC の交点を D とすると，

$$AB : AC = BD : DC$$

（ パターン84 参照。証明は パターン89 ）

（ⅱ） △ABC において，∠A の外角の二等分線と直線 BC の交点を E とすると，

$$AB : AC = BE : CE$$

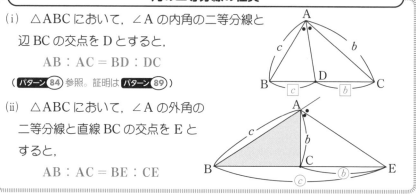

〈**(ⅱ) の 証明** 〉

面積比を考えると，△ABE : △ACE = BE : CE …① ← パターン89 面積比

また
$$
\begin{cases}
\triangle ABE = \dfrac{1}{2} AB \cdot AE \sin(180° - \theta) = \dfrac{1}{2} AB \cdot AE \sin\theta \\[2mm]
\triangle ACE = \dfrac{1}{2} AC \cdot AE \sin\theta
\end{cases}
$$

これより，

$$\triangle ABE : \triangle ACE = AB : AC …②$$

①，②より，AB : AC = BE : CE

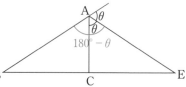

角の二等分線で重要なのが，「**内心**」と「**傍心**」です。
この 2 つが出てきたら，要注意！

内心（内角の二等分線の交点）

1 つの三角形に対して傍心は 3 つあります

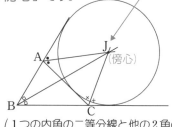

この J を∠B 内の傍心といいます

傍心 （1 つの内角の二等分線と他の 2 角の外角の二等分線の交点）

例題 94

(1) △ABC において，AB = 7，AC = 5，BC = 3 とし，∠A の二等分線と辺 BC の交点を D，∠A の外角の二等分線と直線 BC の交点を E とする。このとき，BD，CE の長さを求めよ。

(2) AB = 4，BC = 5，CA = 6 の △ABC の内心を I として，直線 AI と辺 BC の交点を D とする。AI : ID を求めよ。

ポイント

(2) 内心は，内角の二等分線の交点。公式を2回使います。

解答

(1) BD : DC = 7 : 5 より，　← BD : DC = AB : AC

$$BD = BC \times \frac{7}{12} = \frac{7}{4}$$

また，BE : CE = 7 : 5 より，　← BE : CE = AB : AC

BC : CE = 2 : 5

これより，

$$CE = \frac{5}{2}BC = \frac{15}{2}$$

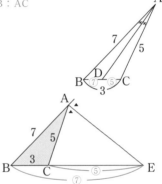

(2) 内心は内角の二等分線の交点より，右図のようになる。このとき，

BD : DC = 4 : 6 = 2 : 3　← BD : DC = AB : AC

$$\therefore \quad BD = BC \times \frac{2}{5} = 2$$

次に，△BAD に注目すると，

AI : ID = BA : BD

= 4 : 2

= 2 : 1

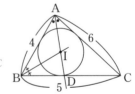

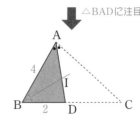

数と式

2次関数

データの分析

場合の数・確率

図形と計量

図形の性質

まずは定義を覚えよ

「重心」,「垂心」,「外心」,「内心」,「傍心」を三角形の5心といいます。
内心と傍心については, パターン94 を参照してください。

(i) 重心 G ➡ 三角形の3本の中線の交点

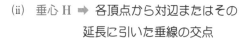
このとき内分比は 2：1 ————————➡

(ii) 垂心 H ➡ 各頂点から対辺またはその
　　　　　　　延長に引いた垂線の交点

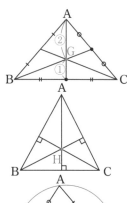

(iii) 外心 O ➡ 各辺の垂直二等分線の交点

△ABC の
外接円の中心でもある ————➡

5心の問題では, **定義に戻る**ことがポイントです。
その点はどのような点かよく考えてみてください。

例題 95

　G, H, O, I をそれぞれ △ABC の重心, 垂心, 外心, 内心とする
とき, 次の図の角 θ の大きさおよび線分の長さ x, y を求めよ。

(1)

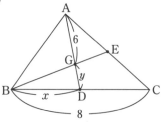

(2)

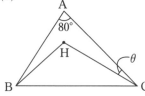

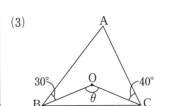

(3)

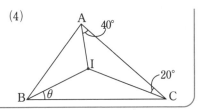

(4)

ポイント

(3) Oは外心。ということは，OA = OB = OC

(4) Iは内心。ということは，内角の二等分線の交点です。

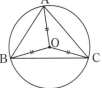

解答

(1) AD は中線で，AG：GD = 2：1 より，

$x = 4$, $y = 3$

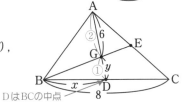

DはBCの中点

(2) H は垂心なので，右図のように CH
を延長すると，CF ⊥ AB
△AFC に注目すると，

$\theta = 180° - 90° - 80° = 10°$

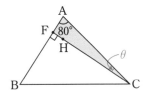

(3) O は外心より，右図のようになる。
よって，∠OAB = 30°，∠OAC = 40°

△OAB，△OAC は二等辺三角形

∴ $\theta = 2 \times \angle \overset{70°}{\text{BAC}} = 140°$

(中心角) = 2 ×(円周角)

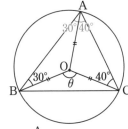

(4) I は内心より，内角の二等分線の交点だから
右図のようになる。

三角形の内角の和は 180°

$2\theta + 80° + 40° = 180°$

であるから

$\theta = 30°$

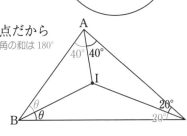

証明問題も「定義に戻れ」が方針になる

5心に関する証明問題が出題されたときには，その定義（その点はどんな点か？）を考えることが大切です。

例題 96

(1) △ABC の辺 BC，CA，AB の中点をそれぞれ，P，Q，R とする。△ABC の外心 O は，△PQR の垂心であることを示せ。

(2) 鋭角三角形 ABC の外心，垂心をそれぞれ O，H とし，辺 BC の中点を M とするとき，AH ＝ 2OM が成立することを次のように証明した。□ に適当な語句を入れ，証明を完成させよ。

証明 B を通る外接円の直径を BD とすると，

AH ∥ ア ，CH ∥ イ

であるから，四角形 AH ウ は平行四辺形であり，

$$AH = \boxed{エ} \quad \cdots ①$$

次に，△BDC に中点連結定理を用いて，

$$2OM = \boxed{オ} \quad \cdots ②$$

①，②より AH ＝ 2OM

ポイント

(1) 外心は「各辺の垂直二等分線の交点」。これが △PQR の垂心であるためには「何を示せばよいか？」を考えてください。

(2) 直径の円周角は 90°。これと垂心の定義を合わせると，平行な直線が見えてきます。

解答

(1) O は △ABC の外心だから，

$$PO \perp BC, \quad QO \perp CA, \quad RO \perp AB \quad \cdots(\bigstar)$$

← O は △ABC の各辺の垂直二等分線の交点

パターン編

数と式

2次関数

データの分析

場合の数・確率

図形と計量

図形の性質

ポイント（着眼点）

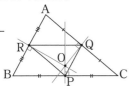

Oが△PQRの垂心であるためにはRO⊥PQ，QO⊥RP，PO⊥RQを示せばよい ← 定義に戻れ!! そのためには → AB∥PQ，BC∥QR，CA∥RP を示せばよい

このように考える!!

（★）より

ここで，中点連結定理より，

BC∥QR，CA∥RP，AB∥PQ

なので，（★）と合わせると，

PO⊥QR，QO⊥RP，RO⊥PQ

が成立し，Oは，「△PQRの各頂点から対辺またはその延長に引いた垂線の交点」である。よって，Oは△PQRの垂心。

〈中点連結定理〉
DE∥BC，BC = 2DE

(2) Hは垂心であるから，

AH⊥BC，CH⊥AB ← 垂心の定義

また，BDは直径なので，

∠BCD = ∠BAD = 90°

これより，

AH∥CD …　ア　← 　アはDCでもよい
（イ以下も同値なものはすべて正解です）

CH∥AD …　イ

となることがわかるので，四角形AHCDは平行四辺形 …　ウ

特に，AH = CD …①（　エ　）← 平行四辺形において向かい合う辺の長さは等しい

△BDCに注目

次に，△BDCに注目すると，

2OM = CD …②（　オ　）← 中点連結定理

したがって，①，②より，

AH = 2OM

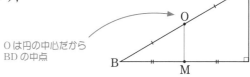

Oは円の中心だからBDの中点

ある点を通る2直線とそれに交わる円 → 方べきの定理 ← 円と2直線の公式

次を**方べきの定理**といいます。三角形の相似から証明できるので，覚える必要はない定理ですが（相似な三角形を見つければ，必要ない），共通テストでは，相似な三角形を探すよりも速く解けるので，この定理をマスターしておく必要があります。

〈**その1**〉

円の2つの弦 AB，CD の交点またはそれらの延長の交点を P とすると，

$$\mathbf{PA} \cdot \mathbf{PB} = \mathrm{PC} \cdot \mathrm{PD}$$

が成り立つ。

（図1）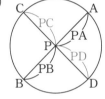　　（図2）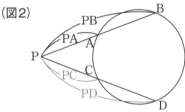

〈**その2**〉

円の外部の点 P から円に引いた接線の接点を T とし，P を通りこの円と2点 A，B で交わる直線を引くと，

$$\mathbf{PA} \cdot \mathbf{PB} = \mathbf{PT}^2$$

が成り立つ。

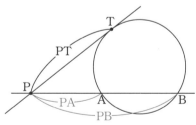

〈**その2**〉だけ証明しておきます。

証明　△PAT と △PTB において

$\begin{cases} ∠\mathrm{TPB} \text{ は共通} \\ ∠\mathrm{PTA} = ∠\mathrm{PBT} \end{cases}$ ← 接弦定理（図の θ のこと）（パターン**101**）

2角が等しいので △PAT ∽ △PTB

よって，PA : PT = PT : PB ← 対応する辺の比は等しい

∴　PA・PB = PT²

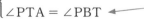

パターン編

数と式

2次関数

データの分析

場合の数・確率

図形と計量

図形の性質

例題 ⑨⑦

(1) 下の図において，x，y を求めよ。

(i)

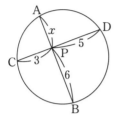

(ii) （A は接点）

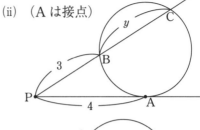

(2) 右図において，小円の半径を 2，
大円の半径を 5 とするとき，

$$\mathrm{PA \cdot PB}$$

の値を求めよ。

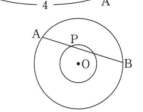

ポイント

$\mathrm{PA \cdot PB = PC \cdot PD}$

(2) PA·PB なので，方べきの定理の利用を考えます。C，D をどこにとるか
がポイント。PC·PD が計算しやすいところがどこかを考えてみてください。

解答

(1) (i) 方べきの定理より，$x \cdot 6 = 3 \cdot 5$ ◄── $\mathrm{PA \cdot PB = PC \cdot PD}$

$$\therefore \quad x = \frac{5}{2}$$

(ii) 方べきの定理より，$3(3 + y) = 4^2$

$$3y + 9 = 16$$

$$\therefore \quad y = \frac{7}{3}$$

(2) 右図のように C，D をとると，
方べきの定理より，

$$\mathrm{PA \cdot PB = PC \cdot PD}$$
$$= 3 \cdot 7$$
$$= 21$$

O を通るように補助線 CD を引く

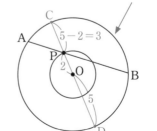

頂点から三角形の周上を1周するように掛けると1

次をチェバの定理といいます。

> ### チェバの定理
>
> △ABC の 3 辺 BC, CA, AB 上に
> それぞれ点 P, Q, R があり, 3 直線
> AP, BQ, CR が 1 点 S で交わるとき,
> $$\frac{BP}{PC} \cdot \frac{CQ}{QA} \cdot \frac{AR}{RB} = 1$$
>
>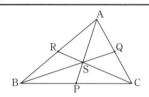

これは, 右図の ⟶ が, 頂点から出発し (出発点
はどこでもよい), 三角形の周上を 1 周 (どちら周り
でもよい) するように掛け算した値が 1 であること
を意味しています。 ⟵ 分子, 分母, 分子, 分母, 分子,
　　　　　　　　　　　　分母の順に左辺に入ります

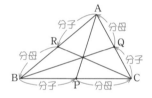

例 右図で, x の値を求めよ。

答 チェバの定理より,

$$\frac{x}{3} \cdot \frac{2}{6} \cdot \frac{4}{5} = 1$$

$$\therefore \quad x = \frac{45}{4}$$

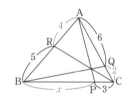

例題 **98**

(1) 下図において, (ⅰ)では x の長さ, (ⅱ)では BP : PC を求めよ。

(ⅰ)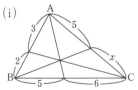

(ⅱ)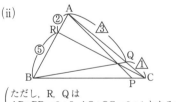

$$\left(\begin{array}{l}\text{ただし, R, Q は}\\ \text{AR : RB} = 2 : 5, \text{AQ : QC} = 3 : 1 \text{ となる点}\end{array}\right)$$

(2) △ABC の辺 BC の中点を M とする。線分 AM 上に点 R をとり，CR の延長と AB の交点を P，BR の延長と AC との交点を Q とする。このとき，PQ ∥ BC を証明せよ。

ポイント

(1) (ⅱ)「分数は比」（**パターン 81**）を利用します。

解答

(1) (ⅰ) チェバの定理を用いると，

$$\frac{x}{5} \cdot \frac{3}{2} \cdot \frac{5}{6} = 1$$

$$\therefore \quad x = 4$$

（C から反時計回りに 1 周）

(ⅱ) チェバの定理を用いると，

$$\frac{\mathrm{BP}}{\mathrm{PC}} \cdot \frac{1}{3} \cdot \frac{2}{5} = 1$$

$$\therefore \quad \frac{\mathrm{BP}}{\mathrm{PC}} = \frac{15}{2}$$

これより，

BP : PC = 15 : 2

分数は比
（**パターン 81**）

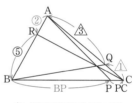

（B から反時計回りに 1 周）

(2) 右図のようにおく。

チェバの定理より，

$$\frac{\mathrm{BM}}{\mathrm{MC}} \cdot \frac{d}{c} \cdot \frac{a}{b} = 1$$

BM = MC なので

$$\frac{a}{b} = \frac{c}{d}$$

← これより，
AP : PB = AQ : QC
とわかる

$$\therefore \quad \mathrm{PQ} \parallel \mathrm{BC}$$

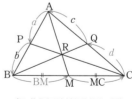

（B から反時計回りに 1 周）

数 と 式

2 次 関 数

デ ー タ の 分 析

場 合 の 数 ・ 確 率

図 形 と 計 量

図 形 の 性 質

(i) 「三角形」と「赤い直線」を見つけよ
(ii) 三角形の頂点から赤い直線へ
入る → 出る → 入る → 出る → 入る → 出ると矢印が1周するように掛けると1
(分子) (分母) (分子) (分母) (分子) (分母)

メネラウスの定理

△ABC の辺 BC，CA，AB またはその
延長が三角形の頂点を通らない 1 つの直線
とそれぞれ点 P，Q，R で交わるとき

$$\frac{BP}{PC} \cdot \frac{CQ}{QA} \cdot \frac{AR}{RB} = 1$$

$$\left(\frac{(入る)}{(出る)} \cdot \frac{(入る)}{(出る)} \cdot \frac{(入る)}{(出る)} = 1 \right)$$

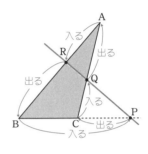

上をメネラウスの定理といいます。右上の図の ⟶ の動きが

$$(三角形の頂点) \xrightarrow[入る]{赤い直線に} (赤い直線) \xrightarrow[出る]{赤い直線から} (三角形の頂点)$$

をくり返して，矢印が 1 周しています。メネラウスの定理も，

矢印が 1 周するように掛けると，1 になる!! (出発点はどこでもよい)

と覚えておいてください。

たとえば，右図において，x の値はわかり
ますか？

メネラウスの定理より，

$$\frac{4}{x} \cdot \frac{3}{2} \cdot \frac{3}{9} = 1$$

だから，

$$x = 2$$

となります。それから共通テストでは，直
線は赤くなってないので（当たり前），自分
で，三角形と赤い直線を見抜かなければい
けません。次の 例題99 で練習してみよう。

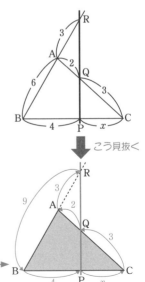

B から出発して
入る➡出る➡入る➡ ……
て 1 周

数と式

2次関数

データの分析

場合の数・確率

図形と計量

図形の性質

例題 99

△ABC の辺 AB を 1 : 3 に内分する点を D，辺 AC を 4 : 3 に内分する点を E，CD と BE の交点を F とする。このとき，次の比をそれぞれ求めよ。

(1) BF : FE　　　(2) CF : FD

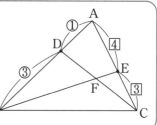

ポイント

三角形と赤い直線を見つけることがポイントです。

(1) BF : FE を求めるときは，3 点 B，F，E を通る直線が赤い直線になることはありません。(2) も同様です。いろいろ試行錯誤してみてください。

解答

(1) 右図のように考えて，

メネラウスの定理を用いると，

$$\frac{BF}{FE} \cdot \frac{EC}{CA} \cdot \frac{AD}{DB} = 1$$

$$\frac{BF}{FE} \cdot \frac{3}{7} \cdot \frac{1}{3} = 1$$

$$\therefore \quad BF = 7FE$$

これより，BF : FE = 7 : 1

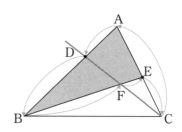

(2) 右図のように考えて，

メネラウスの定理を用いると，

$$\frac{DF}{FC} \cdot \frac{CE}{EA} \cdot \frac{AB}{BD} = 1$$

$$\frac{DF}{FC} \cdot \frac{3}{4} \cdot \frac{4}{3} = 1$$

$$\therefore \quad DF = FC$$

これより，CF : FD = 1 : 1

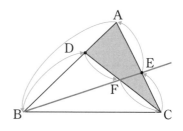

たくさんの証明を読んでおこう!!

もう少し証明問題を。とにかく粘って考えること!!

例題 100

(1) △ABC において，辺 BC，CA，AB に関して，内心 I と対称な点をそれぞれ P，Q，R とするとき，I は △PQR の外心であることを次のように証明した。

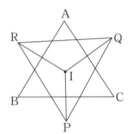

証明

IP と BC，IQ と AC，IR と AB の交点をそれぞれ D，E，F とする。I は △ABC の内心であるから，

$$ID = \boxed{\text{ア}} = \boxed{\text{イ}} \quad \cdots ①$$

また，P，Q，R はそれぞれ辺 BC，CA，AB に関する I の対称点であるから，

$$IP = \boxed{\text{ウ}}\,ID, \quad IQ = \boxed{\text{ウ}}\,IE, \quad IR = \boxed{\text{ウ}}\,IF \quad \cdots ②$$

①，②より，

$$IP = \boxed{\text{エ}} = \boxed{\text{オ}}$$

よって，I は，△PQR の外心である。

$\boxed{\text{ア}}$，$\boxed{\text{イ}}$，$\boxed{\text{エ}}$，$\boxed{\text{オ}}$ の解答群 (同じものを繰り返し選んでよい)

⓪ AB	① BC	② CA	③ IE
④ IF	⑤ IQ	⑥ IR	

(2) △ABC の辺 BC，CA，AB 上にそれぞれ点 P，Q，R があり，3 直線 AP，BQ，CR が 1 点 S で交わるとき，

$$\frac{BP}{PC} \cdot \frac{CQ}{QA} \cdot \frac{AR}{RB} = 1$$

であること (チェバの定理) を次のように証明した。

パターン編

数と式

2次関数

データの分析

場合の数・確率

図形と計量

図形の性質

証明

三角形の面積比を考えると，

$$\frac{BP}{PC} = \frac{\boxed{カ}}{\boxed{キ}}, \quad \frac{CQ}{QA} = \frac{\boxed{ク}}{\boxed{ケ}}, \quad \frac{AR}{RB} = \frac{\boxed{コ}}{\boxed{サ}}$$

よって，

$$\frac{BP}{PC} \cdot \frac{CQ}{QA} \cdot \frac{AR}{RB} = \frac{\boxed{カ}}{\boxed{キ}} \cdot \frac{\boxed{ク}}{\boxed{ケ}} \cdot \frac{\boxed{コ}}{\boxed{サ}} = 1$$

$\boxed{カ}$ ～ $\boxed{サ}$ の解答群（同じものを繰り返し選んでよい）

⓪ △ASB　　① △BSC　　② △CSA　　③ △ARS
④ △AQS

ポイント

(2) パターン89 の**公式2**を使います。

解答

(1) $\boxed{ア～オ}$ I は △ABC の内心であるから，

ID = IE = IF …① ← 内接円の半径に等しい

（$\boxed{ア}$ = ③，$\boxed{イ}$ = ④ ← 順不同）

また，P，Q，R は I の対称点であるから，

IP = 2ID，IQ = 2IE，IR = 2IF …② ←

①，②より，　　　　　　D，E，F はそれぞれ
　　　　　　　　　　　IP，IQ，IR の中点

IP = IQ = IR …③

（$\boxed{エ}$ = ⑤，$\boxed{オ}$ = ⑥ ← 順不同）

よって，I は △PQR の外心である。← ③より，I は 3 点 P，Q，R から等距離なので

(2) $\boxed{カ～サ}$ パターン89 の**公式2**より，

$$\frac{BP}{PC} = \frac{\triangle ASB}{\triangle CSA}, \quad \frac{CQ}{QA} = \frac{\triangle BSC}{\triangle ASB}, \quad \frac{AR}{RB} = \frac{\triangle CSA}{\triangle BSC}$$

したがって，

$$\frac{BP}{PC} \cdot \frac{CQ}{QA} \cdot \frac{AR}{RB} = \frac{\triangle ASB}{\triangle CSA} \cdot \frac{\triangle BSC}{\triangle ASB} \cdot \frac{\triangle CSA}{\triangle BSC}$$

$$= 1 \quad \text{← すべて約分されて 1 になる}$$

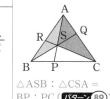

△ASB : △CSA =
BP : PC（パターン89）

（i） 「接線の長さ」は等しい
（ii） 接線と角度の問題は接弦定理

円の外部の点 P から，円に接線を引いたとき，
P と接点の距離を接線の長さといいます。接
線の長さについては，次の公式が成り立ちます。

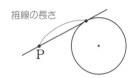

接線の長さ

接線の長さについての公式

円外の点 P から引いた 2 本の接線の長さは等しい。

理由 右図において，△OPA と △OPB はともに
直角三角形。◀── ∠OAP = ∠OBP = 90°

ここで，△OPA と △OPB において，

$$\begin{cases} \text{OP は共通} \\ \text{OA} = \text{OB} \quad \text{← 円の半径} \end{cases}$$

斜辺と他の 1 辺が等しい
2 つの直角三角形は合同

$$\therefore \quad \triangle \text{OPA} \equiv \triangle \text{OPB}$$

とくに， AP = BP ◀── 対応する辺の長さは等しい

次を接弦定理といいます。

接弦定理

円の接線と接点を通る弦 AB のつくる角
ψ は，この角内にある $\overparen{AB}$ に対する円周
角 θ に等しい。

左図において
$\theta = \psi$

〈 θ が鋭角のときの上の公式の 証明 〉

AP′ が直径となるように点 P′ をとります。

このとき，∠AP′B = ∠APB = θ です。◀── 円周角は一定

ここで，∠ABP′ = 90° より，◀── AP′ は直径なので

$\theta + A = 90°$ …① ◀── △BAP′ の内角の和を考える

また，P′A ⊥ l だから，$A + \psi = 90°$ …②

$\therefore \theta = \psi$ ◀── ①−②を計算

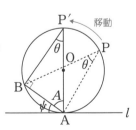

P′
移動

パターン編

数と式

2次関数

データの分析

場合の数・確率

図形と計量

図形の性質

例題 101

図において，PA，PB，l は円 O の接線とする。下の図の角 θ，ψ の大きさを求めよ。

(1)

A（Aは接点）

(2)

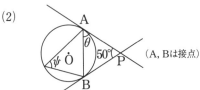

（A, Bは接点）

(3)

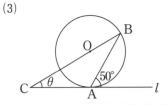

ポイント

(2) PA = PB なので，△PAB は二等辺三角形。これから θ を求めます。

(3) 直線 CB が円の中心を通っていることを利用します。

解答

(1) 接弦定理より，$\theta = 70°$

(2) PA = PB より △PAB は二等辺三角形。

したがって，

$$\theta + \theta + 50° = 180° \quad \longleftarrow \text{内角の和は } 180°$$

$$\therefore \quad \theta = 65°$$

接弦定理より $\psi = \theta$ なので $\psi = 65°$

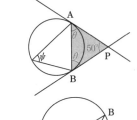

(3) 右図のようにおくと，$\angle \text{DAB} = 90°$ ◀ 直径の円周角は $90°$

$$\therefore \quad \psi = 180° - 50° - 90° = 40°$$

また，$\angle \text{ADB} = 50°$ ◀ 接弦定理

$50° = \theta + \psi$ なので，

$$\theta = 10°$$

△ACD において
2 角の和は残りの角の外角
に等しい

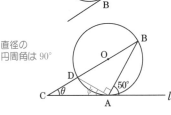

d（中心間距離）と $r_1 + r_2$，$|r_1 - r_2|$ の大小関係で判断する

2円の位置関係について説明します。位置関係は5種類あるのですが，内接条件，外接条件を理解すれば，あとはただのオマケです。

◎ 内接と外接について

2つの円の半径を r_1，r_2 とし，d を中心間距離とする。このとき，

$$
\begin{cases}
外接 \Leftrightarrow d = r_1 + r_2 \\
\\
内接 \Leftrightarrow d = |r_1 - r_2|
\end{cases}
$$

2円の位置関係では右辺のこの2つの値がポイント

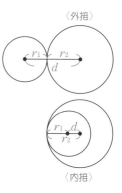

〈外接〉

〈内接〉

これは，図をかいてみれば，すぐわかります。

◎ 2円の位置関係（5つあります）

2円の位置関係は，外接条件と内接条件を基準として考えます。つまり，

内接条件　　　外接条件

$$
d \text{ の大きさと } |r_1 - r_2|，r_1 + r_2 \text{ の大小関係}
$$

で判断します。

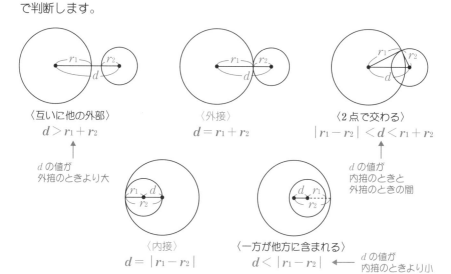

〈互いに他の外部〉
$$d > r_1 + r_2$$

d の値が外接のときより大

〈外接〉
$$d = r_1 + r_2$$

〈2点で交わる〉
$$|r_1 - r_2| < d < r_1 + r_2$$

d の値が内接のときと外接のときの間

〈内接〉
$$d = |r_1 - r_2|$$

〈一方が他方に含まれる〉
$$d < |r_1 - r_2|$$

d の値が内接のときより小

パターン編

数と式

2次関数

データの分析

場合の数・確率

図形と計量

図形の性質

例題 102

(1) 半径が 3 と 2 で中心間距離が $\sqrt{5}$ の 2 円がある。この 2 円の位置関係を調べよ。

(2) 半径が 3 と r で中心間距離が 5 の 2 円がある。この 2 円が共有点をもたないように r の値の範囲を定めよ。

ポイント

(1) d（中心間距離）の値と r_1+r_2，$|r_1-r_2|$ の大小関係を調べます。

(2) 共有点をもたないのは，2 つの場合があります。

解答

(1)
$$\begin{cases} d=\sqrt{5} \\ r_1+r_2=5 \\ |r_1-r_2|=1 \end{cases}$$

← d，r_1+r_2，$|r_1-r_2|$ を調べる

これより，

$$|r_1-r_2|<d<r_1+r_2$$ ← 実際，$1<\sqrt{5}<5$ は成立

が成立するので，

　　　この 2 円は，2 点で交わる。

(2) 2 つの場合がある。

CASE1 $d>r_1+r_2$ **のとき** ←

この場合，

$$5>r+3$$

$$\therefore\ r<2$$

CASE1

CASE2 $d<|r_1-r_2|$ **のとき** ←

この場合，

$$5<|r-3|$$

$$r-3>5\quad\text{または}\quad r-3<-5$$ ←

$$r>8\quad\text{または}\quad \boxed{r<-2}$$

$$\therefore\ r>8$$

$r>0$ より不適

これより，求める答は

$$0<r<2,\ r>8$$

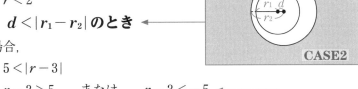

CASE2

絶対値が 1 つのときは公式にあてはめる
（**パターン 10**）

- ・辺の長さに関する条件 ➡ **方べきの定理の逆**
- ・角度に関する条件 ➡ **円周角の定理の逆または対角の和が180°**

　異なる4点A，B，C，Dが同一円周上にあるための条件は，次の3つがよく使われます。

〈その1〉方べきの定理の逆

　2つの線分ABとCD，またはABの延長とCDの延長が点Pで交わるとき，PA・PB＝PC・PDならば，4点A，B，C，Dは同一円周上にある。

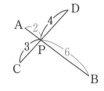

> **例**　右図において，PA＝2，PB＝6，PC＝3，
> 　PD＝4なので，4点A，B，C，Dは同一円周
> 　上にある。

〈その2〉円周角の定理の逆

　4点A，B，C，Dについて，CとDが直線ABに関して同じ側にあって，∠ACB＝∠ADBならば，4点A，B，C，Dは同一円周上にある。

> **例**　右図において，∠ACB＝∠ADB＝40°なの
> 　で，4点A，B，C，Dは同一円周上にある。

〈その3〉対角の和が180°

　▱ABCDにおいて，∠BAD＋∠BCD＝180°
（または∠ABC＋∠ADC＝180°）のとき，4点
A，B，C，Dは同一円周上にある。

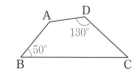

> **例**　右図において，∠ABC＝50°，
> 　∠ADC＝130°なので，4点A，B，C，
> 　Dは同一円周上にある。

パターン編

数と式

2次関数

データの分析

場合の数・確率

図形と計量

図形の性質

例題 103

平面上にある四角形 ABCD が次の条件を満たすとき、4 点 A, B, C, D が同一円周上にあるものはどれか。

① 対角線 AC と BD が点 P で交わり、PA = 2, PB = 10, PC = 15, PD = 4

② 対角線 AC と BD が点 P で交わり、PA = 2, PB = 10, PC = 15, PD = 3

③ 直線 BC に関して、2 点 A と D が同じ側にあり、∠BAC = 70°, ∠BDC = 110°

④ 直線 BC に関して、2 点 A と D が同じ側にあり、∠BAC = 70°, ∠BDC = 70°

⑤ 直線 AC に関して、2 点 B と D が反対側にあり、∠ABC = 70°, ∠ADC = 110°

⑥ 直線 AC に関して、2 点 B と D が反対側にあり、∠ABC = 70°, ∠ADC = 70°

ポイント

（①, ②）対角線 AC と BD の交点が P なので

$$PA \cdot PC = PB \cdot PD$$

が、4 点が同一円周上にあるための条件になります。

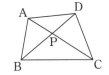

解答

① $PA \cdot PC = 2 \cdot 15 = 30$, $PB \cdot PD = 10 \cdot 4 = 40$ より、
$PA \cdot PC \neq PB \cdot PD$ であるから、4 点 A, B, C, D は同一円周上にない。

② $PA \cdot PC = 2 \cdot 15 = 30$, $PB \cdot PD = 10 \cdot 3 = 30$ より、
$PA \cdot PC = PB \cdot PD$ であるから、4 点 A, B, C, D は同一円周上にある。

③ ∠BAC ≠ ∠BDC より、4 点 A, B, C, D は同一円周上にない。

④ ∠BAC = ∠BDC より、4 点 A, B, C, D は同一円周上にある。

⑤ ∠ABC + ∠ADC = 180° より、4 点 A, B, C, D は同一円周上にある。

⑥ ∠ABC + ∠ADC ≠ 180° より、4 点 A, B, C, D は同一円周上にない。

したがって、求める答は②, ④, ⑤

実数 x についての不等式

$$|x+6| \leqq 2$$

の解は

$$\boxed{アイ} \leqq x \leqq \boxed{ウエ}$$

である。よって，実数 a, b, c, d が

$$|(1-\sqrt{3})(a-b)(c-d)+6| \leqq 2$$

を満たしているとき，$1-\sqrt{3}$ は負であることに注意すると，$(a-b)(c-d)$ のとり得る値の範囲は

$$\boxed{オ} + \boxed{カ} \sqrt{3} \leqq (a-b)(c-d) \leqq \boxed{キ} + \boxed{ク} \sqrt{3}$$

であることがわかる。

特に

$$(a-b)(c-d) = \boxed{キ} + \boxed{ク} \sqrt{3} \quad \cdots\cdots①$$

であるとき，さらに

$$(a-c)(b-d) = -3+\sqrt{3} \quad\quad\quad \cdots\cdots②$$

が成り立つならば

$$(a-d)(c-b) = \boxed{ケ} + \boxed{コ} \sqrt{3} \quad \cdots\cdots③$$

であることが，等式①，②，③の左辺を展開して比較することによりわかる。

（本試）

ポイント

$\boxed{ア\sim エ}$ は，パターン⑩ です。

$\boxed{オ\sim ク}$ は，$x = (1-\sqrt{3})(a-b)(c-d)$ と考えて，$\boxed{ア\sim エ}$ を利用します。

解答

ア〜エ

$$|x+6| \leqq 2$$
$$-2 \leqq x+6 \leqq 2 \quad \longleftarrow \boxed{\text{パターン⑩}}$$
$$\therefore \quad -8 \leqq x \leqq -4 \quad \cdots (\text{☆})$$

オ〜ク

よって，実数 a, b, c, d が

$$|(1-\sqrt{3})(a-b)(c-d)+6| \leqq 2$$

を満たしているとき，

(☆)において
$x=(1-\sqrt{3})(a-b)(c-d)$ とすればよい

$$-8 \leqq (1-\sqrt{3})(a-b)(c-d) \leqq -4$$

$$\frac{-8}{1-\sqrt{3}} \geqq (a-b)(c-d) \geqq \frac{-4}{1-\sqrt{3}}$$

両辺を $1-\sqrt{3}(<0)$ で割ると
不等号の向きは逆になる

$$\therefore \quad 2+2\sqrt{3} \leqq (a-b)(c-d) \leqq 4+4\sqrt{3}$$

計算部分

$$\frac{-4}{1-\sqrt{3}} \times \frac{1+\sqrt{3}}{1+\sqrt{3}} = \frac{-4(1+\sqrt{3})}{-2} = 2+2\sqrt{3}$$

$$\frac{-8}{1-\sqrt{3}} \times \frac{1+\sqrt{3}}{1+\sqrt{3}} = \frac{-8(1+\sqrt{3})}{-2} = 4+4\sqrt{3}$$

ケ，コ

特に，

$$\begin{cases} (a-b)(c-d) = 4+4\sqrt{3} & \cdots ① \\ (a-c)(b-d) = -3+\sqrt{3} & \cdots ② \end{cases}$$

のとき，

$$\begin{cases} ac-ad-bc+bd = 4+4\sqrt{3} & \cdots ①' \\ ab-ad-bc+cd = -3+\sqrt{3} & \cdots ②' \end{cases}$$

①，②の左辺を展開した

ここで，

$$(a-d)(c-b) = ac-ab-cd+bd$$

より，①' − ②' を計算すると，

$$(a-d)(c-b) = ac-ab-cd+bd = 7+3\sqrt{3}$$

c を正の整数とする。x の2次方程式

$$2x^2 + (4c-3)x + 2c^2 - c - 11 = 0 \quad \cdots ①$$

について考える。

(1) $c = 1$ のとき，①の左辺を因数分解すると

$$(\boxed{ア}\,x + \boxed{イ})(x - \boxed{ウ})$$

であるから，①の解は

$$x = -\frac{\boxed{イ}}{\boxed{ア}},\quad \boxed{ウ}$$

である。

(2) $c = 2$ のとき，①の解は

$$x = \frac{-\boxed{エ} \pm \sqrt{\boxed{オカ}}}{\boxed{キ}}$$

であり，大きい方の解を α とすると

$$\frac{5}{\alpha} = \frac{\boxed{ク} + \sqrt{\boxed{ケコ}}}{\boxed{サ}}$$

である。また，$m < \dfrac{5}{\alpha} < m+1$ を満たす整数 m は $\boxed{シ}$ である。

(3) 太郎さんと花子さんは，①の解について考察している。

太郎：①の解は c の値によって，ともに有理数である場合もあれば，ともに無理数である場合もあるね。c がどのような値のときに，解は有理数になるのかな。

花子：2次方程式の解の公式の根号の中に着目すればいいんじゃないかな。

①の解が異なる二つの有理数であるような正の整数 c の個数は $\boxed{ス}$ 個である。

(本試)

ポイント

(3) ①の解は，解の公式より，

$$x = \frac{-4c + 3 \pm \sqrt{97 - 16c}}{4} \quad \cdots ②$$ ◀ $x = \frac{(\text{整数}) \pm \sqrt{(\text{整数})}}{4}$ の形

になります。したがって，①の解が異なる二つの有理数になるためには，根号の中の $97 - 16c$ が

$$97 - 16c = (\text{自然数})^2 \quad \cdots (☆)$$

の形（$\sqrt{\ }$ が外れる形）になればよいとわかります（**パターン 16**）。

解答

このとき，②は
$$x = \frac{(\text{整数}) \pm \sqrt{(\text{自然数})^2}}{4} = \frac{(\text{整数}) \pm (\text{自然数})}{4}$$
となるので，①の解は異なる二つの有理数となる

(1) **ア〜ウ**

$c = 1$ のとき，①は

$$2x^2 + x - 10 = 0$$

∴ $(2x + 5)(x - 2) = 0$ ◀ **パターン 2**

$$\begin{array}{r} 2 \diagdown 5 \longrightarrow 5 \\ 1 \diagup -2 \longrightarrow -4 \\ \hline 1 \end{array}$$

よって，①の解は

$$x = -\frac{5}{2}, \ 2$$

(2) **エ〜シ**

$c = 2$ のとき，①は

$$2x^2 + 5x - 5 = 0 \quad \cdots ①'$$

①′ の解は

$$x = \frac{-5 \pm \sqrt{65}}{4}$$ ◀ $x = \frac{-b \pm \sqrt{b^2 - 4ac}}{2a}$

よって，大きい方の解 α は

$$\alpha = \frac{-5 + \sqrt{65}}{4}$$

である。α は①′ の解であるから，

$$2\alpha^2 + 5\alpha - 5 = 0$$ ◀── ①′ を満たす

これより，

$$\frac{5}{\alpha} = 2\alpha + 5$$ ◀── $5 = 2\alpha^2 + 5\alpha$ の両辺を α で割る

$$= 2 \cdot \frac{-5 + \sqrt{65}}{4} + 5$$

$$= \frac{5+\sqrt{65}}{2}$$

また，$8<\sqrt{65}<9$ であるから，

$$\frac{13}{2}<\frac{5}{\alpha}<7 \longleftarrow$$

パターン 8

$8<\sqrt{65}<9$ より
$13<5+\sqrt{65}<14$
$\therefore \quad \frac{13}{2}<\frac{5+\sqrt{65}}{2}<7$

したがって，$m<\dfrac{5}{\alpha}<m+1$ を満たす整数は，$m=6$

別解 ク～サ

$$\frac{5}{\alpha} = \frac{5}{\dfrac{-5+\sqrt{65}}{4}} \longleftarrow \text{直接代入してもよい}$$

$$= \frac{20}{-5+\sqrt{65}} \quad\longleftarrow \text{分母，分子を 4 倍}$$

$$\longleftarrow \text{分母，分子を }(\sqrt{65}+5)\text{ 倍（分母の有理化）}$$

$$= \frac{20(\sqrt{65}+5)}{65-25} = \frac{5+\sqrt{65}}{2}$$

(3) ス

①の解は

$$x = \frac{-(4c-3)\pm\sqrt{(4c-3)^2-8(2c^2-c-11)}}{4}$$

$$= \frac{-4c+3\pm\sqrt{97-16c}}{4} \quad \cdots②$$

この式に $c=2$ を代入すると $\dfrac{-5\pm\sqrt{65}}{4}$ となることで検算できる

①の解が異なる二つの有理数であるためには，

$$97-16c = (自然数)^2 \quad \cdots(☆)$$

$97-16c = (奇数) - (偶数)$

であればよい。ここで，$97-16c$ は奇数であり，

$$97-16c \leqq 97-16\cdot1 = 81 \longleftarrow c \text{ は正の整数なので } c \geqq 1$$

であるから，（☆）が成り立つためには

$$97-16c = 1^2,\ 3^2,\ 5^2,\ 7^2,\ 9^2$$

$$\therefore \quad c = 6,\ \frac{11}{2},\ \frac{9}{2},\ 3,\ 1 \longleftarrow$$

例えば $97-16c=3^2$ なら
$97-16c = 9$
$-16c = -88$
$\therefore \quad c = \dfrac{11}{2}$

c は正の整数であるから，（☆）を満たす c の個数は 3 個である。

$c = 1,\ 3,\ 6 \text{ の 3 個}$

チャレンジ3

標準 8分

実数 a, b, c が

$$a+b+c=1 \quad \cdots ①$$

および

$$a^2+b^2+c^2=13 \quad \cdots ②$$

を満たしているとする。

(1) $(a+b+c)^2$ を展開した式において，①と②を用いると

$$ab+bc+ca= \boxed{アイ}$$

であることがわかる。よって

$$(a-b)^2+(b-c)^2+(c-a)^2= \boxed{ウエ}$$

である。

(2) $a-b=2\sqrt{5}$ の場合に，$(a-b)(b-c)(c-a)$ の値を求めてみよう。

$b-c=x$, $c-a=y$ とおくと

$$x+y= \boxed{オカ}\sqrt{5}$$

である。また，(1)の計算から

$$x^2+y^2= \boxed{キク}$$

が成り立つ。

これらより

$$(a-b)(b-c)(c-a)= \boxed{ケ}\sqrt{5}$$

である。

(本試)

数と式

2次関数

データの分析

場合の数・確率

図形と計量

図形の性質

対称式の問題です（ **パターン⑦** ）。

(2) $(a-b)(b-c)(c-a) = 2\sqrt{5}\,xy$

なので，$x+y = \boxed{オカ}\sqrt{5}$ と $x^2+y^2 = \boxed{キク}$ から，xy の値を求めます。

解答

(1) $\boxed{ア \sim エ}$

$$(a+b+c)^2 = a^2+b^2+c^2+2(ab+bc+ca) \longleftarrow \text{パターン①}$$

より，

$$1^2 = 13+2(ab+bc+ca) \longleftarrow ①, ②より$$
$$2(ab+bc+ca) = -12$$
$$\therefore \quad ab+bc+ca = -6$$

よって

$$(a-b)^2+(b-c)^2+(c-a)^2$$
$$= (a^2+b^2-2ab)+(b^2+c^2-2bc)+(c^2+a^2-2ca)$$
$$= 2\{a^2+b^2+c^2-(ab+bc+ca)\}$$
$$= 2\{13-(-6)\} = 38 \quad \cdots③$$

(2) $\boxed{オ \sim ケ}$

$x = b-c,\ y = c-a$ より，

$$x+y = (b-c)+(c-a) = b-a = -2\sqrt{5}$$

また，③より

$$(2\sqrt{5})^2+x^2+y^2 = 38$$
$$20+x^2+y^2 = 38$$
$$\therefore \quad x^2+y^2 = 18$$

これより，

$(x+y)^2 = x^2+y^2+2xy$ を xy について解いた

（ **パターン⑦** ）

$$xy = \frac{(x+y)^2-(x^2+y^2)}{2} = \frac{(-2\sqrt{5})^2-18}{2} = 1$$

であるから，

$$(a-b)(b-c)(c-a) = 2\sqrt{5}\,xy = 2\sqrt{5}$$

チャレンジ編

数と式

2次関数

データの分析

場合の数・確率

図形と計量

図形の性質

チャレンジ 4

易 6分

U を全体集合とし，A，B，C を U の部分集合とする。また，A，B，C は

$$C = (A \cup B) \cap (\overline{A \cap B})$$

を満たすとする。ただし，U の部分集合 X に対し，$\overline{X}$ は X の補集合を表す。

図1　　　　　図2

(1) U，A，B の関係を図1のように表すと，$A \cap \overline{B}$ は図2の斜線部分である。

このとき，C は ア の斜線部分である。

ア については，最も適当なものを，次の⓪〜③のうちから一つ選べ。

(2) 集合 U，A，C が

$U = \{x \mid x$ は 15 以下の正の整数$\}$

$A = \{x \mid x$ は 15 以下の正の整数で 3 の倍数$\}$

$C = \{2, 3, 5, 7, 9, 11, 13, 15\}$

であるとする。$A \cap B = A \cap \overline{C}$ であることに注意すると

$$A \cap B = \{\boxed{\text{イ}}, \boxed{\text{ウエ}}\}$$

であることがわかる。また，B の要素は全部で オ 個あり，そのうち最大のものは カキ である。さらに，U の要素 x について，条件 p，q を次のように定める。

p：x は $\overline{A} \cap B$ の要素である

q：x は 5 以上かつ 15 以下の素数である

このとき，p は q であるための ク 。

ク の解答群

⓪ 必要条件であるが，十分条件ではない

① 十分条件であるが，必要条件ではない

② 必要十分条件である

③ 必要条件でも十分条件でもない

（本試）

ポイント

ア より，$A \cap B = A \cap \overline{C}$ がわかります（コメント 参照）。これを利用して，ベン図の中に，集合の要素を書きこんで処理します。◀── 例題 46 参照

ク は パターン 14，集合の包含関係にもちこみます。

解答

(1) **ア**

$C = (A \cup B) \cap (\overline{A \cap B})$ より，下図のようになる。よって **ア** ＝ ②

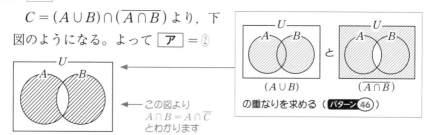

この図より
$A \cap B = A \cap \overline{C}$
とわかります

$(A \cup B)$ と $(\overline{A \cap B})$ の重なりを求める（パターン 46）

コメント

ア より，$A \cap B = A \cap \overline{C}$ が成り立ちます。これは問題文に書いてあるので，証明する必要はありません。

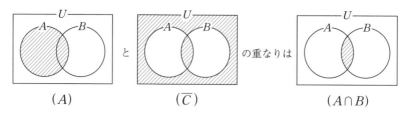

(A) と $(\overline{C})$ の重なりは $(A \cap B)$

228

(2) $\boxed{イ～ク}$

$A \cap B = A \cap \overline{C}$ であるから

$A \cap B = \{6,\ 12\}$ ◀── $A = \{3,\ 6,\ 9,\ 12,\ 15\}$ のうち，C に入らないもの $(A \cap \overline{C})$

よって，ベン図に書き込むと下のようになる。

$A = \{3,\ 6,\ 9,\ 12,\ 15\}$ のうち C に入るもの $(A \cap C)$ ──▶ 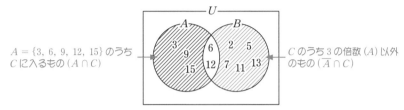 ◀── C のうち 3 の倍数 (A) 以外のもの $(\overline{A} \cap C)$

よって，B の要素は 7 個あり，そのうち最大のものは 13 である。

また，条件 p，q を満たす集合を P，Q とすると，

$p : P = \overline{A} \cap B = \{2, 5, 7, 11, 13\}$

$q : Q = \{5$ 以上 15 以下の素数$\} = \{5, 7, 11, 13\}$

これより，$Q \subset P$ とわかるので（ $\boxed{パターン⑭}$ ），

p は q であるための ⓪

チャレンジ編

数と式

2次関数

データの分析

場合の数・確率

図形と計量

図形の性質

実数 x に関する三つの条件 p, q, r を

$$p : -1 \leq x \leq 5, \quad q : 3 < x < 6, \quad r : x \leq 5$$

とする。

(1) 条件 p, q の否定を，それぞれ $\overline{p}$, $\overline{q}$ で表すとき，次が成り立つ。

「p かつ q」は，r であるための ア 。

「$\overline{p}$ かつ q」は，r であるための イ 。

「p または $\overline{q}$」は，r であるための ウ 。

ア ～ ウ の解答群（同じものを繰り返し選んでもよい。）

⓪ 必要条件であるが，十分条件ではない

① 十分条件であるが，必要条件ではない

② 必要十分条件である

③ 必要条件でも十分条件でもない

(2) 定数 a を正の実数とし

$$(ax - 2)(x - a - 1) \leq 0$$

を満たす実数 x 全体の集合を A とする。

集合 A は，a の値を三つの場合に分けて考えると

・$0 < a <$ エ のとき，$A = \{x \mid$ オ $\leq x \leq$ カ $\}$

・$a =$ エ のとき，$A = \{$ キ $\}$

・ エ $< a$ のとき，$A = \{x \mid$ カ $\leq x \leq$ オ $\}$

である。

オ ， カ の解答群（同じものを繰り返し選んでもよい。）

⓪ $a - 1$ 　　① $a + 1$ 　　② $\dfrac{1}{a}$ 　　③ $\dfrac{2}{a}$ 　　④ $2a$

集合 B を

$$B = \{x \mid x \text{ は「} p \text{ かつ } q \text{」を満たす実数}\}$$

とするとき，$A \cap B$ が空集合となる a の値の範囲は

$$\frac{ク}{ケ} \leqq a \leqq \boxed{コ}$$

である。　　　　　　　　　　　　　　　　　　　　　（追試）

ポイント

(1)は　**パターン⑭**　。集合の包含関係を利用します。　　　等号は入ります

(2)　不等式の解は $\frac{2}{a}$ と $a+1$ の内側です（**パターン㉜**）。ただし，この2数はど

ちらが大きいかがわからないので，まずは，この2数の大小関係を調べます。　　　　a の値によって変わる

例えば，不等式

$$\frac{2}{a} > a+1$$

を解くと，

$$2 > a(a+1) \quad \longleftarrow a>0 \text{ より不等号の向きは変わらない}$$

$$(a-1)(a+2) < 0 \quad \longleftarrow \text{移項して因数分解}$$

$a > 0$ より，

$$0 < a < 1 \longleftarrow$$

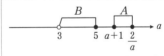

よって，$0 < a < 1$ のとき，不等式の解は

$$a+1 \leqq x \leqq \frac{2}{a}$$

とわかります。他の場合も同様です。

　　集合 A と B の関係について考えるときも同様に場合分けをします。

　　例えば $0 < a < 1$ のとき

$$1 < a+1 < 2$$

なので，集合 A が集合 B より右にくる

ことはありません。したがって，

$A \cap B = \phi$ となる条件は

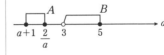

$1 < a+1 < 2$ より，上図は起こりえない。よって，$A \cap B = \phi$ となるためには下図のようになればよい。

$$\frac{2}{a} \leqq 3 \quad \longleftarrow \text{等号がつくことに} \\ \text{注意してください}$$

となります。

解答

(1) ア～ウ

「p かつ q」, 「$\overline{p}$ かつ q」, 「p または $\overline{q}$」, r を数直線上に図示すると, 下のようになる。

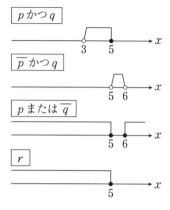

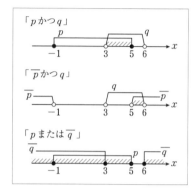

これより,

$$\boxed{\text{ア}} = ①, \quad \boxed{\text{イ}} = ③, \quad \boxed{\text{ウ}} = ⓪ \quad \longleftarrow (\text{パターン}⑭)$$

(2) エ～コ

$$(ax-2)(x-a-1) \leqq 0 \quad \cdots ①$$

を満たす実数 x 全体の集合 A は

(i) $0 < a < 1$ のとき ← $\dfrac{2}{a} > a+1$ を解いた (**ポイント** 参照)

$$A = \left\{ x \,\middle|\, a+1 \leqq x \leqq \frac{2}{a} \right\} \quad \left(\boxed{\text{オ}} = ①, \boxed{\text{カ}} = ③ \right)$$

(ii) $a = 1$ のとき ← $\dfrac{2}{a} = a+1$ を解いた

$$A = \{2\} \quad \longleftarrow a=1 \text{ のとき, } ① \text{ は } (x-2)^2 \leqq 0 \text{ となる} \quad (\text{パターン}㉜)$$

(iii) $a > 1$ のとき ← $\dfrac{2}{a} < a+1$ を解いた

$$A = \left\{ x \,\middle|\, \frac{2}{a} \leqq x \leqq a+1 \right\}$$

チャレンジ編

数と式

2次関数

データの分析

場合の数・確率

図形と計量

図形の性質

集合 B は

$$B = \{x \mid 3 < x \leqq 5\}$$ ← (1)で計算している

である。

これより，$A \cap B = \phi$ となるのは，

(i) $0 < a < 1$ のとき

$\dfrac{2}{a} \leqq 3$ であればよいので $a \geqq \dfrac{2}{3}$

$\therefore \quad \dfrac{2}{3} \leqq a < 1$

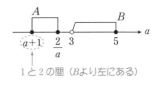

1と2の間（Bより左にある）

(ii) $a = 1$ のとき

この場合は明らかに $A \cap B = \phi$

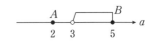

(iii) $a > 1$ のとき

$a + 1 \leqq 3$ であればよいので $a \leqq 2$

$\therefore \quad 1 < a \leqq 2$

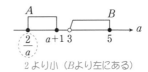

2より小（Bより左にある）

以上，(i)〜(iii)より，求める答は

$$\dfrac{2}{3} \leqq a \leqq 2$$

コメント

数学Ⅱの領域を利用して，右のようなグラフをイメージすると，答は一瞬でわかります（よく考えてみてください）。

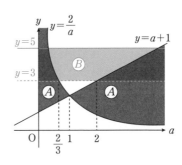

　花子さんと太郎さんのクラス
では，文化祭でたこ焼き店を出

1皿あたりの価格（円）	200	250	300
売り上げ数（皿）	200	150	100

店することになった。二人は1皿あたりの価格をいくらにするかを検
討している。右の表は，過去の文化祭でのたこ焼き店の売り上げデー
タから，1皿あたりの価格と売り上げ数の関係をまとめたものである。

(1)　まず，二人は，上の表から，1皿あたりの価格が50円上がると
　　売り上げ数が50皿減ると考えて，売り上げ数が1皿あたりの価格
　　の1次関数で表されると仮定した。このとき，1皿あたりの価格を
　　x 円とおくと，売り上げ数は

　　　$\boxed{アイウ} - x$　…①

　　と表される。

(2)　次に，二人は，利益の求め方について考えた。

> 花子：利益は，売り上げ金額から必要な経費を引けば求められ
> 　　　るよ。
> 太郎：売り上げ金額は，1皿あたりの価格と売り上げ数の積で
> 　　　求まるね。
> 花子：必要な経費は，たこ焼き用器具の賃貸料と材料費の合計
> 　　　だね。材料費は，売り上げ数と1皿あたりの材料費の積
> 　　　になるね。

二人は，次の三つの条件のもとで，1皿あたりの価格 x を用いて利
益を表すことにした。

(条件1)　1皿あたりの価格が x 円のときの売り上げ数として①を
　　　　用いる。
(条件2)　材料は，①により得られる売り上げ数に必要な分量だけ
　　　　仕入れる。
(条件3)　1皿あたりの材料費は160円である。たこ焼き用器具の
　　　　賃貸料は6000円である。材料費とたこ焼き用器具の賃
　　　　貸料以外の経費はない。

利益を y 円とおく。y を x の式で表すと

$$y = -x^2 + \boxed{\text{エオカ}}\, x - \boxed{\text{キ}} \times 10000 \quad \cdots ②$$

である。

(3) 太郎さんは利益を最大にしたいと考えた。②を用いて考えると，利益が最大になるのは 1 皿あたりの価格が $\boxed{\text{クケコ}}$ 円のときであり，そのときの利益は $\boxed{\text{サシスセ}}$ 円である。

(4) 花子さんは，利益を 7500 円以上となるようにしつつ，できるだけ安い価格で提供したいと考えた。②を用いて考えると，利益が 7500 円以上となる 1 皿あたりの価格のうち，最も安い価格は $\boxed{\text{ソタチ}}$ 円となる。 (追試)

ポイント

(2) 売り上げ数を z とおきます。このとき太郎さんと花子さんの会話文と（条件 1）～（条件 3）から次が読み取れます。

$$(利益) = (売り上げ金額) - (必要な経費)$$
$$(売り上げ金額) = (1 皿あたりの価格) \times (売り上げ数)$$
$$= xz$$
$$(必要な経費) = (器具の賃貸料) + (材料費)$$
$$= 6000 + 160z$$

解答

(1) $\boxed{\text{ア～ウ}}$

売り上げ数を z とおき，z が x の 1 次関数と仮定する。このとき，

$$(傾き) = \frac{150 - 200}{250 - 200} = -1 \quad \longleftarrow \frac{(z\text{の変化量})}{(x\text{の変化量})}$$

であるから，

$$z = -(x - 200) + 200 \quad \longleftarrow y = m(x-a) + b \,(数学Ⅱ・B・C の\ \text{パターン}\ ⑰)$$
$$= 400 - x$$

チャレンジ編

数 と 式

2 次 関 数

デ ー タ の 分 析

場 合 の 数 ・ 確 率

図 形 と 計 量

図 形 の 性 質

(2) エ〜キ

売り上げ金額を w_1 とすると

$$w_1 = xz = x(400-x) \quad \longleftarrow (\text{売り上げ金額}) = (1\text{皿あたりの価格}) \times (\text{売り上げ数})$$

一方，必要な経費を w_2 とすると

$$w_2 = 6000 + 160z \quad \longleftarrow \text{たこ焼き用器具の賃貸料は } 6000 \text{ 円．材料費は } 160z$$

$$= 6000 + 160(400-x)$$

$$= -160x + 70000$$

よって，利益 y は

$$y = w_1 - w_2 \quad \longleftarrow y = (\text{売り上げ金額}) - (\text{必要な経費})$$

$$= x(400-x) - (-160x + 70000)$$

$$= -x^2 + 560x - 7 \times 10000 \quad \cdots ②$$

(3) ク〜セ

②を平方完成すると

$$y = -(x-280)^2 + 8400$$

より，利益 y は1皿あたりの価格 x が 280 円のとき，最大値 8400 円である。

(4) ソ〜チ

利益が 7500 円以上となるとき，

$$-x^2 + 560x - 70000 \geqq 7500 \quad \longleftarrow ②より$$

$$x^2 - 560x + 77500 \leqq 0$$

$$(x-250)(x-310) \leqq 0$$

$$\therefore \quad 250 \leqq x \leqq 310$$

したがって，利益が 7500 円以上となる1皿あたりの価格 x のうち，最も安い価格は 250 円である。

チャレンジ編

数と式

2次関数

データの分析

場合の数・確率

図形と計量

図形の性質

チャレンジ 7 　易 6分

y は x の2次関数で，x^2 の係数は1とする。その2次関数のグラフを G とする。

(1) G が2点 $(2, 0)$，$(0, 3)$ を通るとき，G の方程式は

$$y = x^2 - \frac{\boxed{ア}}{\boxed{イ}}x + \boxed{ウ}$$

である。

(2) a を実数とする。G が2点 $(2, 0)$，$(0, a)$ を通るとき，G の頂点を (p, q) とすると

$$p = \frac{a + \boxed{エ}}{\boxed{オ}}, \quad q = -\frac{(a - \boxed{カ})^2}{\boxed{キク}}$$

である。また，

$$1 \leq p \leq 2 \quad かつ \quad -\frac{9}{4} \leq q \leq -\frac{1}{4}$$

であるとき，a のとり得る値の範囲は

$$\boxed{ケ} \leq a \leq \boxed{コ}$$

である。　　　　　　　　　　　　　　　　　　　　　　　（追試）

ポイント

2次関数の決定問題です（**パターン 28**）。x^2 の係数と定数項が与えられているので（つまり，$y = ax^2 + bx + c$ において，a と c の値がわかっている），x の係数 b を決定します。

$\boxed{ケ}$，$\boxed{コ}$ は2次不等式の問題です。$(a - \boxed{カ})^2$ を展開しないで解けるようにしてください。

解答

(1) $\boxed{ア}$〜$\boxed{ウ}$

x^2 の係数は1で，$(0, 3)$ を通るので y 切片は3（$\boxed{ウ} = 3$）

求める2次関数は，$y = x^2 + bx + 3$ とおける。$(2, 0)$ を通るので，

$$0 = 4 + 2b + 3 \quad \longleftarrow (2, 0) を代入$$

$$\therefore \quad b = -\frac{7}{2} \quad \left(\frac{\boxed{ア}}{\boxed{イ}} = \frac{7}{2}\right)$$

(2) ┃ **エ〜コ** ┃ x^2 の係数は1で，y 切片は a

　(1)と同様に，求める2次関数は $y = x^2 + cx + a$ とおけ，$(2, 0)$ を通るので

$$0 = 4 + 2c + a \quad \longleftarrow (2, 0) \text{を代入}$$

$$\therefore \quad c = \frac{-a-4}{2} \quad \longleftarrow c \text{について解いた}$$

これより，

平方完成

$$y = x^2 - \frac{a+4}{2}x + a$$

$$= \left(x - \frac{a+4}{4}\right)^2 - \frac{(a+4)^2}{16} + a$$

$$= \left(x - \frac{a+4}{4}\right)^2 - \frac{(a-4)^2}{16} \quad \text{計算部分}$$

$$\therefore \quad p = \frac{a+4}{4}, \quad q = -\frac{(a-4)^2}{16}$$

計算部分：
$$-\frac{(a+4)^2}{16} + a$$
$$= \frac{-(a^2 + 8a + 16)}{16} + a$$
$$= \frac{-(a^2 - 8a + 16)}{16} = -\frac{(a-4)^2}{16}$$

また，$1 \leqq p \leqq 2$ かつ $-\dfrac{9}{4} \leqq q \leqq -\dfrac{1}{4}$ であるとき，

$$\begin{cases} 1 \leqq \dfrac{a+4}{4} \leqq 2 & \cdots① \\[2mm] \text{かつ} \\[2mm] -\dfrac{9}{4} \leqq -\dfrac{(a-4)^2}{16} \leqq -\dfrac{1}{4} & \cdots② \end{cases}$$

①より，

$$0 \leqq a \leqq 4$$

①より
$4 \leqq a+4 \leqq 8$
$\therefore \quad 0 \leqq a \leqq 4$

②より，

$$6 \leqq a \leqq 10, \quad -2 \leqq a \leqq 2$$

②より
$36 \geqq (a-4)^2 \geqq 4$
$2 \leqq a-4 \leqq 6, \quad -6 \leqq a-4 \leqq -2$
$\therefore \quad 6 \leqq a \leqq 10, \quad -2 \leqq a \leqq 2$

以上より，求める a の値の範囲は

$$0 \leqq a \leqq 2$$

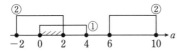

チャレンジ編

数と式

2次関数

データの分析

場合の数・確率

図形と計量

図形の性質

チャレンジ8

易　8分

p を実数とし，$f(x) = (x-2)(x-8) + p$ とする。

(1) 2次関数 $y = f(x)$ のグラフの頂点の座標は
$$(\boxed{\text{ア}}, \boxed{\text{イウ}} + p)$$
である。

(2) 2次関数 $y = f(x)$ のグラフと x 軸との位置関係は，p の値によって次のように三つの場合に分けられる。

$p > \boxed{\text{エ}}$ のとき，2次関数 $y = f(x)$ のグラフは x 軸と共有点をもたない。

$p = \boxed{\text{エ}}$ のとき，2次関数 $y = f(x)$ のグラフは x 軸と点 $(\boxed{\text{オ}}, 0)$ で接する。

$p < \boxed{\text{エ}}$ のとき，2次関数 $y = f(x)$ のグラフは x 軸と異なる2点で交わる。

(3) 2次関数 $y = f(x)$ のグラフを x 軸方向に -3，y 軸方向に 5 だけ平行移動した放物線をグラフとする2次関数を $y = g(x)$ とすると
$$g(x) = x^2 - \boxed{\text{カ}}\, x + p$$
となる。

関数 $y = |f(x) - g(x)|$ のグラフを考えることにより，関数 $y = |f(x) - g(x)|$ は $x = \dfrac{\boxed{\text{キ}}}{\boxed{\text{ク}}}$ で最小値をとることがわかる。

(本試)

ポイント

── 判別式より簡単

(2) (1)で頂点の座標を求めているので，頂点の y 座標を利用します。

(3) 頂点の座標を利用して パターン⑳ で処理します。

(1) **ア～ウ**

$$f(x) = (x-2)(x-8) + p$$
$$= x^2 - 10x + 16 + p$$
$$= (x-5)^2 - 9 + p$$

より，$y = f(x)$ の頂点の座標は，$(5, -9+p)$

$p = 9$ のときの頂点は
$(5, 0)$

(2) **エ，オ**

$$-9 + p = 0 \quad \longleftarrow \text{(頂点の } y \text{ 座標)} = 0$$

のとき（つまり，$p = 9$）のとき，$y = f(x)$ のグラフは x 軸と $(5, 0)$ で接する。

(3) **カ**

$y = f(x)$ のグラフを x 軸方向に -3，y 軸方向に 5 だけ平行移動した放物線を $y = g(x)$ とすると

$$g(x) = (x-2)^2 - 4 + p$$
$$= x^2 - 4x + p$$

〈頂点〉
$(5, -9+p)$
↓ 平行移動すると
$(5-3, -9+p+5)$

別解 **カ**

平行移動の公式（**パターン⑰**）より，

$$y - 5 = (x+3)^2 - 10(x+3) + 16 + p$$
$$y - 5 = (x^2 + 6x + 9) - (10x + 30) + 16 + p$$
$$\therefore \quad y = x^2 - 4x + p$$

キ，ク

これより，

$$y = |f(x) - g(x)|$$
$$= |(x^2 - 10x + 16 + p) - (x^2 - 4x + p)|$$
$$= |-6x + 16|$$
$$= |6x - 16|$$

のグラフは，右図のようになるので，

$y = |f(x) - g(x)|$ は，$x = \dfrac{8}{3}$ で最小値をとる。

チャレンジ編

数と式

2次関数

データの分析

場合の数・確率

図形と計量

図形の性質

チャレンジ9　標準 14分

a, b, c を定数とし，$a \neq 0$，$b \neq 0$ とする。x の2次関数

$$y = ax^2 + bx + c \quad \cdots ①$$

のグラフを G とする。

G が $y = -3x^2 + 12bx$ のグラフと同じ軸をもつとき

$$a = \frac{\boxed{アイ}}{\boxed{ウ}} \quad \cdots ②$$

となる。さらに，G が点 $(1, 2b-1)$ を通るとき

$$c = b - \frac{\boxed{エ}}{\boxed{オ}} \quad \cdots ③$$

が成り立つ。

以下，②，③のとき，2次関数①とそのグラフ G を考える。

(1) G と x 軸が異なる2点で交わるような b の値の範囲は

$$b < \frac{\boxed{カキ}}{\boxed{ク}}, \quad \frac{\boxed{ケ}}{\boxed{コ}} < b$$

である。さらに，G と x 軸の正の部分が異なる2点で交わるような b の値の範囲は

$$\frac{\boxed{サ}}{\boxed{シ}} < b < \frac{\boxed{ス}}{\boxed{セ}}$$ である。

(2) $b > 0$ とする。

$0 \leqq x \leqq b$ における2次関数①の最小値が $-\frac{1}{4}$ であるとき，$b = \frac{\boxed{ソ}}{\boxed{タ}}$ である。一方，$x \geqq b$ における2次関数①の最大値が3であるとき，$b = \frac{\boxed{チ}}{\boxed{ツ}}$ である。

$b = \frac{\boxed{ソ}}{\boxed{タ}}$，$b = \frac{\boxed{チ}}{\boxed{ツ}}$ のときの①のグラフをそれぞれ G_1，G_2 とする。G_1 を x 軸方向に $\boxed{テ}$，y 軸方向に $\boxed{ト}$ だけ平行移動すれば，G_2 と一致する。　　(本試)

ポイント

(1)は解の配置の問題なので，パターン35，パターン36です。(2)の $\boxed{ソ～ツ}$ は最大，最小なのでグラフをかいて判断!!（パターン21，パターン22）。

$\boxed{テ, ト}$ は頂点の座標に注目します（パターン20）。

ア～オ $\qquad y = -3x^2 + 12bx = -3(x-2b)^2 + 12b^2$

これが G と同じ軸をもつとき, $\qquad$ G の軸は $-\dfrac{b}{2a}$ （ **パターン 26** ）

$$-\frac{b}{2a} = 2b$$

$b \neq 0$ より, 両辺を b で割ると,
$$-\frac{1}{2a} = 2$$
$$\therefore \quad a = -\frac{1}{4}$$

$$\therefore \quad a = \frac{-1}{4} \quad \cdots ②$$ ← 計算部分

さらに, G が点 $(1, 2b-1)$ を通るとき,

$$2b-1 = -\frac{1}{4} \cdot 1^2 + b \cdot 1 + c$$

$a = -\dfrac{1}{4}$ より
$$G : y = -\frac{1}{4}x^2 + bx + c$$
これに $(1, 2b-1)$ を代入した

$$\therefore \quad c = b - \frac{3}{4} \quad \cdots ③$$

②, ③のとき,

$$G : y = -\frac{1}{4}x^2 + bx + b - \frac{3}{4}$$

(1) **カ～コ**

判別式を D とするとき, $D > 0$ となればよい。よって,

$$\frac{D}{4} = (-2b)^2 - (-4b+3) > 0$$

ポイント

$-\dfrac{1}{4}x^2 + bx + b - \dfrac{3}{4} = 0$
を
$x^2 - 4bx - 4b + 3 = 0$
と変形してから計算した
ほうがカンタン !!

$$4b^2 + 4b - 3 > 0$$

$$(2b-1)(2b+3) > 0$$

$$\therefore \quad b < \frac{-3}{2}, \quad \frac{1}{2} < b$$

サ～セ

$f(x) = x^2 - 4bx - 4b + 3$ とおく。

条件は ← **パターン 36**

$$\begin{cases} ⑦ \quad D > 0 \quad ←カ～コ \\ ④ \quad (軸) > 0 \quad \Leftrightarrow \quad 2b > 0 \\ ⑦ \quad f(0) > 0 \quad \Leftrightarrow \quad -4b + 3 > 0 \end{cases}$$

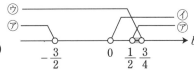

よって,

$$\frac{1}{2} < b < \frac{3}{4}$$

チャレンジ編

数と式

2次関数

データの分析

場合の数・確率

図形と計量

図形の性質

コメント パターン㉟を利用して，求めることもできます。

別解 サ～セ

$y = f(x)$ と x 軸との共有点の x 座標を α，β とおくと，条件は

$$\begin{cases} \text{⑦} & D > 0 \\ \text{④} & \alpha + \beta > 0 \Leftrightarrow 4b > 0 \\ \text{⑨} & \alpha\beta > 0 \Leftrightarrow -4b + 3 > 0 \end{cases}$$

> α，β は2次方程式
> $x^2 - 4bx - 4b + 3 = 0$ の解なので，
> 解と係数の関係より
> $\alpha + \beta = 4b$，$\alpha\beta = -4b + 3$

これより，← 本解と同じ条件になっているので
敗直線は前ページと同じ

$$\frac{1}{2} < b < \frac{3}{4}$$

(2) 平方完成すると，

$$y = -\frac{1}{4}x^2 + bx + b - \frac{3}{4}$$
$$= -\frac{1}{4}(x - 2b)^2 + b^2 + b - \frac{3}{4}$$

← これを $g(x)$ とおく

ソ，タ

$x = 0$ で最小であるから，条件は

$$b - \frac{3}{4} = -\frac{1}{4}$$

$g(0)$ ∴ $b = \frac{1}{2}$

チ，ツ

頂点で最大であるから，条件は

$$b^2 + b - \frac{3}{4} = 3$$ ← 頂点の y 座標が 3
$$4b^2 + 4b - 15 = 0$$
$$(2b - 3)(2b + 5) = 0$$
$$\therefore b = \frac{3}{2}$$ ← $b > 0$ より $b = -\frac{5}{2}$ は不適

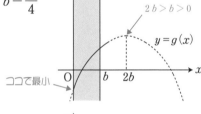

テ，ト

G_1 の頂点の座標は $(1, 0)$ ← $b = \frac{1}{2}$ を代入

G_2 の頂点の座標は $(3, 3)$ ← $b = \frac{3}{2}$ を代入

> G の頂点の座標は
> $\left(2b, b^2 + b - \frac{3}{4}\right)$

よって，G_1 を x 軸方向に 2，y 軸方向に 3 だけ平行移動すれば G_2 と一致する。← 例題⑳ (2) と同じ解き方

a を定数とし，x の2次関数
$$y = 2x^2 - 4(a+1)x + 10a + 1 \quad \cdots ①$$
のグラフを G とする。

グラフ G の頂点の座標を a を用いて表すと
$$\left(a + \boxed{\text{ア}},\ \boxed{\text{イウ}}\ a^2 + \boxed{\text{エ}}\ a - \boxed{\text{オ}} \right)$$
である。

(1) グラフ G が x 軸と接するのは
$$a = \frac{\boxed{\text{カ}} \pm \sqrt{\boxed{\text{キ}}}}{\boxed{\text{ク}}}$$
のときである。

(2) 2次関数①の $-1 \leqq x \leqq 3$ における最小値を m とする。
$$m = \boxed{\text{イウ}}\ a^2 + \boxed{\text{エ}}\ a - \boxed{\text{オ}}$$
となるのは
$$\boxed{\text{ケコ}} \leqq a \leqq \boxed{\text{サ}}$$
のときである。また
$$a < \boxed{\text{ケコ}} \text{ のとき} \quad m = \boxed{\text{シス}}\ a + \boxed{\text{セ}}$$
$$\boxed{\text{サ}} < a \text{ のとき} \quad m = \boxed{\text{ソタ}}\ a + \boxed{\text{チ}}$$
である。

したがって，$m = \dfrac{7}{9}$ となるのは
$$a = \frac{\boxed{\text{ツ}}}{\boxed{\text{テ}}},\ \frac{\boxed{\text{トナ}}}{\boxed{\text{ニ}}}$$
のときである。

(本試)

ポイント

$\boxed{\text{ア}\sim\text{オ}}$ で頂点の座標が求まっているので，(1)は

（頂点の y 座標）= 0 ⬅ （判別式）= 0 よりも速い!!

で求めます。

(2)は，**例題21** と同じです。場合分けして最小値を求めて，a の方程式を作ります。

解答

ア～オ

$$y = 2x^2 - 4(a+1)x + 10a + 1 \quad \longleftarrow f(x) とおく$$
$$= 2\{x^2 - 2(a+1)x\} + 10a + 1$$
$$= 2\{x - (a+1)\}^2 - 2(a+1)^2 + 10a + 1 \quad \left.\begin{array}{l}\\\\\end{array}\right\} \begin{array}{l}\text{平方完成}\\\boxed{パターン\,⑲}\end{array}$$
$$= 2\{x - (a+1)\}^2 - 2a^2 + 6a - 1$$

より，G の頂点の座標は，$(a+1, \ -2a^2 + 6a - 1)$

(1) **カ～ク**

（頂点の y 座標）$= 0$　$\longleftarrow$　$D = 0$ でもOK

となればよい。よって，
$$-2a^2 + 6a - 1 = 0$$
$$\therefore \quad a = \frac{3 \pm \sqrt{7}}{2} \quad \longleftarrow \begin{array}{l}2a^2 - 6a + 1 = 0 \text{と変形}\\\text{して解の公式}\end{array}$$

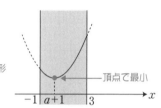
頂点で最小

(2) **ケ～チ**

$$m = -2a^2 + 6a - 1$$
となるのは，

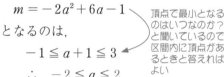
頂点で最小となるのはいつなのか？と聞いているので，区間内に頂点があるときと答えればよい

$$-1 \leqq a + 1 \leqq 3$$
$$\therefore \quad -2 \leqq a \leqq 2$$

のときである。また，

$a < -2$ のとき，$\longleftarrow \begin{array}{l}a+1 < -1\\\text{を解いた}\end{array}$
$$m = f(-1) = 14a + 7$$

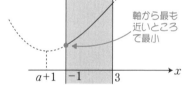
軸から最も近いところで最小

$a > 2$ のとき，$\longleftarrow \begin{array}{l}a+1 > 3\\\text{を解いた}\end{array}$
$$m = f(3) = -2a + 7$$

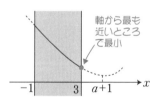
軸から最も近いところで最小

◇**ここで検算!!**（p.57 参照）

- $a = 2$ のとき $\left\{\begin{array}{l} m = -2a^2 + 6a - 1 = -2\cdot2^2 + 6\cdot2 - 1 = 3 \\ m = -2a + 7 = -2\cdot2 + 7 = 3 \end{array}\right.$ ── 同じ値

- $a = -2$ のとき $\left\{\begin{array}{l} m = -2a^2 + 6a - 1 = -2\cdot(-2)^2 + 6\cdot(-2) - 1 = -21 \\ m = 14a + 7 = 14\cdot(-2) + 7 = -21 \end{array}\right.$ ── 同じ値

チャレンジ編

数と式

2次関数

データの分析

場合の数・確率

図形と計量

図形の性質

(i) $-2 \leqq a \leqq 2$ のとき,

条件は,

$$-2a^2 + 6a - 1 = \frac{7}{9}$$ ← これが（最小値）$= \frac{7}{9}$ という方程式

$$-18a^2 + 54a - 9 = 7$$ ← 両辺9倍

$$-18a^2 + 54a - 16 = 0$$

$$9a^2 - 27a + 8 = 0$$

$$(3a - 1)(3a - 8) = 0$$ ←

$$\begin{array}{c} 3 \\ 3 \end{array} \times \begin{array}{c} -1 \longrightarrow -3 \\ -8 \longrightarrow -24 \\ \hline -27 \end{array}$$

タスキガケ（ パターン ❷ ）

$$\therefore \quad a = \frac{1}{3}, \ \frac{8}{3}$$

$-2 \leqq a \leqq 2$ より, $a = \frac{1}{3}$ のみ適。 ← $a = \frac{8}{3}$ は不適

(ii) $a < -2$ のとき,

条件は,

$$14a + 7 = \frac{7}{9}$$ ← これが（最小値）$= \frac{7}{9}$ という方程式

$$2a + 1 = \frac{1}{9}$$ ← 両辺を7で割る

$$2a = -\frac{8}{9}$$

$$\therefore \quad a = -\frac{4}{9} \quad （これは a < -2 に不適）$$

(iii) $a > 2$ のとき,

条件は,

$$-2a + 7 = \frac{7}{9}$$ ← これが（最小値）$= \frac{7}{9}$ という方程式

$$-2a = \frac{-56}{9}$$

$$\therefore \quad a = \frac{28}{9} \quad （これは a > 2 に適）$$

以上より, $a = \frac{1}{3}, \ \frac{28}{9}$

チャレンジ編

数と式

2次関数

データの分析

場合の数・確率

図形と計量

図形の性質

チャレンジ 11

p, q を実数とする。

花子さんと太郎さんは，次の二つの2次方程式について考えている。

$$x^2 + px + q = 0 \quad \cdots ①$$
$$x^2 + qx + p = 0 \quad \cdots ②$$

①または②を満たす実数 x の個数を n とおく。

(1) $p = 4$, $q = -4$ のとき，$n = \boxed{ア}$ である。
また，$p = 1$, $q = -2$ のとき，$n = \boxed{イ}$ である。

(2) $p = -6$ のとき，$n = 3$ になる場合を考える。

> 花子：例えば，①と②をともに満たす実数 x があるときは $n = 3$ になりそうだね。
>
> 太郎：それを α としたら，$\alpha^2 - 6\alpha + q = 0$ と $\alpha^2 + q\alpha - 6 = 0$ が成り立つよ。
>
> 花子：なるほど。それならば，α^2 を消去すれば，α の値が求められそうだね。
>
> 太郎：確かに α の値が求まるけど，実際に $n = 3$ となっているかどうかの確認が必要だね。
>
> 花子：これ以外にも $n = 3$ となる場合がありそうだね。

$n = 3$ となる q の値は

$$q = \boxed{ウ}, \ \boxed{エ}$$

である。ただし，$\boxed{ウ} < \boxed{エ}$ とする。

(3) 花子さんと太郎さんは，グラフ表示ソフトを用いて，①，②の左辺を y とおいた2次関数 $y = x^2 + px + q$ と $y = x^2 + qx + p$ のグラフの動きを考えている。

$p = -6$ に固定したまま，q の値だけを変化させる。

$$y = x^2 - 6x + q \quad \cdots ③$$
$$y = x^2 + qx - 6 \quad \cdots ④$$

この二つのグラフについて，$q = 1$ のときのグラフを点線で，q の値を1から増加させたときのグラフを実線でそれぞれ表す。このとき，③のグラフの移動の様子を示すと $\boxed{\text{オ}}$ となり，④のグラフの移動の様子を示すと $\boxed{\text{カ}}$ となる。

　$\boxed{\text{オ}}$，$\boxed{\text{カ}}$ については，最も適当なものを，次の⓪～⑦のうちから一つずつ選べ。ただし，同じものを繰り返し選んでもよい。なお，x 軸と y 軸は省略しているが，x 軸は右方向，y 軸は上方向がそれぞれ正の方向である。

(4)　$\boxed{\text{ウ}} < q < \boxed{\text{エ}}$ とする。全体集合 U を実数全体の集合とし，U の部分集合 A，B を
$$A = \{x \mid x^2 - 6x + q < 0\}$$
$$B = \{x \mid x^2 + qx - 6 < 0\}$$
とする。U の部分集合 X に対し，X の補集合を $\overline{X}$ と表す。このとき，次のことが成り立つ。

・$x \in A$ は，$x \in B$ であるための $\boxed{\text{キ}}$。

・$x \in B$ は，$x \in \overline{A}$ であるための $\boxed{\text{ク}}$。

　$\boxed{\text{キ}}$，$\boxed{\text{ク}}$ の解答群（同じものを繰り返し選んでもよい。）

⓪　必要条件であるが，十分条件ではない

①　十分条件であるが，必要条件ではない

②　必要十分条件である

③　必要条件でも十分条件でもない

（本試）

248

チャレンジ編

数と式

2次関数

データの分析

場合の数・確率

図形と計量

図形の性質

ポイント

(2) $n = 3$ となるのは，次の(ア)または(イ)の場合です。

〈反例〉
$$\begin{cases} (x-2)(x-3) = 0 & \cdots① \\ (x-2)(x-3) = 0 & \cdots② \end{cases}$$

(ア) ①，②が共通解をもつ ◀── 共通解をもっても，$n \neq 3$ の場合があります

例 $$\begin{cases} (x-2)(x-3) = 0 & \cdots① \\ (x-2)(x-5) = 0 & \cdots② \end{cases}$$

〈反例〉
$$\begin{cases} (x-4)^2 = 0 & \cdots① \\ (x-4)(x-5) = 0 & \cdots② \end{cases}$$

(イ) ①，②のいずれかが重解をもつ ◀── 重解をもっても，$n \neq 3$ の場合があります

例 $$\begin{cases} (x-4)^2 = 0 & \cdots① \\ (x-1)(x-6) = 0 & \cdots② \end{cases}$$

(ア)または(イ)が起こることは必要条件なので，十分性を確認します（会話文にも指示があります）。

解答

(1) **ア，イ**

$p = 4$, $q = -4$ のとき

$$\begin{cases} x^2 + 4x - 4 = 0 & \cdots① \\ x^2 - 4x + 4 = 0 & \cdots② \end{cases}$$

◀── $x = -2 \pm 2\sqrt{2}$

◀── $x = 2$（重解）

より，$n = 3$

また，$p = 1$, $q = -2$ のとき

$$\begin{cases} x^2 + x - 2 = 0 & \cdots① \\ x^2 - 2x + 1 = 0 & \cdots② \end{cases}$$

◀── $x = 1,\ -2$

◀── $x = 1$（重解）

より，$n = 2$ ◀── ①，②で $x = 1$ が重複している

(2) **ウ，エ**

$p = -6$ のとき，二つの2次方程式は，

$$\begin{cases} x^2 - 6x + q = 0 & \cdots① \\ x^2 + qx - 6 = 0 & \cdots② \end{cases}$$

①，②をともに満たす実数（共通解）α があったとすると，

$$\begin{cases} \alpha^2 - 6\alpha + q = 0 & \cdots①' \\ \alpha^2 + q\alpha - 6 = 0 & \cdots②' \end{cases}$$

◀── α は①，②の両方を満たす

①$'$ − ②$'$ より，

$$-(6+q)\alpha + q + 6 = 0$$

$$(q+6)(1-\alpha) = 0$$

$$\therefore \quad q = -6, \quad \alpha = 1$$

$q = -6$ のときは，①，②が同じ方程式 $x^2 - 6x - 6 = 0$ となり，

$n = 2$ だから不適。 ←──十分性を満たさない

$\alpha = 1$ のときは，①′ より，$q = 5$

このとき，①，②は

$$\begin{cases} x^2 - 6x + 5 = 0 & \leftarrow x = 1,\ 5 \\ x^2 + 5x - 6 = 0 & \leftarrow x = 1,\ -6 \end{cases}$$

となり，確かに，$n = 3$ である。 ←──十分性を満たす

また，①が重解をもつとき

$$\frac{D}{4} = 9 - q = 0$$

$$\therefore \quad q = 9$$

このとき，①，②は

$$\begin{cases} x^2 - 6x + 9 = 0 & \leftarrow x = 3 \\ x^2 + 9x - 6 = 0 & \leftarrow x = \dfrac{-9 \pm \sqrt{105}}{2} \end{cases}$$

となり，確かに，$n = 3$ である。 ←──十分性を満たす

②は重解をもつことはないので，$n = 3$ となる q の値は

$$q = 5,\ 9$$

(②の判別式) $= q^2 + 24 > 0$ より

(3) **オ, カ**

$p = -6$ のとき,

$$\begin{cases} y = x^2 - 6x + q = (x-3)^2 + q - 9 & \cdots ③ \\ y = x^2 + qx - 6 = \left(x + \dfrac{q}{2}\right)^2 - \dfrac{q^2}{4} - 6 & \cdots ④ \end{cases}$$

よって, q の値を 1 から増加させると,

$$\begin{cases} ③の頂点 (3, q-9) は真上に動く & \longleftarrow x \text{ 座標は変わらず, } y \text{ 座標のみ増える} \\ ④の頂点 \left(-\dfrac{q}{2}, -\dfrac{q^2}{4} - 6\right) は左下に動く & \longleftarrow x \text{ 座標も } y \text{ 座標も減少する} \end{cases}$$

したがって, ③のグラフの移動の様子は⑥（ **オ** ）, ④のグラフの移動の様子は①（ **カ** ）

(4) **キ, ク**

$5 < q < 9$ のとき, 下のようなグラフになる。

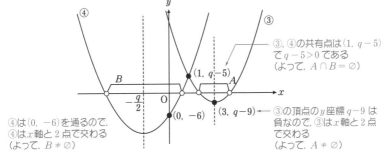

③, ④の共有点は $(1, q-5)$ で $q-5>0$ である（よって, $A \cap B = \varnothing$）

④は $(0, -6)$ を通るので, ④は x 軸と 2 点で交わる（よって, $B \neq \varnothing$）

③の頂点の y 座標 $q-9$ は負なので, ③は x 軸と 2 点で交わる（よって, $A \neq \varnothing$）

これより,

$$A \neq \varnothing, \ B \neq \varnothing, \ A \cap B = \varnothing$$

とわかるので,

$x \in A$ は, $x \in B$ であるための③（ **キ** ）

$x \in B$ は, $x \in \overline{A}$ であるための①（ **ク** ）

より（ **パターン ⑭** ）

より（ **パターン ⑭** ）

チャレンジ編

数と式

2次関数

データの分析

場合の数・確率

図形と計量

図形の性質

変量 x, y の値の組

$$(-1, -1), \ (-1, 1), \ (1, -1), \ (1, 1)$$

をデータ W とする。データ W の x と y の相関係数は 0 である。データ W に，新たに 1 個の値の組を加えたときの相関係数について調べる。なお，必要に応じて，後に示す表1の計算表を用いて考えてもよい。

a を実数とする。データ W に $(5a, 5a)$ を加えたデータを W' とする。W' の x の平均値 $\overline{x}$ は $\boxed{\text{ア}}$，W' の x と y の共分散 s_{xy} は $\boxed{\text{イ}}$ となる。ただし，x と y の共分散とは，x の偏差と y の偏差の積の平均値である。

W' の x と y の標準偏差を，それぞれ s_x, s_y とする。積 $s_x s_y$ は $\boxed{\text{ウ}}$ となる。また相関係数が 0.95 以上となるための必要十分条件は $s_{xy} \geqq 0.95 s_x s_y$ である。これより，相関係数が 0.95 以上となるような a の値の範囲は $\boxed{\text{エ}}$ である。

表1　計算表

x	y	$x - \overline{x}$	$y - \overline{y}$	$(x - \overline{x})(y - \overline{y})$
-1	-1			
-1	1			
1	-1			
1	1			
$5a$	$5a$			

数と式

2次関数

データの分析

場合の数・確率

図形と計量

図形の性質

ア の解答群

⓪ 0　　① $5a$　　② $5a+4$　　③ a　　④ $a+\dfrac{4}{5}$

イ の解答群

⓪ $4a^2$　① $4a^2+\dfrac{4}{5}$　② $4a^2+\dfrac{4}{5}a$　③ $5a^2$　④ $20a^2$

ウ の解答群

⓪ $4a^2+\dfrac{16}{5}a+\dfrac{4}{5}$　　　　① $4a^2+1$

② $4a^2+\dfrac{4}{5}$　　　　③ $2a^2+\dfrac{2}{5}$

エ の解答群

⓪ $-\dfrac{\sqrt{95}}{4}\leqq a\leqq\dfrac{\sqrt{95}}{4}$　　　① $a\leqq-\dfrac{\sqrt{95}}{4}$, $\dfrac{\sqrt{95}}{4}\leqq a$

② $-\dfrac{\sqrt{95}}{5}\leqq a\leqq\dfrac{\sqrt{95}}{5}$　　　③ $a\leqq-\dfrac{\sqrt{95}}{5}$, $\dfrac{\sqrt{95}}{5}\leqq a$

④ $-\dfrac{2\sqrt{19}}{5}\leqq a\leqq\dfrac{2\sqrt{19}}{5}$　　　⑤ $a\leqq-\dfrac{2\sqrt{19}}{5}$, $\dfrac{2\sqrt{19}}{5}\leqq a$

（追試）

ポイント

$\overline{x}$, $\overline{y}$ を計算し，計算表を埋めます。あとは，標準偏差，相関係数の定義
（ パターン39 ， パターン40 ）に従って計算するだけです。

解答

ア

$\overline{x}$ も $\overline{y}$ も同じ計算式になる

$$\overline{x} = \overline{y} = \frac{(-1)+(-1)+1+1+5a}{5} = a \quad (\text{③})$$

イ

表1は次のようになる。

x	y	$x-\overline{x}$	$y-\overline{y}$	$(x-\overline{x})(y-\overline{y})$
-1	-1	$-1-a$	$-1-a$	$(a+1)^2$
-1	1	$-1-a$	$1-a$	a^2-1
1	-1	$1-a$	$-1-a$	a^2-1
1	1	$1-a$	$1-a$	$(a-1)^2$
$5a$	$5a$	$4a$	$4a$	$16a^2$

これより，共分散 s_{xy} は

共分散は偏差の積の平均値

$$s_{xy} = \frac{(a+1)^2+(a^2-1)+(a^2-1)+(a-1)^2+16a^2}{5} = 4a^2 \quad (\text{⓪})$$

ウ

分散は偏差の2乗の平均値

$$s_x^2 = s_y^2 = \frac{(-1-a)^2+(-1-a)^2+(1-a)^2+(1-a)^2+16a^2}{5} = 4a^2+\frac{4}{5}$$

より，s_x^2 も s_y^2 も同じ計算式になる

$$s_x s_y = \sqrt{4a^2+\frac{4}{5}}\sqrt{4a^2+\frac{4}{5}} = 4a^2+\frac{4}{5} \quad (\text{②})$$

エ

相関係数が 0.95 以上となるような a の値の範囲は

$$\frac{s_{xy}}{s_x s_y} \geq 0.95$$

$$s_{xy} \geq 0.95 s_x s_y$$

$$4a^2 \geq \frac{19}{20}\left(4a^2+\frac{4}{5}\right)$$

これを解いて，

$$a \leq -\frac{\sqrt{95}}{5}, \quad a \geq \frac{\sqrt{95}}{5} \quad (\text{③})$$

計算部分

> 分母を払うと，
> $$80a^2 \geq 19\left(4a^2+\frac{4}{5}\right)$$
> $$4a^2 \geq \frac{76}{5}$$
> $$a^2 \geq \frac{19}{5}$$
> $$\therefore \quad a \leq -\sqrt{\frac{19}{5}}, \quad a \geq \sqrt{\frac{19}{5}}$$

チャレンジ編

数と式

2次関数

データの分析

場合の数・確率

図形と計量

図形の性質

チャレンジ13

標準 8分

就業者の従事する産業は，勤務する事業所の主な経済活動の種類によって，第1次産業（農業，林業と漁業），第2次産業（鉱業，建設業と製造業），第3次産業（前記以外の産業）の三つに分類される。国の労働状況の調査（国勢調査）では，47の都道府県別に第1次，第2次，第3次それぞれの産業ごとの就業者数が発表されている。ここでは都道府県別に，就業者数に対する各産業に就業する人数の割合を算出したものを，各産業の「就業者数割合」と呼ぶことにする。

(1) 図1は，1975年度から2010年度まで5年ごとの8個の年度（それぞれを時点という）における都道府県別の三つの産業の就業者数割合を箱ひげ図で表したものである。各時点の箱ひげ図は，それぞれ上から順に第1次産業，第2次産業，第3次産業のものである。

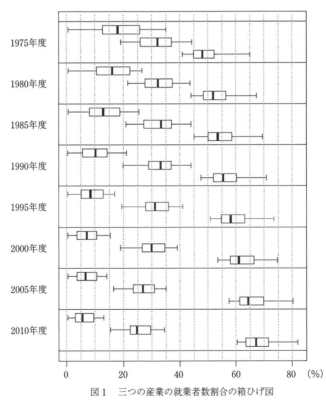

図1　三つの産業の就業者数割合の箱ひげ図

次の⓪～⑤のうち，図1から読み取れることとして**正しくないも
の**は ア と イ である。

ア ， イ **の解答群**（解答の順序は問わない。）

⓪ 第1次産業の就業者数割合の四分位範囲は，2000年度ま
では，後の時点になるにしたがって減少している。

① 第1次産業の就業者数割合について，左側のひげの長さと
右側のひげの長さを比較すると，どの時点においても左側の方
が長い。

② 第2次産業の就業者数割合の中央値は，1990年度以降，
後の時点になるにしたがって減少している。

③ 第2次産業の就業者数割合の第1四分位数は，後の時点に
なるにしたがって減少している。

④ 第3次産業の就業者数割合の第3四分位数は，後の時点に
なるにしたがって増加している。

⑤ 第3次産業の就業者数割合の最小値は，後の時点になるに
したがって増加している。

(2) (1)で取り上げた8時点の中から5時点を取り出して考える。各
時点における都道府県別の，第1次産業と第3次産業の就業者数割
合のヒストグラムを一つのグラフにまとめてかいたものが，次の五
つのグラフである。それぞれの右側の網掛けしたヒストグラムが第
3次産業のものである。なお，ヒストグラムの各階級の区間は，左
側の数値を含み，右側の数値を含まない。

・1985年度におけるグラフは ウ である。

・1995年度におけるグラフは エ である。

ウ ， エ については，最も適当なものを，次ページの⓪～④
のうちから一つずつ選べ。ただし，同じものを繰り返し選んでもよ
い。

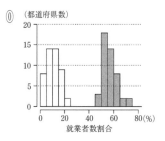

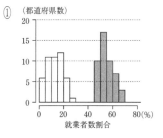

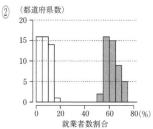

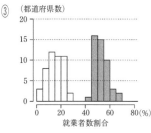

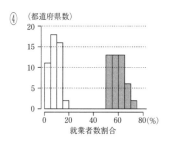

(3) 各都道府県の就業者数の内訳として男女別の就業者数も発表され
ている。そこで，就業者数に対する男性・女性の就業者数の割合を
それぞれ「男性の就業者数割合」，「女性の就業者数割合」と呼ぶこ
とにし，これらを都道府県別に算出した。次ページの図2は，2015
年度における都道府県別の，第1次産業の就業者数割合（横軸）と，
男性の就業者数割合（縦軸）の散布図である。

　各都道府県の，男性の就業者数と女性の就業者数を合計すると就
業者数の全体となることに注意すると，2015年度における都道府
県別の，第1次産業の就業者数割合（横軸）と，女性の就業者数割
合（縦軸）の散布図は　オ　である。

チャレンジ編

数 と 式

2 次 関 数

データの分析

場合の数・確率

図形と計量

図形の性質

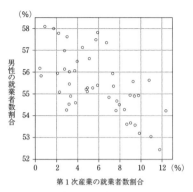

図2 都道府県別の，第1次産業の就業者数割合と，男性の就業者数割合の散布図

オ には，最も適当なものを，下の⓪～③のうちから一つ選べ。

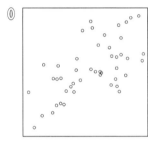

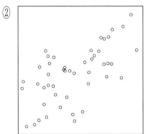

（本試）

ポイント

(3) （男性の就業者数割合）＋（女性の就業者数割合）＝ 100

なので，例えば，男性の就業者数割合のデータが

73，51，89

のとき，女性の就業者数割合のデータは

チャレンジ編

数 と 式

2 次 関 数

データの分析

場 合 の 数 ・ 確 率

図 形 と 計 量

図 形 の 性 質

27, 49, 11 ◀── $100-73$, $100-51$, $100-89$

となります。よって，男性のデータの散布図を横軸に平行な直線 $y = 50$ を軸に対して対称移動したものが女性のデータの散布図になります。

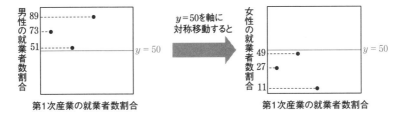

解答

(1) **ア, イ** ①, ③

$\left(\begin{array}{l}①…2000 年度（など）は，右側のひげの方が長いので正しくない \\ ③…1975 年度から 1980 年度（など）は，第 1 四分位数は増加して \\ \quad いるので正しくない\end{array}\right)$

(2) **ウ** 1985 年度は①である。

$\left(\begin{array}{l}箱ひげ図では，1980 年度と 1985 年度の 2 つだけが第 1 次産業の箱 \\ ひげ図の最大値が 25\% ～ 30\% の間にあり，これに当てはまるヒス \\ トグラムは①と③である。あとは，第 3 次産業の箱ひげ図の最小値 \\ から，①が 1985 年度，③が 1980 年度とわかる。\end{array}\right)$

エ 1995 年度は④である。

$\left(\begin{array}{l}箱ひげ図では，1995 年度と 2000 年度の 2 つだけが第 3 次産業の箱 \\ ひげ図の最小値が 50\% ～ 55\% の間にあり，これに当てはまるヒス \\ トグラムは②と④である。あとは，第 3 次産業の箱ひげ図の中央値 \\ から，②が 2000 年度，④が 1995 年度とわかる。\end{array}\right)$

(3) **オ** （男性の就業者数割合）＋（女性の就業者数割合）＝ 100
であるから，図 2 の散布図を横軸に平行な直線 $y = 50$ を軸にして対称移動させればよい。よって，答は②

チャレンジ14

やや易 10分

太郎さんは，総務省が公表している 2020 年の家計調査の結果を用いて，地域による食文化の違いについて考えている。家計調査における調査地点は，都道府県庁所在市および政令指定都市（都道府県庁所在市を除く）であり，合計 52 市である。家計調査の結果の中でも，スーパーマーケットなどで販売されている調理食品の「二人以上の世帯の 1 世帯当たり年間支出金額（以下，支出金額，単位は円）」を分析することにした。以下においては，52 市の調理食品の支出金額をデータとして用いる。

太郎さんは調理食品として，最初にうなぎのかば焼き（以下，かば焼き）に着目し，図 1 のように 52 市におけるかば焼きの支出金額のヒストグラムを作成した。ただし，ヒストグラムの各階級の区間は，左側の数値を含み，右側の数値を含まない。

なお，以下の図や表については，総務省の Web ページをもとに作成している。

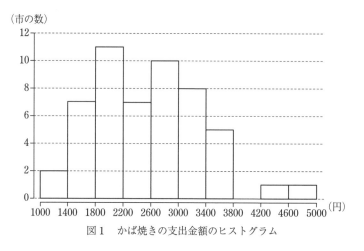

図 1　かば焼きの支出金額のヒストグラム

(1) 図 1 から次のことが読み取れる。

　　・第 1 四分位数が含まれる階級は ア である。

　　・第 3 四分位数が含まれる階級は イ である。

　　・四分位範囲は ウ 。

ア ， イ の解答群 （同じものを繰り返し選んでもよい。）

⓪ 1000 以上 1400 未満 ① 1400 以上 1800 未満
② 1800 以上 2200 未満 ③ 2200 以上 2600 未満
④ 2600 以上 3000 未満 ⑤ 3000 以上 3400 未満
⑥ 3400 以上 3800 未満 ⑦ 3800 以上 4200 未満
⑧ 4200 以上 4600 未満 ⑨ 4600 以上 5000 未満

ウ の解答群

⓪ 800 より小さい
① 800 より大きく 1600 より小さい
② 1600 より大きく 2400 より小さい
③ 2400 より大きく 3200 より小さい
④ 3200 より大きく 4000 より小さい
⑤ 4000 より大きい

(2) 太郎さんは，東西での地域による食文化の違いを調べるために，52 市を東側の地域 E（19 市）と西側の地域 W（33 市）の二つに分けて考えることにした。

(i) 地域 E と地域 W について，かば焼きの支出金額の箱ひげ図を，図 2，図 3 のようにそれぞれ作成した。

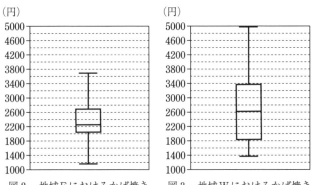

図 2　地域 E におけるかば焼きの支出金額の箱ひげ図

図 3　地域 W におけるかば焼きの支出金額の箱ひげ図

かば焼きの支出金額について，図2と図3から読み取れることとして，次の⓪～③のうち，正しいものは エ である。

 エ の解答群

⓪ 地域Eにおいて，小さい方から5番目は2000以下である。
① 地域Eと地域Wの範囲は等しい。
② 中央値は，地域Eより地域Wの方が大きい。
③ 2600未満の市の割合は，地域Eより地域Wの方が大きい。

(ii) 太郎さんは，地域Eと地域Wのデータの散らばりの度合いを数値でとらえようと思い，それぞれの分散を考えることにした。地域Eにおけるかば焼きの支出金額の分散は，地域Eのそれぞれの市におけるかば焼きの支出金額の偏差の オ である。

 オ の解答群

⓪ 2乗を合計した値　　① 絶対値を合計した値
② 2乗を合計して地域Eの市の数で割った値
③ 絶対値を合計して地域Eの市の数で割った値
④ 2乗を合計して地域Eの市の数で割った値の平方根のうち正のもの
⑤ 絶対値を合計して地域Eの市の数で割った値の平方根のうち正のもの

(3) 太郎さんは，(2)で考えた地域Eにおける，やきとりの支出金額についても調べることにした。

ここでは地域Eにおいて，やきとりの支出金額が増加すれば，かば焼きの支出金額も増加する傾向があるのではないかと考え，まず図4のように，地域Eにおける，やきとりとかば

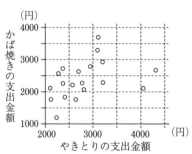

図4　地域Eにおける，やきとりとかば焼きの支出金額の散布図

262

焼きの支出金額の散布図を作成した。そして，相関係数を計算するために，表1のように平均値，分散，標準偏差および共分散を算出した。ただし，共分散は地域Eのそれぞれの市における，やきとりの支出金額の偏差とかば焼きの支出金額の偏差との積の平均値である。

表1　地域Eにおける，やきとりとかば焼きの支出金額の平均値，分散，標準偏差および共分散

	平均値	分散	標準偏差	共分散
やきとりの支出金額	2810	348100	590	124000
かば焼きの支出金額	2350	324900	570	

　表1を用いると，地域Eにおける，やきとりの支出金額とかば焼きの支出金額の相関係数は　カ　である。

　　カ　については，最も適当なものを，次の⓪〜⑨のうちから一つ選べ。

⓪ −0.62	① −0.50	② −0.37	③ −0.19
④ −0.02	⑤ 0.02	⑥ 0.19	⑦ 0.37
⑧ 0.50	⑨ 0.62		

(本試)

チャレンジ編

数と式

2次関数

データの分析

場合の数・確率

図形と計量

図形の性質

(1) ヒストグラムの読み取り問題です。52 市のデータなので,

$\begin{cases} \text{第 2 四分位数} \quad \cdots \quad \text{26 番目のデータと 27 番目のデータの平均値} \\ \text{第 1 四分位数} \quad \cdots \quad \text{13 番目のデータと 14 番目のデータの平均値} \\ \text{第 3 四分位数} \quad \cdots \quad \text{39 番目のデータと 40 番目のデータの平均値} \end{cases}$

となります。また, ウ は次を利用します。

$a_1 \leqq X < a_2,\ b_1 \leqq Y < b_2$ のとき

$b_1 - a_2 < Y - X < b_2 - a_1$

← 例えば, $2 \leqq X < 4$, $10 \leqq Y < 14$ のとき,

$10 - 4 < Y - X < 14 - 2$

(つまり $6 < Y - X < 12$)

解答

(1) ア〜ウ

図 1 に第 1 四分位数 M_1, 第 2 四分位数 M_2, 第 3 四分位数 M_3 を書き込むと下のようになる。

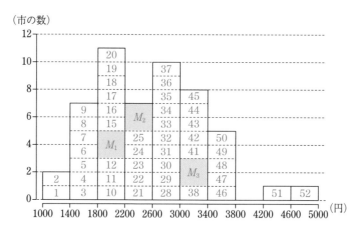

これより,

$1800 \leqq M_1 < 2200$ (ア $= ②$)

$3000 \leqq M_3 < 3400$ (イ $= ⑤$)

また, 四分位範囲 $M_3 - M_1$ は

$3000 - 2200 < M_3 - M_1 < 3400 - 1800$

∴ $800 < M_3 - M_1 < 1600$ (ウ $= ①$)

(2) (i) **エ** ② が正しい。

> ⓪ 地域 E の小さい方から 5 番目（第 1 四分位数）は 2000 より大である。
>
> ① 地域 E の範囲は 3800 − 1000（= 2800）より小さく，地域 W の範囲は 4800 − 1400（= 3400）より大である。
>
> ③ 地域 E の中央値は，2600 より小であるから 2600 未満の市の割合は 50% より大である。一方，地域 W の中央値は，2600 より大であるから，2600 未満の市の割合は 50% より小である。
>
> よって，⓪，①，③ は誤り。

(ii) **オ** ② ◀──── 分散は偏差の 2 乗の平均値（ **パターン 39** ）

(3) **カ**

相関係数の定義より， ◀── （ **パターン 40** ）

$$r = \frac{s_{xy}}{s_x s_y} = \frac{124000}{590 \times 570} = 0.368\cdots \fallingdotseq 0.37 \ (⑦)$$

チャレンジ編

数と式

2次関数

データの分析

場合の数・確率

図形と計量

図形の性質

　ある高校2年生40人のクラスで一人2回ずつハンドボール投げの飛距離のデータを取ることにした。右の図は，1回目のデータを横軸に，2回目のデータを縦軸にとった散布図である。なお，一人の生徒が欠席したため，39人のデータとなっている。

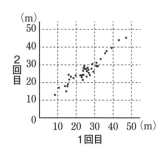

	平均値	中央値	分散	標準偏差
1回目のデータ	24.70	24.30	67.40	8.21
2回目のデータ	26.90	26.40	48.72	6.98

1回目のデータと2回目のデータの共分散	54.30

（共分散とは1回目のデータの偏差と2回目のデータの偏差の積の平均値である）

(1)　次の $\boxed{ア}$ に当てはまるものを，下の⓪〜⑨のうちから一つ選べ。
1回目のデータと2回目のデータの相関係数に最も近い値は，$\boxed{ア}$ である。

　⓪　0.67　　①　0.71　　②　0.75　　③　0.79　　④　0.83

　⑤　0.87　　⑥　0.91　　⑦　0.95　　⑧　0.99　　⑨　1.03

(2)　次の $\boxed{イ}$ に当てはまるものを，下の⓪〜⑧のうちから一つ選べ。
欠席していた一人の生徒について，別の日に同じようにハンドボール投げの記録を取ったところ，1回目の記録が24.7m，2回目の記録は26.9mであった。この生徒を含めて計算し直したときの新しい共分散を A，もとの共分散を B，新しい相関係数を C，もとの相関係数を D とする。A と B の大小関係および C と D の大小関係について，$\boxed{イ}$ が成り立つ。

　⓪　$A > B, C > D$　　①　$A > B, C = D$　　②　$A > B, C < D$

　③　$A = B, C > D$　　④　$A = B, C = D$　　⑤　$A = B, C < D$

　⑥　$A < B, C > D$　　⑦　$A < B, C = D$　　⑧　$A < B, C < D$

（本試）

ポイント

チャレンジ編

数と式

2次関数

データの分析

場合の数・確率

図形と計量

図形の性質

(2) 欠席していた人の記録が1回目，2回目ともに平均値に一致していることがポイントです。このとき，1回目，2回目とも欠席していた人の偏差（平均値からの差）は0になるので，40人の偏差の積の和は，39人の偏差の積の和と一致します（1人増えても0を足すだけなので変わらない）。この値を人数で割ったものが共分散なので，これを利用してA，Bを計算します。

イメージ

a, b, c, d の平均値 B は $B = \dfrac{a+b+c+d}{4}$

これに0が加わった5個の平均値を考えると

a, b, c, d, 0 の平均値 A は $A = \dfrac{a+b+c+d+0}{5}$

0が加わっても分子は変わらない

人数が増えた分分母は大きくなる

よって，$B > A$

解答

(1)　**ア**

相関係数の定義より，

$$\frac{54.30}{8.21 \times 6.98} = \frac{54.30}{57.3058} = 0.947\cdots \quad \leftarrow r = \frac{s_{xy}}{s_x s_y}$$

よって，⑦

(2)　**イ**

39人の1回目のデータと2回目のデータの偏差の積の和をXとおくと，

$$B = \frac{X}{39} \quad \leftarrow 共分散は偏差の積の平均値$$

である。欠席していた生徒の記録は，1回目，2回目ともに平均値と一致しているので，

$$（40人の偏差の積の和）= X + 0 \cdot 0 = X \quad \leftarrow \begin{array}{l}（39人の偏差の積の和）\\ +（欠席していた生徒の偏差の積）\end{array}$$

これより，

$$A = \frac{X}{40} \quad \leftarrow 40人の平均値なので分母は40になる$$

であるから，$B > A$

次に，39 人の 1 回目のデータの偏差の 2 乗の和を Y，2 回目のデータの偏差の 2 乗の和を Z とおくと，

$$\begin{cases} (39 \text{ 人の 1 回目のデータの標準偏差}) = \sqrt{\dfrac{Y}{39}} \\ (39 \text{ 人の 2 回目のデータの標準偏差}) = \sqrt{\dfrac{Z}{39}} \end{cases}$$

これより，

共分散は $B = \dfrac{X}{39}$

$$D = \dfrac{\dfrac{X}{39}}{\sqrt{\dfrac{Y}{39}}\sqrt{\dfrac{Z}{39}}} = \dfrac{X}{\sqrt{YZ}} \quad r = \dfrac{s_{xy}}{s_x s_y}$$

欠席していた生徒の記録は，1 回目，2 回目ともに平均値と一致しているので，

$$\begin{cases} (40 \text{ 人の 1 回目のデータの偏差の 2 乗の和}) = \boxed{Y + 0^2 = Y} \\ (40 \text{ 人の 2 回目のデータの偏差の 2 乗の和}) = \boxed{Z + 0^2 = Z} \end{cases}$$

であるから， (39 人の偏差の 2 乗の和) + (欠席していた生徒の偏差の 2 乗)

$$\begin{cases} (40 \text{ 人の 1 回目のデータの標準偏差}) = \sqrt{\dfrac{Y}{40}} \\ (40 \text{ 人の 2 回目のデータの標準偏差}) = \sqrt{\dfrac{Z}{40}} \end{cases}$$

これより，

共分散は $A = \dfrac{X}{40}$

$$C = \dfrac{\dfrac{X}{40}}{\sqrt{\dfrac{Y}{40}}\sqrt{\dfrac{Z}{40}}} = \dfrac{X}{\sqrt{YZ}} \quad r = \dfrac{s_{xy}}{s_x s_y}$$

よって，$C = D$

求める答は，⑦

チャレンジ16

世界4都市(東京, O市, N市, M市)の2013年の365日の各日の最高気温のデータについて考える。

(1) 次のヒストグラムは, 東京, N市, M市のデータをまとめたもので, この3都市の箱ひげ図は下のa, b, cのいずれかである。

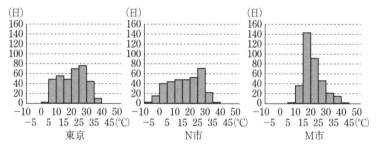

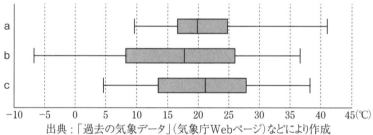

出典：「過去の気象データ」(気象庁Webページ)などにより作成

次の ア に当てはまるものを, 下の⓪〜⑤のうちから一つ選べ。都市名と箱ひげ図の組合せとして正しいものは, ア である。

⓪ 東京—a, N市—b, M市—c   ① 東京—a, N市—c, M市—b

② 東京—b, N市—a, M市—c   ③ 東京—b, N市—c, M市—a

④ 東京—c, N市—a, M市—b   ⑤ 東京—c, N市—b, M市—a

(2) 次の3つの散布図は, 東京, O市, N市, M市の2013年の365日の各日の最高気温のデータをまとめたものである。それぞれ, O市, N市, M市の最高気温を縦軸にとり, 東京の最高気温を横軸にとってある。

数と式

2次関数

データの分析

場合の数・確率

図形と計量

図形の性質

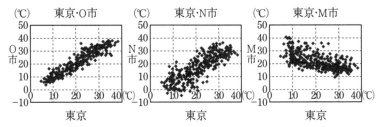

出典：「過去の気象データ」(気象庁Webページ)などにより作成

次の $\boxed{イ}$, $\boxed{ウ}$ に当てはまるものを，下の⓪～④のうちから一つずつ選べ。ただし，解答の順序は問わない。

これらの散布図から読み取れることとして正しいものは，$\boxed{イ}$ と $\boxed{ウ}$ である。

⓪ 東京とN市，東京とM市の最高気温の間にはそれぞれ正の相関がある。

① 東京とN市の最高気温の間には正の相関，東京とM市の最高気温の間には負の相関がある。

② 東京とN市の最高気温の間には負の相関，東京とM市の最高気温の間には正の相関がある。

③ 東京とO市の最高気温の間の相関のほうが，東京とN市の最高気温の間の相関より強い。

④ 東京とO市の最高気温の間の相関のほうが，東京とN市の最高気温の間の相関より弱い。

(3) 次の $\boxed{エ}$, $\boxed{オ}$, $\boxed{カ}$ に当てはまるものを，下の⓪～⑨のうちから一つずつ選べ。ただし，同じものを繰り返し選んでもよい。

N市では温度の単位として摂氏(℃)のほかに華氏(℉)も使われている。華氏(℉)での温度は，摂氏(℃)での温度を $\frac{9}{5}$ 倍し，32 を加えると得られる。たとえば，摂氏10℃は，$\frac{9}{5}$ 倍し32を加えることで華氏50℉となる。

したがって，N市の最高気温について，摂氏での分散を X，華氏

チャレンジ編

数と式

2次関数

データの分析

場合の数・確率

図形と計量

図形の性質

での分散を Y とすると，$\dfrac{Y}{X}$ は エ になる。

東京(摂氏)と N 市(摂氏)の共分散を Z，東京(摂氏)と N 市(華氏)の共分散を W とすると，$\dfrac{W}{Z}$ は オ になる(ただし，共分散は 2 つの変量のそれぞれの偏差の積の平均値)。

東京(摂氏)と N 市(摂氏)の相関係数を U，東京(摂氏)と N 市(華氏)の相関係数を V とすると，$\dfrac{V}{U}$ は カ になる。

⓪ $-\dfrac{81}{25}$　　① $-\dfrac{9}{5}$　　② -1　　③ $-\dfrac{5}{9}$　　④ $-\dfrac{25}{81}$

⑤ $\dfrac{25}{81}$　　⑥ $\dfrac{5}{9}$　　⑦ 1　　⑧ $\dfrac{9}{5}$　　⑨ $\dfrac{81}{25}$

(本試)

ポイント

(1) ヒストグラムと箱ひげ図の最大値・最小値に注目します。

(2) 散布図から，相関の正負，強弱を読みとります。

(3) パターン42，パターン43 を利用します。まず，32 を加えても分散，共分散，相関係数は変わらないので，この値は無視します(パターン42)。また，変量を $\dfrac{9}{5}$ 倍しているので，分散は $\left(\dfrac{9}{5}\right)^2$ 倍，共分散は $\dfrac{9}{5}$ 倍になります(パターン43)。

相関係数は変量を $\dfrac{9}{5}$ 倍しても変わりません(パターン43)。

解答

(1) ア ⑤

(b は最小値が $-10{}^\circ\text{C} \sim -5{}^\circ\text{C}$ なので N 市とわかります。)

(a は最大値が $40{}^\circ\text{C} \sim 45{}^\circ\text{C}$ なので M 市とわかります。)

(2)　[イ, ウ]　①, ③

（東京と M 市の最高気温は負の相関なので，⓪と②は誤り。）

（東京と O 市の最高気温の間の相関のほうが東京と N 市の最高気温の相関より強いので④は誤り。）

(3)　[エ〜カ]　32 を加えても分散，共分散，相関係数には影響がないので（**パターン42**），この値は無視してよい。変量を $\dfrac{9}{5}$ 倍すると（**パターン43**），

$$Y = \left(\dfrac{9}{5}\right)^2 \times X \text{ より，} \quad \dfrac{Y}{X} = \dfrac{81}{25} \quad \text{⑨}$$

$$W = \dfrac{9}{5} \times Z \text{ より，} \quad \dfrac{W}{Z} = \dfrac{9}{5} \quad \text{⑧}$$

$$V = U \text{ より，} \quad \dfrac{V}{U} = 1 \quad \text{⑦}$$

旧センター試験の追試験では，両方の変量を $\dfrac{1}{2}$ 倍する問題が出題されたことがあります。

◀類題▶〉〉〉

次の表は，あるクラスの生徒 30 人に行った科目 X と科目 Y のテストの得点である。

表　科目 X と科目 Y の得点

科目 X	63	76	58	71	75	56	81	80	84	77	76	63	63	59	63
科目 Y	47	78	60	46	58	63	73	59	66	49	62	58	65	50	42

科目 X	77	78	68	59	72	68	79	67	79	73	77	67	63	78	76
科目 Y	82	66	40	55	42	69	77	57	63	52	49	45	55	84	56

（中略）

次の [　　] に当てはまるものを，下の⓪〜③のうちから一つ選べ。

表の得点を $\dfrac{1}{2}$ にして 50 点満点の得点に換算した。たとえば，62 点であった場合は得点を 2 で割った値である 31 点とし，63 点であった場合は 31.5 点とする。このとき，科目 X の得点の偏差と科目 Y の

得点の偏差は，換算後，それぞれもとの得点の偏差の $\frac{1}{2}$ になる。

したがって，科目 X についてもとの標準偏差と換算後の標準偏差を比較し，さらにもとの共分散と換算後の共分散を比較すると，☐。

⓪ 換算後の標準偏差と共分散の値はともに，もとの値の $\frac{1}{2}$ になる

① 換算後の標準偏差と共分散の値はともに，もとの値の $\frac{1}{4}$ になる

② 換算後の標準偏差の値はもとの値の $\frac{1}{2}$ になり，共分散の値は

もとの値の $\frac{1}{4}$ になる

③ 換算後の標準偏差の値はもとの値の $\frac{1}{4}$ になり，共分散の値は

もとの値の $\frac{1}{2}$ になる

50 点満点に換算すると，X の標準偏差は $\frac{1}{2}$ 倍になります（ **パターン43** ）。

共分散は，変量 X を 50 点満点に換算することにより，$\frac{1}{2}$ 倍になり，変量 Y

を 50 点満点に換算することにより，さらに $\frac{1}{2}$ 倍されるので，$\frac{1}{2} \times \frac{1}{2} = \frac{1}{4}$

(倍)になります。上の設問では②が正解です。

チャレンジ編

数と式

2次関数

データの分析

場合の数・確率

図形と計量

図形の性質

チャレンジ 17

　番号によって区別された複数の球が，何本かのひもでつながれている。ただし，各ひもはその両端で二つの球をつなぐものとする。次の**条件**を満たす球の塗り分け方（以下，球の塗り方）を考える。

条件

・それぞれの球を，用意した5色（赤，青，黄，緑，紫）のうちのいずれか1色で塗る。

・1本のひもでつながれた二つの球は異なる色になるようにする。

・同じ色を何回使ってもよく，また使わない色があってもよい。

　例えば図Aでは，三つの球が2本のひもでつながれている。この三つの球を塗るとき，球1の塗り方が5通りあり，球1を塗った後，球2の塗り方は4通りあり，さらに球3の塗り方は4通りある。したがって，球の塗り方の総数は80である。

図A

(1)　図Bにおいて，球の塗り方は $\boxed{アイウ}$ 通りある。

(2)　図Cにおいて，球の塗り方は $\boxed{エオ}$ 通りある。

(3)　図Dにおける球の塗り方のうち，赤をちょうど2回使う塗り方は $\boxed{カキ}$ 通りある。

(4)　図Eにおける球の塗り方のうち，赤をちょうど3回使い，かつ青をちょうど2回使う塗り方は $\boxed{クケ}$ 通りある。

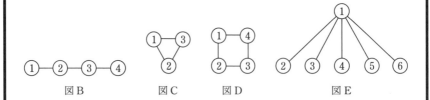

図B　　　　図C　　　　図D　　　　図E

チャレンジ編

数と式

2次関数

データの分析

場合の数・確率

図形と計量

図形の性質

(5) 図Dにおいて，球の塗り方の総数を求める。
　そのために，次の**構想**を立てる。

構想

図Dと図Fを比較する。

図F

　図Fでは球3と球4が同色になる球の塗り方が可能であるため，図Dよりも図Fの球の塗り方の総数の方が大きい。

　図Fにおける球の塗り方は，図Bにおける球の塗り方と同じであるため，全部で アイウ 通りある。そのうち球3と球4が同色になる球の塗り方の総数と一致する図として，後の⓪〜④のうち，正しいものは コ である。したがって，図Dにおける球の塗り方は サシス 通りある。

コ の解答群

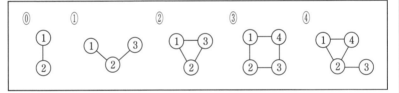

(6) 図Gにおいて，球の塗り方は セソタチ 通りある。

図G

（本試）

(4) 複数回使う赤と青は①に塗ることはできません（①は，②，③，④，⑤，⑥と
ひもで結ばれているので，矛盾が起こる）。よって，①は赤，青以外の色で塗
ります。

(5) 図Fにおいて，③＝④となる塗り方は，①，②，③の塗り方を考えると
（③＝④なので，④の塗り方は考えなくてよい），

$$①≠②，②≠③，③＝④≠①$$

より，図Cの塗り方と一致します（つまり，$\boxed{エオ}$ 通り）。よって，図Fを
③＝④と③≠④に場合分けして処理します。

解答

(1) $\boxed{ア〜ウ}$

$$\begin{array}{l} ① \quad \cdots \quad 5\,通り \\ ② \quad \cdots \quad ①と異なるから4\,通り \\ ③ \quad \cdots \quad ②と異なるから4\,通り \\ ④ \quad \cdots \quad ③と異なるから4\,通り \end{array}$$

①　そのあと　②　そのあと　③　そのあと　④の順に順序立てると，

$$5 \times 4 \times 4 \times 4 = 320 \;（通り）$$

(2) $\boxed{エ}$　①，②，③は互いに相異なるので，　←①≠②，②≠③，①≠③より
①，②，③は互いに相異なる

$$_5\mathrm{P}_3 = 60 \;（通り）$$

(3) $\boxed{カキ}$

| 赤2回をどこに使うかを決める | $\cdots$ 2通り | ←①と③，②と④の 2通り |

↓そのあと

| 残り2か所の塗り方を決める | $\cdots$ 4^2通り | ←残り4色の重複順列 |

と順序立てると，

したがって，②〜⑥は
赤を3回使い，青を2回使うことになる

$$2 \times 4^2 = 32 \;（通り）$$

(4) $\boxed{クケ}$　①は，赤と青以外で塗らなければならないので（**ポイント**参照），

| ①を何色で塗るかを決める | $\cdots$ 3通り | ←赤，青以外 |

↓そのあと

| ②〜⑥の塗り方を決める | $\cdots$ $_5\mathrm{C}_2$通り | ←赤3個，青2個を並べる |

と順序立てると，

$$3 \times {}_5\mathrm{C}_2 = 30 \;（通り）$$

(5) **コ～ス**

図 F の塗り方は，(1)と同じ 320 通りある。ここで，図 F の塗り方を

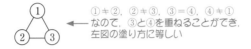

④≠①，①≠②，②≠③より
5×4×4×4 通り

$$\begin{cases} (i) & ③＝④ となる塗り方 \\ (ii) & ③≠④ となる塗り方 \end{cases}$$

に場合分けする。図 F で③＝④となる塗り方は，

①≠②，②≠③，③＝④，④≠①
なので，③と④を重ねることができ，
左図の塗り方に等しい

となる塗り方に等しく（ **コ** ＝②），(2)より 60 通り。また，図 F で
③≠④となる塗り方は，図 D の塗り方（つまり，**サシス** 通り）に等しい。

これより，

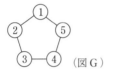

③≠④なので，③と④は
ひもで結ばれていると考
えることができる。した
がって，図 F かつ③≠④
の塗り方は図 D の塗り
方と一致する

$$60＋\boxed{サシス}＝320$$
$$∴ \quad \boxed{サシス}＝260$$

(6) **セ～チ** (5)と同様に考える。

（図 G）（図 H）

（図 H）の塗り方は，(1)と同様に考えて，

$$5×4×4×4×4＝1280（通り） \quad ← ①⟹②⟹③⟹④⟹⑤と順序立て$$

図 H の塗り方を

$$\begin{cases} (i) & ①＝⑤ となる塗り方 \\ (ii) & ①≠⑤ となる塗り方 \end{cases}$$

に場合分けする。図 H で①＝⑤となる塗り方は，

となる塗り方に等しく 260 通り。また，図 H で①≠⑤となる塗り方は
図 G の塗り方に等しい（つまり，**セソタチ** 通り）。これより，

$$260＋\boxed{セソタチ}＝1280$$
$$∴ \quad \boxed{セソタチ}＝1020$$

チャレンジ編

数と式

2次関数

データの分析

場合の数・確率

図形と計量

図形の性質

袋の中に赤玉 5 個, 白玉 5 個, 黒玉 1 個の合計 11 個の玉が入っている。赤玉と白玉にはそれぞれ 1 から 5 までの数字が 1 つずつ書かれており, 黒玉には何も書かれていない。なお, 同じ色の玉には同じ数字は書かれていない。この袋から同時に 5 個の玉を取り出す。

5 個の玉の取り出し方は $\boxed{アイウ}$ 通りある。

取り出した 5 個の中に同じ数字の赤玉と白玉の組が 2 組あれば得点は 2 点, 1 組だけあれば得点は 1 点, 1 組もなければ得点は 0 点とする。

(1) 得点が 0 点となる取り出し方のうち, 黒玉が含まれているのは $\boxed{エオ}$ 通りであり, 黒玉が含まれていないのは $\boxed{カキ}$ 通りである。

得点が 1 点となる取り出し方のうち, 黒玉が含まれているのは $\boxed{クケコ}$ 通りであり, 黒玉が含まれていないのは $\boxed{サシス}$ 通りである。

(2) 得点が 1 点である確率は $\dfrac{\boxed{セソ}}{\boxed{タチ}}$ であり, 2 点である確率は $\dfrac{\boxed{ツ}}{\boxed{テト}}$ である。また, 得点の期待値は $\dfrac{\boxed{ナニ}}{\boxed{ヌネ}}$ である。

(本試)

ポイント

$\boxed{エオ}$ 黒玉が含まれているので, 残り 4 つの玉を選びます。まず, 1 から 5 の中から 4 つの数字を選び, 次に, 赤か白か決めます。

例 {1, 2, 3, 5} と選び, (赤, 白, 白, 赤) と決めたとき,

$\boxed{サシス}$ 黒玉が含まれていないので, 赤, 白から 5 つの玉を選びます。まず, 同じ数字となる赤玉と白玉の数字を 1 つ選びます (これで 2 個決定)。残り 3 個は, 残った 4 つの数字から 3 つの数字を選び, 赤か白かを決めます。

例 同じ数字となる赤玉と白玉の数字が 4 で, 残り 3 個は {1, 2, 5} と選び (白, 白, 赤) と決めたとき,

解答 5個の玉の取り出し方は，$_{11}C_5 = 462$（通り）

(1) **エオ** 下のように順序立てると，$_5C_4 \times 2^4 = 80$（通り）← 参照

```
①1～5から4つ選ぶ  →（そのあと）  ②赤か白かを決める
```

カキ 下のように順序立てると，$_5C_5 \times 2^5 = 32$（通り）

```
①1～5から5つ選ぶ  →（そのあと）  ②赤か白かを決める
```

例 {1, 2, 3, 4, 5} と選び，（赤, 白, 白, 赤, 白）と決めたとき，

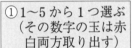 この選び方しかない

 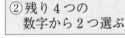

クケコ ← サ，シ，スと同様

```
①1～5から1つ選ぶ     →（そのあと）  ②残り4つの      →（そのあと）  ③赤か白かを
（その数字の玉は赤                  数字から2つ選ぶ              決める
白両方取り出す）
```

と，順序立てることにより，$5 \times {}_4C_2 \times 2^2 = 120$（通り）

例 ①で4を選び，②で{2, 5}と選び，③で（白, 赤）と決めたとき，

サシス ← 参照

```
①1～5から1つ選ぶ     →（そのあと）  ②残り4つの      →（そのあと）  ③赤か白かを
（その数字の玉は赤                  数字から3つ選ぶ              決める
白両方取り出す）
```

と，順序立てることにより，$5 \times {}_4C_3 \times 2^3 = 160$（通り）

(2) **セ～ネ** (1)より，確率分布の表は下のようになる（ パターン**71** ）。

X（得点）	0	1	2
確率	$\dfrac{8}{33}$	$\dfrac{20}{33}$	$\dfrac{5}{33}$

← 計算部分

$$P(X = 0) = \frac{80 + 32}{462} = \frac{112}{462} = \frac{8}{33}$$

$$P(X = 1) = \frac{120 + 160}{462} = \frac{280}{462} = \frac{20}{33}$$

$$P(X = 2) = 1 - \left(\frac{8}{33} + \frac{20}{33}\right) = \frac{5}{33}$$

↘ 余事象を利用

したがって，得点 X の期待値は

$$0 \times \frac{8}{33} + 1 \times \frac{20}{33} + 2 \times \frac{5}{33} = \frac{10}{11}$$

チャレンジ編

数と式

2次関数

データの分析

場合の数・確率

図形と計量

図形の性質

チャレンジ 19

標準 10分

　赤い玉が2個，青い玉が3個，白い玉が5個ある。これらの10個の玉を袋に入れてよくかきまぜ，その中から4個を取り出す。取り出したものに同じ色の玉が2個あるごとに，これを1組としてまとめる。まとめられた組に対して，赤は1組につき5点，青は1組につき3点，白は1組につき1点が与えられる。このときの得点の合計を X とする。

(1) X は $\boxed{\text{ア}}$ 通りの値をとり，その最大値は $\boxed{\text{イ}}$，最小値は $\boxed{\text{ウ}}$ である。

(2) X が最大値をとる確率は $\dfrac{\boxed{\text{エ}}}{\boxed{\text{オカ}}}$ である。

(3) X が最小値をとる確率は $\dfrac{\boxed{\text{キク}}}{\boxed{\text{ケコ}}}$ である。

　　また，X が最小値をとるという条件の下で，3色の玉が取り出される条件付き確率は $\dfrac{\boxed{\text{サ}}}{\boxed{\text{シス}}}$ である。

（本試）

ポイント

　3種類の色の玉10個から4個取り出すので，必ず同じ色の玉が存在します。「同じ色の玉2個」が2組ある場合と，1組だけの場合で場合分けして考えます。

解答

(1) $\boxed{\text{ア}}$～$\boxed{\text{ウ}}$ 「同じ色の玉2個」が2組あるのは

㊙ ㊙ 靑 靑 ←――― 5＋3＝8点　　　　㊙ ㊙ 🔺 🔺 ←――― 5＋1＝6点

靑 靑 🔺 🔺 ←――― 3＋1＝4点　　　　🔺 🔺 🔺 🔺 ←――― 1＋1＝2点

「同じ色の玉2個」が1組だけあるのは

㊙ ㊙ ⬠ ⬡ ←―違う色――― 5点　　　　靑 靑 ⬠ ⬡ ←―違う色――― 3点

🔺 🔺 ⬠ ⬡ ←―違う色――― 1点

　よって，X は 1，2，3，4，5，6，8 の7通りの値をとり，その最大値は8で最小値は1である。

280

(2) | エ〜カ | 10 個の玉から 4 個取り出す方法は全部で

$$_{10}C_4 = 210 \text{（通り）}$$

このうち，$X = 8$（赤玉 2 個，青玉 2 個）

となるのは，

$$_2C_2 \times _3C_2 = 3 \text{（通り）}$$

①，②から 2 個選び，
③，④，⑤から 2 個選ぶ

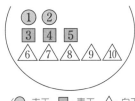

（○：赤玉，□：青玉，△：白玉）
番号をつけておく
(パターン 62)

よって，求める確率は

$$\frac{3}{210} = \frac{1}{70}$$

(3) | キ〜ス | $\begin{cases} A : X = 1 \text{ となる事象} \\ B : 3 \text{ 色の玉が取り出されるという事象} \end{cases}$

とおく。

$X = 1$ となるのは，次の 2 つの場合がある。

(i)（白，白，白，白以外）

(ii)（白，白，赤，青）

(i) は

と順序立てて，

$$_5C_3 \times _5C_1 = 50 \text{（通り）}$$

一方，(ii) は

と順序立てて，

$$_5C_2 \times _2C_1 \times _3C_1 = 60 \text{（通り）}$$

よって，

場合分けしたら和の法則

$$P(A) = \frac{50 + 60}{210} = \frac{11}{21}$$

これは (ii) の確率を指す

また，$P(A \cap B) = \dfrac{60}{210} = \dfrac{6}{21}$ であるから，

$$P_A(B) = \frac{P(A \cap B)}{P(A)} = \frac{\dfrac{6}{21}}{\dfrac{11}{21}} = \frac{6}{11}$$ ← パターン 72

数と式

2次関数

データの分析

場合の数・確率

図形と計量

図形の性質

赤球4個，青球3個，白球5個，合計12個の球がある。これら12個の球を袋の中に入れ，この袋からAがまず1個取り出し，その球をもとに戻さずに続いてBが1個取り出す。

(1) AとBが取り出した2個の球の中に，赤球か青球が少なくとも1個含まれている確率は $\dfrac{\boxed{アイ}}{\boxed{ウエ}}$ である。

(2) Aが赤球を取り出し，かつBが白球を取り出す確率は $\dfrac{\boxed{オ}}{\boxed{カキ}}$ である。これより，Aが取り出した球が赤球であったとき，Bが取り出した球が白球である条件付き確率は $\dfrac{\boxed{ク}}{\boxed{ケコ}}$ である。

(3) Aは1球取り出したのち，その色を見ずにポケットの中にしまった。Bが取り出した球が白球であることがわかったとき，Aが取り出した球も白球であった条件付き確率を求めたい。

Aが赤球を取り出し，かつBが白球を取り出す確率は $\dfrac{\boxed{オ}}{\boxed{カキ}}$ であり，Aが青球を取り出し，かつBが白球を取り出す確率は $\dfrac{\boxed{サ}}{\boxed{シス}}$ である。同様に，Aが白球を取り出し，かつBが白球を取り出す確率を求めることができ，これらの事象は互いに排反であるから，Bが白球を取り出す確率は $\dfrac{\boxed{セ}}{\boxed{ソタ}}$ である。

よって，求める条件付き確率は $\dfrac{\boxed{チ}}{\boxed{ツテ}}$ である。

(本試)

チャレンジ編

数と式

2次関数

データの分析

場合の数・確率

図形と計量

図形の性質

ポイント

(2) $\begin{cases} E_1 : \text{A が赤球を取り出すという事象} \\ F : \text{B が白球を取り出すという事象} \end{cases}$

とおくと，**例題72**と同様に条件付き確率 $P_{E_1}(F)$ を先に求めることができます。 ← $\boxed{\text{ク}\sim\text{コ}}$ が先に求まる

$$P_{E_1}(F) = \frac{5}{11}$$ ◀

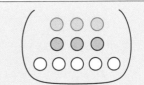

(○：赤球, ○：青球, ○：白球)

赤球が取り出された上の状況で
白球を取り出す確率が $P_{E_1}(F)$

$\boxed{\text{オ}\sim\text{キ}}$ は乗法定理

$$P(E_1 \cap F) = P(E_1)\,P_{E_1}(F)$$

で求めます。

(3) $\boxed{\text{チ}\sim\text{テ}}$ は **パターン73**。今度は p.156 の
公式を使って条件付き確率を計算します。

解答

(1) $\boxed{\text{ア}\sim\text{エ}}$ 余事象は，「2 個とも白球である」なので，
その確率は，

$$\frac{5}{12} \cdot \frac{4}{11} = \frac{5}{33}$$ ◀ $\dfrac{{}_5\mathrm{C}_2}{{}_{12}\mathrm{C}_2} = \dfrac{10}{66} = \dfrac{5}{33}$ でもよい

$$\begin{pmatrix} ① & ② & ③ & ④ \\ ⑤ & ⑥ & ⑦ \\ ⑧ & ⑨ & ⑩ & ⑪ & ⑫ \end{pmatrix}$$

よって，求める確率は，

$$1 - \frac{5}{33} = \frac{28}{33}$$

(2) $\begin{cases} E_1 : \text{A が赤球を取り出すという事象} \\ F : \text{B が白球を取り出すという事象} \end{cases}$

とおく。このとき，A が取り出した球が赤球であったとき，B が取り
出した球が白球である条件付き確率は，

$\boxed{\text{ク}\sim\text{コ}}$ $P_{E_1}(F) = \dfrac{5}{11}$ ← **ポイント** 参照

であり，A が赤球を取り出し，かつ B が白球を取り出す確率は

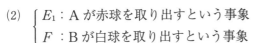
乗法定理

$\boxed{\text{オ}\sim\text{キ}}$ $P(E_1 \cap F) = P(E_1)\,P_{E_1}(F) = \dfrac{4}{12} \cdot \dfrac{5}{11} = \dfrac{5}{33}$

(3) $\boxed{\text{サ}\sim\text{テ}}$

$$\begin{cases} E_2：\text{A が青球を取り出すという事象} \\ E_3：\text{A が白球を取り出すという事象} \end{cases}$$

とおく。このとき,

　A が赤球を取り出し，かつ B が白球を取り出す確率は

$$P(E_1 \cap F) = \frac{4}{12} \cdot \frac{5}{11} = \frac{5}{33} \quad \leftarrow \text{(2)で求めた}$$

　A が青球を取り出し，かつ B が白球を取り出す確率は

$$P(E_2 \cap F) = P(E_2)\, P_{E_2}(F) = \frac{3}{12} \cdot \frac{5}{11} = \frac{5}{44}$$

同様に，A が白球を取り出し，かつ B が白球を取り出す確率は

$$P(E_3 \cap F) = P(E_3)\, P_{E_3}(F) = \frac{5}{12} \cdot \frac{4}{11} = \frac{5}{33} \quad \leftarrow \text{(1)で求めた}$$

B が白球を取り出すのは　$\Leftarrow F = (E_1 \cap F) \cup (E_2 \cap F) \cup (E_3 \cap F)$ と考える

$$\begin{cases} \text{(i)}　\text{A が赤球，B が白球} \\ \text{(ii)}　\text{A が青球，B が白球} \\ \text{(iii)}　\text{A が白球，B が白球} \end{cases}$$

の 3 つの場合があるから，その確率は,

$$\begin{aligned} P(F) &= P(E_1 \cap F) + P(E_2 \cap F) + P(E_3 \cap F) \\ &= \frac{5}{33} + \frac{5}{44} + \frac{5}{33} \\ &= \frac{20 + 15 + 20}{132} = \frac{5}{12} \end{aligned}$$

$\longleftarrow$ 「くじ引きの公平性」により $P(F)$ は A が白球を取り出す 確率 $\frac{5}{12}$ に等しくなります (p.157)

したがって，求める条件付き確率は,

$$P_F(E_3) = \frac{P(F \cap E_3)}{P(F)}$$

$$= \frac{\dfrac{5}{33}}{\dfrac{5}{12}} = \frac{4}{11}$$

チャレンジ21 標準 15分

中にくじが入っている箱が複数あり，各箱の外見は同じであるが，当たりくじを引く確率は異なっている。くじ引きの結果から，どの箱からくじを引いた可能性が高いかを，条件付き確率を用いて考えよう。

(1) 当たりくじを引く確率が $\dfrac{1}{2}$ である箱 A と，当たりくじを引く確率が $\dfrac{1}{3}$ である箱 B の二つの箱の場合を考える。

　(i) 各箱で，くじを 1 本引いてはもとに戻す試行を 3 回繰り返したとき

$$\text{箱 A において，3 回中ちょうど 1 回当たる確率は } \dfrac{\boxed{\text{ア}}}{\boxed{\text{イ}}} \quad \cdots ①$$

$$\text{箱 B において，3 回中ちょうど 1 回当たる確率は } \dfrac{\boxed{\text{ウ}}}{\boxed{\text{エ}}} \quad \cdots ②$$

である。

　(ii) まず，A と B のどちらか一方の箱をでたらめに選ぶ。次にその選んだ箱において，くじを 1 本引いてはもとに戻す試行を 3 回繰り返したところ，3 回中ちょうど 1 回当たった。このとき，箱 A が選ばれる事象を A，箱 B が選ばれる事象を B，3 回中ちょうど 1 回当たる事象を W とすると

$$P(A \cap W) = \dfrac{1}{2} \times \dfrac{\boxed{\text{ア}}}{\boxed{\text{イ}}}, \quad P(B \cap W) = \dfrac{1}{2} \times \dfrac{\boxed{\text{ウ}}}{\boxed{\text{エ}}}$$

である。$P(W) = P(A \cap W) + P(B \cap W)$ であるから，3 回中ちょうど 1 回当たったとき，選んだ箱が A である条件付き確率 $P_W(A)$ は $\dfrac{\boxed{\text{オカ}}}{\boxed{\text{キク}}}$ となる。また，条件付き確率 $P_W(B)$ は $\dfrac{\boxed{\text{ケコ}}}{\boxed{\text{サシ}}}$ となる。

(2) (1)の $P_W(A)$ と $P_W(B)$ について，次の**事実(∗)**が成り立つ。

> **事実(∗)**
> $P_W(A)$ と $P_W(B)$ の $\boxed{\text{ス}}$ は，①の確率と②の確率の $\boxed{\text{ス}}$ に等しい。

数と式

2次関数

データの分析

場合の数・確率

図形と計量

図形の性質

(3) 花子さんと太郎さんは**事実(＊)**について話している。

> 花子：**事実(＊)**はなぜ成り立つのかな？
>
> 太郎：$P_W(A)$ と $P_W(B)$ を求めるのに必要な $P(A \cap W)$ と $P(B \cap W)$ の計算で，①，②の確率に同じ数 $\dfrac{1}{2}$ をかけているからだよ。
>
> 花子：なるほどね。外見が同じ三つの箱の場合は，同じ数 $\dfrac{1}{3}$ をかけることになるので，同様のことが成り立ちそうだね。

当たりくじを引く確率が，$\dfrac{1}{2}$ である箱 A，$\dfrac{1}{3}$ である箱 B，$\dfrac{1}{4}$ である箱 C の三つの箱の場合を考える。まず，A，B，C のうちどれか一つの箱をでたらめに選ぶ。次にその選んだ箱において，くじを1本引いてはもとに戻す試行を3回繰り返したところ，3回中ちょうど1回当たった。このとき，選んだ箱が A である条件付き確率は $\dfrac{\boxed{セソタ}}{\boxed{チツテ}}$ となる。

(4)
> 花子：どうやら箱が三つの場合でも，条件付き確率の $\boxed{ス}$ は各箱で3回中ちょうど1回当たりくじを引く確率の $\boxed{ス}$ になっているみたいだね。
>
> 太郎：そうだね。それを利用すると，条件付き確率の値は計算しなくても，その大きさを比較することができるね。

当たりくじを引く確率が，$\dfrac{1}{2}$ である箱 A，$\dfrac{1}{3}$ である箱 B，$\dfrac{1}{4}$ である箱 C，$\dfrac{1}{5}$ である箱 D の四つの箱の場合を考える。まず，A，B，C，D のうちどれか一つの箱をでたらめに選ぶ。次にその選んだ箱において，くじを1本引いてはもとに戻す試行を3回繰り返したと

ころ，3回中ちょうど1回当たった。このとき，条件付き確率を用いて，どの箱からくじを引いた可能性が高いかを考える。可能性が高い方から順に並べると $\boxed{\text{ト}}$ となる。

$\boxed{\text{ト}}$ の解答群

⓪ A, B, C, D	① A, B, D, C	② A, C, B, D
③ A, C, D, B	④ A, D, B, C	⑤ B, A, C, D
⑥ B, A, D, C	⑦ B, C, A, D	⑧ B, C, D, A

（本試）

チャレンジ編

数と式

2次関数

データの分析

場合の数・確率

図形と計量

図形の性質

ポイント

(1)(i) 反復試行の確率です。**パターン70** の公式を利用します。

(ii) 3回中ちょうど1回当たる（W）のは

$\begin{cases} ⑦箱 A が選ばれて，3回中ちょうど1回当たる & \leftarrow その確率は P(A \cap W) \\ ①箱 B が選ばれて，3回中ちょうど1回当たる & \leftarrow その確率は P(B \cap W) \end{cases}$

の2つの場合があるので

$$P(W) = P(A \cap W) + P(B \cap W)$$

となります。

(3) (1)(ii)と同様に，どの箱が選ばれるかで場合分けすると，

$$P(W) = P(A \cap W) + P(B \cap W) + P(C \cap W)$$

となります。

解答

─ A ─	─ B ─	─ C ─	─ D ─
当 $\frac{1}{2}$ 外 $\frac{1}{2}$	当 $\frac{1}{3}$ 外 $\frac{2}{3}$	当 $\frac{1}{4}$ 外 $\frac{3}{4}$	当 $\frac{1}{5}$ 外 $\frac{4}{5}$

(1) $\boxed{\text{ア〜シ}}$

(i) 箱 A において，3回中ちょうど1回当たる確率 α は

$$\alpha = {}_3C_1 \left(\frac{1}{2}\right)\left(\frac{1}{2}\right)^2 = \frac{3}{8} \quad \cdots ① \quad \leftarrow \text{パターン70}$$

箱 B において，3回中ちょうど1回当たる確率 β は

$$\beta = {}_3C_1\left(\frac{1}{3}\right)\left(\frac{2}{3}\right)^2 = \frac{4}{9} \quad \cdots ②$$

(ii) $\begin{cases} P(A \cap W) = P(A)P_A(W) = \dfrac{1}{2}\alpha \\ P(B \cap W) = P(B)P_B(W) = \dfrac{1}{2}\beta \end{cases}$

AとBのどちらか一方の箱を
てたらめに選ぶので
$P(A) = P(B) = \frac{1}{2}$

であり,

$$P(W) = P(A \cap W) + P(B \cap W) = \frac{1}{2}\alpha + \frac{1}{2}\beta$$

したがって,

$$P_W(A) = \frac{P(W \cap A)}{P(W)}$$

$$= \frac{\dfrac{1}{2}\alpha}{\dfrac{1}{2}\alpha + \dfrac{1}{2}\beta}$$

$$= \frac{\alpha}{\alpha + \beta} = \frac{\dfrac{3}{8}}{\dfrac{3}{8} + \dfrac{4}{9}} = \frac{27}{59}$$

また,

$$P_W(B) = \frac{P(W \cap B)}{P(W)}$$

$$= \frac{\dfrac{1}{2}\beta}{\dfrac{1}{2}\alpha + \dfrac{1}{2}\beta}$$

別解

$P_W(B) = 1 - P_W(A)$
$= 1 - \dfrac{27}{59}$
$= \dfrac{32}{59}$

$$= \frac{\beta}{\alpha + \beta} = \frac{\dfrac{4}{9}}{\dfrac{3}{8} + \dfrac{4}{9}} = \frac{32}{59}$$

(2) **ス**

$$P_W(A) : P_W(B) = \frac{\alpha}{\alpha + \beta} : \frac{\beta}{\alpha + \beta} = \alpha : \beta$$

より, $P_W(A)$ と $P_W(B)$ の比は, ①の確率と②の確率の比に等しい。(③)

(3) **セ～テ**

箱Cにおいて，3回中ちょうど1回当たる確率 γ は

$$\gamma = {}_3C_1\left(\frac{1}{4}\right)\left(\frac{3}{4}\right)^2 = \frac{27}{64}$$

よって，

$$P_W(A) = \frac{P(W \cap A)}{P(W)} = \frac{P(W \cap A)}{P(A \cap W) + P(B \cap W) + P(C \cap W)}$$

$$= \frac{\dfrac{1}{3}\alpha}{\dfrac{1}{3}\alpha + \dfrac{1}{3}\beta + \dfrac{1}{3}\gamma} = \frac{\alpha}{\alpha + \beta + \gamma}$$

$$= \frac{\dfrac{3}{8}}{\dfrac{3}{8} + \dfrac{4}{9} + \dfrac{27}{64}} = \frac{216}{715}$$

コメント

$P_W(A)$ と同様に，

$$P_W(B) = \frac{\beta}{\alpha + \beta + \gamma}, \quad P_W(C) = \frac{\gamma}{\alpha + \beta + \gamma}$$

なので，

$$P_W(A) : P_W(B) : P_W(C) = \alpha : \beta : \gamma$$

です。4箱のとき（(4)）も，同様の事実が成り立ちます。

(4) **ト**

箱Dにおいて，3回中ちょうど1回当たる確率 δ は，

$$\delta = {}_3C_1\left(\frac{1}{5}\right)\left(\frac{4}{5}\right)^2 = \frac{48}{125}$$

箱Dが選ばれる事象をDとすると，(2), (3)と同様に

$$P_W(A) : P_W(B) : P_W(C) : P_W(D) = \alpha : \beta : \gamma : \delta$$

$$= \frac{3}{8} : \frac{4}{9} : \frac{27}{64} : \frac{48}{125}$$

$\beta > \gamma > \delta > \alpha$ より，どの箱からくじを引いたかを可能性が高い順に並べると，

$$\text{B, C, D, A} \quad (\textcircled{8})$$

$$\frac{3}{8} = 0.375$$

$$\frac{4}{9} ≒ 0.44$$

$$\frac{27}{64} ≒ 0.42$$

$$\frac{48}{125} = 0.384$$

チャレンジ編

数と式

2次関数

データの分析

場合の数・確率

図形と計量

図形の性質

　複数人がそれぞれプレゼントを一つずつ持ち寄り，交換会を開く。ただし，プレゼントはすべて異なるとする。プレゼントの交換は次の**手順**で行う。

> ─ 手順 ─
>
> 　外見が同じ袋を人数分用意し，各袋にプレゼントを一つずつ入れたうえで，各参加者に袋を一つずつでたらめに配る。各参加者は配られた袋の中のプレゼントを受けとる。

　交換の結果，1人でも自分の持参したプレゼントを受けとった場合は，交換をやり直す。そして，全員が自分以外の人の持参したプレゼントを受けとったところで交換会を終了する。

(1) 2人または3人で交換会を開く場合を考える。

　(i) 2人で交換会を開く場合，1回目の交換で交換会が終了するプレゼントの受けとり方は $\boxed{\text{ア}}$ 通りある。したがって，1回目の交換で交換会が終了する確率は $\dfrac{\boxed{\text{イ}}}{\boxed{\text{ウ}}}$ である。

　(ii) 3人で交換会を開く場合，1回目の交換で交換会が終了するプレゼントの受けとり方は $\boxed{\text{エ}}$ 通りある。したがって，1回目の交換で交換会が終了する確率は $\dfrac{\boxed{\text{オ}}}{\boxed{\text{カ}}}$ である。

　(iii) 3人で交換会を開く場合，4回以下の交換で交換会が終了する確率は $\dfrac{\boxed{\text{キク}}}{\boxed{\text{ケコ}}}$ である。

チャレンジ編

数と式

2次関数

データの分析

場合の数・確率

図形と計量

図形の性質

(2) 4人で交換会を開く場合，1回目の交換で交換会が終了する確率を次の**構想**に基づいて求めてみよう。

───── 構想 ─────

1回目の交換で交換会が**終了しない**プレゼントの受けとり方の総数を求める。そのために，自分の持参したプレゼントを受けとる人数によって場合分けをする。

1回目の交換で，4人のうち，ちょうど1人が自分の持参したプレゼントを受けとる場合は $\boxed{サ}$ 通りあり，ちょうど2人が自分のプレゼントを受けとる場合は $\boxed{シ}$ 通りある。このように考えていくと，1回目のプレゼントの受けとり方のうち，1回目の交換で交換会が終了しない受けとり方の総数は $\boxed{スセ}$ である。

したがって，1回目の交換で交換会が終了する確率は $\dfrac{\boxed{ソ}}{\boxed{タ}}$ である。

(3) 5人で交換会を開く場合，1回目の交換で交換会が終了する確率は $\dfrac{\boxed{チツ}}{\boxed{テト}}$ である。

(4) A，B，C，D，Eの5人が交換会を開く。1回目の交換でA，B，C，Dがそれぞれ自分以外の人の持参したプレゼントを受けとったとき，その回で交換会が終了する条件付き確率は $\dfrac{\boxed{ナニ}}{\boxed{ヌネ}}$ である。

(本試)

　$1 \sim n$ を並べかえてできる順列のうち，i 番目が i でないもの（$i = 1$, 2, …, n）を満たす順列を完全順列といいます。完全順列は，拙著「志田晶の確率が面白いほどわかる本」に詳しく解説してあります。

(2)　4 人のうち，何人が自分のプレゼントを受けとるかで場合分けします。例えば，4 人のうちちょうど 1 人が自分のプレゼントを受けとる場合，

$$\begin{cases} \text{その 1 人の選び方…}_4\mathrm{C}_1 \text{ 通り} \\ \text{残り 3 人のプレゼントの受けとり方…　エ　通り} \end{cases}$$

残り 3 人は自分以外の
プレゼントを受けとる

なので

$$_4\mathrm{C}_1 \times \boxed{\text{エ}}$$

となります。他の場合も同様です。

　なお，4 人のうち，3 人だけが自分のプレゼントを受けとる場合は起こりえないことにも注意してください。 ← 3 人が自分のプレゼントを受けとると
残った 1 人も自分のプレゼントを
受けとることになる

解答

　以下，A，B，C，D，E がもってきたプレゼントをそれぞれ a, b, c, d, e で表すこととする。

(1)　**ア～コ**

(i)　2 人で交換会を開く場合，1 回目の交換で
交換会が終了するのは，1 通り。 ← 樹形図

$$\boxed{\begin{array}{c} \text{A} - \text{B} \\ b - a \end{array}}$$

　　　よって，1 回目の交換で交換会が終了する確率は

$$\frac{1}{2!} = \frac{1}{2}$$

(ii)　3 人で交換会を開く場合，1 回目の交換で
交換会が終了するのは，2 通り。 ← 樹形図

$$\boxed{\begin{array}{l} \text{A} - \text{B} - \text{C} \\ \begin{array}{l} b - c - a \\ c - a - b \end{array} \end{array}}$$

　　　よって，1 回目の交換で交換会が終了する確率は

$$\frac{2}{3!} = \frac{1}{3}$$

(iii)　4 回の交換で交換会が終了しない確率は ← 余事象を考える

$$\left(\frac{2}{3}\right)^4$$

よって，4回以下の交換で交換会が終了する確率は

$$1 - \left(\frac{2}{3}\right)^4 = \frac{65}{81}$$

(2) サ～タ

1回目の交換で，4人のうち

(☆)
- 1人だけが，自分のプレゼントを受けとるのは $_4C_1 \times 2 = 8$（通り）
- 2人だけが，自分のプレゼントを受けとるのは $_4C_2 \times 1 = 6$（通り）
- 3人だけが，自分のプレゼントを受けとることはない。
- 4人全員が，自分のプレゼントを受けとるのは1通り。

人の選び方 ↘ 残り3人の交換の仕方は エ 通り

よって，1回目の交換で交換会が終了しない受けとり方の総数は

$$8 + 6 + 1 = 15 （通り）$$ ← (☆)を合計すればよい

残り2人の交換の仕方は ア 通り

したがって，1回目の交換で交換会が終了する確率は

$$1 - \frac{15}{4!} = \frac{3}{8}$$

(3) チ～ト

1回目の交換で，5人のうち，

残り3人の交換の仕方は エ 通り
残り4人の交換の仕方は $4! - $ スセ 通り

(☆☆)
- 1人だけが，自分のプレゼントを受けとるのは → $_5C_1 \times 9 = 45$
- 2人だけが，自分のプレゼントを受けとるのは → $_5C_2 \times 2 = 20$
- 3人だけが，自分のプレゼントを受けとるのは → $_5C_3 \times 1 = 10$
- 4人だけが，自分のプレゼントを受けとることはない。
- 5人全員が，自分のプレゼントを受けとるのは，1通り。

人の選び方 ⌐

よって，1回目の交換で交換会が終了しない受けとり方の総数は，

$$45 + 20 + 10 + 1 = 76 （通り） \cdots ①$$ ← (☆☆) を合計すればよい

これより，1回目の交換で交換会が終了する確率は，

残り2人の交換の仕方は ア 通り

$$1 - \frac{76}{5!} = \frac{44}{120} = \frac{11}{30}$$

(4) ナ～ネ

1回目の交換でA，B，C，Dがそれぞれ自分以外の人の持参したプレゼントを受けとる（この事象を E とおく）のは次の(i)，(ii)の場合である。

(i) A，B，C，Dの4人だけが自分以外の人のプレゼントを受けとる

チャレンジ編

数と式

2次関数

データの分析

場合の数・確率

図形と計量

図形の性質

場合

$$4! - \boxed{\text{スセ}} = 9 \ \text{(通り)} \quad \leftarrow \text{4人の完全順列の総数}$$

(ii) 5人全員が自分以外の人のプレゼントを受けとる場合

$$5! - 76 = 44 \ \text{(通り)} \quad \leftarrow \text{(全体)} - ① \ (5人の完全順列の総数)$$

これより，

$$P(E) = \frac{9 + 44}{5!} = \frac{53}{5!}$$

一方，1回目の交換で交換会が終了するという事象を F とすると

$$P(E \cap F) = \frac{44}{5!} \quad \leftarrow \begin{array}{l} E \cap F \text{は5人全員が自分以外のプレゼントを} \\ \text{受けとるという事象なので，その確率は（チ～ト）} \\ \text{と一致する} \end{array}$$

したがって，求める条件付き確率は

$$P_E(F) = \frac{P(E \cap F)}{P(E)} = \frac{\dfrac{44}{5!}}{\dfrac{53}{5!}} = \frac{44}{53}$$

> コメント

4人の場合，樹形図をかいて，$\boxed{\text{ソ, タ}}$ を求めると下のようになります。

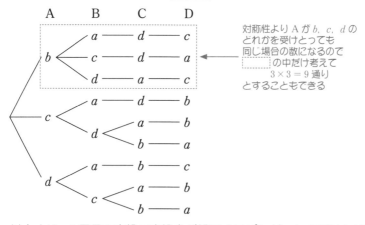

以上より，1回目の交換で交換会が終了するプレゼントの受けとり方は，9通りある。よって，1回目の交換で交換会が終了する確率は

$$\frac{9}{4!} = \frac{3}{8}$$

チャレンジ編

数と式

2次関数

データの分析

場合の数・確率

図形と計量

図形の性質

チャレンジ 23

やや難 8分

外接円の半径が 3 である △ABC を考える。点 A から直線 BC に引いた垂線と直線 BC との交点を D とする。

(1) AB = 5，AC = 4 とする。このとき

$$\sin \angle ABC = \dfrac{\boxed{\text{ア}}}{\boxed{\text{イ}}}, \quad AD = \dfrac{\boxed{\text{ウエ}}}{\boxed{\text{オ}}}$$

である。

(2) 2 辺 AB，AC の長さの間に 2AB + AC = 14 の関係があるとする。

このとき，AB の長さのとり得る値の範囲は $\boxed{\text{カ}} \leqq AB \leqq \boxed{\text{キ}}$

であり

$$AD = \dfrac{\boxed{\text{クケ}}}{\boxed{\text{コ}}} AB^2 + \dfrac{\boxed{\text{サ}}}{\boxed{\text{シ}}} AB$$

と表せるので，AD の長さの最大値は $\boxed{\text{ス}}$ である。

(本試)

ポイント

円に内接する三角形の辺 AB，AC は円の弦の 1 つなので，直径以下（つまり，AB ≦ 2R，AC ≦ 2R）になります。これは，正弦定理からもわかります。

証明 正弦定理より，

$$2R = \dfrac{a}{\sin A}$$

$\sin A \leqq 1$ を利用

$$\therefore \quad a = 2R \sin A \leqq 2R \times 1 = 2R$$

弦は直径以下である

解答

(1) **ア～オ**

$\theta = \angle ABC$ とおく。正弦定理より，

$$\dfrac{4}{\sin \theta} = 2 \cdot 3 \quad \leftarrow \text{パターン 78}$$

$$\therefore \quad \sin \theta = \dfrac{2}{3}$$

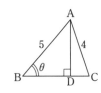

よって，

$$AD = AB\sin\theta = 5 \cdot \frac{2}{3} = \frac{10}{3}$$

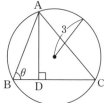

(2) 　カ～ス

AB $\leqq 6$，AC $\leqq 6$ $\leftarrow$ AB，ACは直径6以下である

である。これより，

$$14 - 2AB \leqq 6 \quad \leftarrow AC = 14 - 2AB \text{ を } AC \leqq 6 \text{ に代入}$$

$$-2AB \leqq -8$$

$$\therefore \quad AB \geqq 4$$

したがって，

$$4 \leqq AB \leqq 6$$

(1)と同様に，正弦定理より，

$$\frac{AC}{\sin\theta} = 2 \cdot 3$$

$$\therefore \quad \sin\theta = \frac{AC}{6} \quad \cdots ①$$

が成り立つ。これより，

$$AD = AB\sin\theta$$

$$= AB \cdot \frac{AC}{6} \quad \leftarrow ①を代入$$

$$ \qquad\qquad AC = 14 - 2AB より$$

$$= \frac{1}{6}AB(14 - 2AB)$$

$$ \qquad\qquad 2次関数になった$$

$$= -\frac{1}{3}AB^2 + \frac{7}{3}AB$$

$$= -\frac{1}{3}\left(AB - \frac{7}{2}\right)^2 + \frac{49}{12}$$

したがって，ADの長さの最大値は4である。 $\leftarrow$ グラフより AB = 4 のとき 最大値4とわかる

チャレンジ 24

標準 **10**分

　右の図のように，△ABC の外側に辺 AB, BC, CA をそれぞれ 1 辺とする正方形 ADEB, BFGC, CHIA をかき，2 点 E と F, G と H, I と D をそれぞれ線分で結んだ図形を考える。以下において

$$BC = a,\ CA = b,\ AB = c$$
$$\angle CAB = A,\ \angle ABC = B$$
$$\angle BCA = C$$

とする。

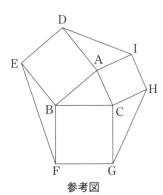

参考図

(1)　$b = 6,\ c = 5,\ \cos A = \dfrac{3}{5}$ のとき，

$\sin A = \dfrac{\boxed{ア}}{\boxed{イ}}$ であり，△ABC の面積は $\boxed{ウエ}$，

△AID の面積は $\boxed{オカ}$ である。

(2)　正方形 BFGC, CHIA, ADEB の面積をそれぞれ $S_1,\ S_2,\ S_3$ とする。このとき，$S_1 - S_2 - S_3$ は

- $0° < A < 90°$ のとき，$\boxed{キ}$。
- $A = 90°$ のとき，$\boxed{ク}$。
- $90° < A < 180°$ のとき，$\boxed{ケ}$。

$\boxed{キ} \sim \boxed{ケ}$ **の解答群**（同じものを繰り返し選んでもよい。）

⓪	0 である	①	正の値である
②	負の値である	③	正の値も負の値もとる

(3)　△AID, △BEF, △CGH の面積をそれぞれ $T_1,\ T_2,\ T_3$ とする。このとき，$\boxed{コ}$ である。

数と式

2次関数

データの分析

場合の数・確率

図形と計量

図形の性質

⓪　$a < b < c$ ならば，$T_1 > T_2 > T_3$

①　$a < b < c$ ならば，$T_1 < T_2 < T_3$

②　A が鈍角ならば，$T_1 < T_2$ かつ $T_1 < T_3$

③　a, b, c の値に関係なく，$T_1 = T_2 = T_3$

(4)　△ABC，△AID，△BEF，△CGH のうち，外接円の半径が最も小さいものを求める。

　　　$0° < A < 90°$ のとき，ID　サ　BC であり

　　　　（△AID の外接円の半径）　シ　（△ABC の外接円の半径）

　　であるから，外接円の半径が最も小さい三角形は

・$0° < A < B < C < 90°$ のとき，　ス　である。

・$0° < A < B < 90° < C$ のとき，　セ　である。

　サ ，　シ の**解答群**（同じものを繰り返し選んでもよい。）

⓪　$<$　　①　$=$　　②　$>$

　ス ，　セ の**解答群**（同じものを繰り返し選んでもよい。）

⓪　△ABC　　①　△AID　　②　△BEF　　③　△CGH

(本試)

ポイント

(4)　△AID，△ABC の外接円の半径をそれぞれ R_1，R とすると，正弦定理より，

$$2R_1 = \frac{\text{ID}}{\sin(180° - A)} = \frac{\text{ID}}{\sin A}, \quad 2R = \frac{\text{BC}}{\sin A}$$

なので，R_1 と R の大小は，ID と BC の大小で決まります。また，△ABC と △AID は，AB = AD = c，AC = AI = b なので，BC と ID の大小は ∠BAC = A と ∠DAI = $180° - A$ の大小で決まります。　**解答**では余弦定理を用いてますが，直感でもわかります

チャレンジ編

数と式

2次関数

データの分析

場合の数・確率

図形と計量

図形の性質

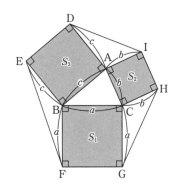

$$\begin{cases} 0° < A < 90° \text{ならば} \quad BC < ID \\ A = 90° \text{ならば} \quad BC = ID \\ 90° < A < 180° \text{ならば} \quad BC > ID \end{cases}$$

解答

(1) $\boxed{\text{ア} \sim \text{カ}}$

$\cos A = \dfrac{3}{5}$ より，右図のようになる。これより，

$$\sin A = \frac{4}{5}$$

$b = 6$, $c = 5$ であるから，

$$\triangle ABC = \frac{1}{2} bc \sin A = \frac{1}{2} \cdot 6 \cdot 5 \cdot \frac{4}{5} = 12$$

$$\triangle AID = \frac{1}{2} bc \sin(180° - A) = \frac{1}{2} bc \sin A = 12$$

△ABC と同じ

(2) $\boxed{\text{キ} \sim \text{ケ}}$

$$S_1 - S_2 - S_3 = a^2 - b^2 - c^2$$
$$= -2bc \cos A$$

← $a^2 = b^2 + c^2 - 2bc \cos A$（余弦定理）

より，

$0° < A < 90°$ のとき（このとき $\cos A > 0$），$S_1 - S_2 - S_3 < 0$ (②)

$A = 90°$ のとき（このとき $\cos A = 0$），$S_1 - S_2 - S_3 = 0$ (⓪)

$90° < A < 180°$ のとき (このとき $\cos A < 0$), $S_1 - S_2 - S_3 > 0$ (①)

(3)　コ

$$
\begin{cases}
\triangle \text{AID} = \dfrac{1}{2}bc\sin(180° - A) = \dfrac{1}{2}bc\sin A = \triangle \text{ABC} \\[2mm]
\triangle \text{BEF} = \dfrac{1}{2}ca\sin(180° - B) = \dfrac{1}{2}ca\sin B = \triangle \text{ABC} \\[2mm]
\triangle \text{CGH} = \dfrac{1}{2}ab\sin(180° - C) = \dfrac{1}{2}ab\sin C = \triangle \text{ABC}
\end{cases}
$$

よって，a, b, c の値に関係なく，$T_1 = T_2 = T_3 \,(= \triangle \text{ABC})$ である（③）。

(4)　サ　余弦定理より，

$$
\begin{cases}
\text{ID}^2 = b^2 + c^2 - 2bc\cos(180° - A) = b^2 + c^2 + 2bc\cos A \\
\text{BC}^2 = b^2 + c^2 - 2bc\cos A
\end{cases}
$$

よって，$0° < A < 90°$ のとき，$\cos A > 0$ であるから，$\text{ID} > \text{BC}$

シ　$\triangle \text{AID}$, $\triangle \text{ABC}$ の外接円の半径をそれぞれ R_1, R とすると，正弦定理より，

$$
2R_1 = \frac{\text{ID}}{\sin(180° - A)} = \frac{\text{ID}}{\sin A}, \quad 2R = \frac{\text{BC}}{\sin A}
$$

$0° < A < 90°$ のとき，$\text{ID} > \text{BC}$ であるから，

$$R_1 > R$$

ス　・$0° < A < B < C < 90°$ のとき，上と同様に考えると，

$$
\begin{cases}
(\triangle \text{AID の外接円の半径}) > (\triangle \text{ABC の外接円の半径}) \cdots ① \\
(\triangle \text{BEF の外接円の半径}) > (\triangle \text{ABC の外接円の半径}) \cdots ② \\
(\triangle \text{CGH の外接円の半径}) > (\triangle \text{ABC の外接円の半径})
\end{cases}
$$

より，外接円の半径が最も小さい三角形は $\triangle \text{ABC}$ である（⓪）。

セ　・$0° < A < B < 90° < C$ のとき

①，②は成立する。$C > 90°$ のとき，$\cos C < 0$ であるから，$\text{AB} > \text{GH}$ である。これより，

$$(\triangle \text{CGH の外接円の半径}) < (\triangle \text{ABC の外接円の半径})$$

が成り立つ。①，②と合わせると，外接円の半径が最も小さい三角形は，$\triangle \text{CGH}$ である（③）。

300

チャレンジ編

数と式

2次関数

データの分析

場合の数・確率

図形と計量

図形の性質

チャレンジ25

標準 10分

点 O を中心とし，半径が 5 である円 O がある。この円周上に 2 点 A, B を AB = 6 となるようにとる。また，円 O の円周上に，2 点 A, B とは異なる点 C をとる。

(1) $\sin \angle ACB = \boxed{\text{ア}}$ である。また，点 C を $\angle ACB$ が鈍角となるようにとるとき，$\cos \angle ACB = \boxed{\text{イ}}$ である。

(2) 点 C を $\angle ACB$ が鈍角で BC = 5 となるようにとる。
このとき，$AC = \boxed{\text{ウ}} \sqrt{\boxed{\text{エ}}} - \boxed{\text{オ}}$ である。

(3) 点 C を $\triangle ABC$ の面積が最大となるようにとる。点 C から直線 AB に垂直な直線を引き，直線 AB との交点を D とするとき，$\tan \angle OAD = \boxed{\text{カ}}$ である。また，$\triangle ABC$ の面積は $\boxed{\text{キク}}$ である。

(4) 点 C を，(3)と同様に，$\triangle ABC$ の面積が最大となるようにとる。
このとき，$\tan \angle ACB = \boxed{\text{ケ}}$ である。
さらに，点 C を通り直線 AC に垂直な直線を引き，直線 AB との交点を E とする。このとき，$\sin \angle BCE = \boxed{\text{コ}}$ である。
点 F を線分 CE 上にとるとき，BF の長さの最小値は $\dfrac{\boxed{\text{サシ}} \sqrt{\boxed{\text{スセ}}}}{\boxed{\text{ソ}}}$ である。

$\boxed{\text{ア}}$，$\boxed{\text{イ}}$，$\boxed{\text{カ}}$，$\boxed{\text{ケ}}$，$\boxed{\text{コ}}$ の解答群（同じものを繰り返し選んでもよい。）

⓪ $\frac{3}{5}$		① $\frac{3}{4}$		② $\frac{4}{5}$		③ 1		④ $\frac{4}{3}$	
⑤ $-\frac{3}{5}$		⑥ $-\frac{3}{4}$		⑦ $-\frac{4}{5}$		⑧ -1		⑨ $-\frac{4}{3}$	

(本試)

(3), (4) AB = 6（一定）なので，これを底辺とすると，高さ（C から AB に下ろした垂線の長さ）が最大のとき，△ABC の面積は最大になります。

ここで，C から下ろした垂線の長さは，AB に平行な直線の位置で決まります。

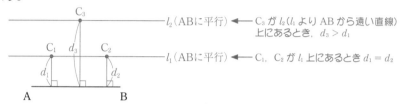

したがって，△ABC の面積が最大になるのは，AB に平行な円の接線 l を引き，C がその接点（かつ ∠ACB が鋭角）のときになります。

└── 右ページ コメント 参照

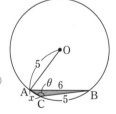

このとき
AB // l より ┐ ┌ 接弦定理（ パターン 101 ）

$$\angle CAB = （右図の \varphi）= \angle CBA$$

より，△ABC は CA = CB の二等辺三角形です。したがって，点 C から直線 AB に下ろした垂線の足 D は，AB の中点になります。

解答

(1) **ア，イ**

$\theta = \angle ACB$ とおく。

円 O は，△ABC の外接円であるから，

$$2 \cdot 5 = \frac{6}{\sin \theta} \quad \longleftarrow \quad 2R = \frac{c}{\sin C}（正弦定理 パターン 78 ）$$

よって，

$$\sin \theta = \frac{6}{10} = \frac{3}{5} \quad (\boxed{\text{ア}} = ⓪)$$

また，∠ACB が鈍角のとき，

$$\cos \theta = -\frac{4}{5} \quad (\boxed{\text{イ}} = ⑦) \longleftarrow$$

パターン 76

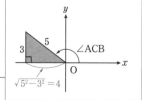

(2) **ウ～オ**

$\theta = \angle ACB$ が鈍角で，$BC = 5$ のとき，$AC = x$ とおくと，

$AB^2 = AC^2 + BC^2 - 2 \cdot AC \cdot BC \cdot \cos\theta$ ◄── 余弦定理（**パターン79**）

$36 = x^2 + 25 - 2 \cdot x \cdot 5 \cdot \left(-\dfrac{4}{5}\right)$

$\therefore \quad x^2 + 8x - 11 = 0$

$x > 0$ より，

$x = 3\sqrt{3} - 4$ ◄── 2次方程式の解の公式
（$x > 0$ より $x = -4 - 3\sqrt{3}$ は不適）

(3) **カ～ク**

$\triangle ABC$ の面積が最大となるのは，

　　$\angle ACB$ が鋭角　かつ　$CA = CB$

のときである。 ◄── **ポイント** 参照

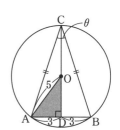

このとき，点 C から AB に下ろした垂線の
足 D は AB の中点であるから，

$AD = \dfrac{1}{2}AB = 3$

となり，

$OD = \sqrt{5^2 - 3^2} = 4$ ◄── 三平方の定理

したがって，

$\tan\angle OAD = \dfrac{OD}{AD} = \dfrac{4}{3}$ （ **カ** = ④ ）

また，

CD = OC + OD =（円の半径）+ OD
　　　　　= 5 + 4

$\triangle ABC = \dfrac{1}{2} \cdot AB \cdot CD = \dfrac{1}{2} \cdot 6 \cdot 9 = 27$

コメント

AB に平行な円の接線は 2 本存在します（右図の l_1, l_2）。
$\triangle ABC$ の面積が最大となるのは，C が l_1 と円の接点（つ
まり，$\angle ACB$ が鋭角）のときです。

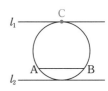

チャレンジ編

数と式

2次関数

データの分析

場合の数・確率

図形と計量

図形の性質

(4) $\boxed{ケ}$

$$\tan\theta = \frac{\sin\theta}{\cos\theta} = \frac{\dfrac{3}{5}}{\dfrac{4}{5}} = \frac{3}{4} \quad (\boxed{ケ} = ①)$$

△ABC の面積が最大のとき,
θ は鋭角なので,$\boxed{イ}$ と同様に
計算すると,$\cos\theta = \dfrac{4}{5}$

別解

$\theta = \frac{1}{2}\angle AOB = \angle AOD$ より

$$\tan\theta = \tan\angle AOD = \frac{AD}{OD} = \frac{3}{4}$$

$\boxed{コ}$

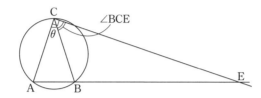

$$\angle BCE = 90° - \theta$$

より,

$$\sin\angle BCE = \sin(90° - \theta)$$
$$= \cos\theta = \frac{4}{5} \quad (\boxed{コ} = ②)$$

$\boxed{サ～ソ}$

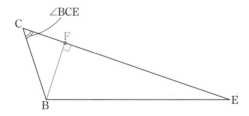

点 F を線分 CE にとるとき,BF の長さが最小になるのは,BF $\perp$ CE
のときで,

$$BF = BC\sin\angle BCE \quad \longleftarrow \quad \sin\angle BCF = \frac{BF}{BC} \text{ より}$$
$$= 3\sqrt{10} \times \frac{4}{5} \quad \longleftarrow \quad \begin{aligned} BC &= \sqrt{CD^2 + DB^2} \\ &= \sqrt{9^2 + 3^2} \\ &= 3\sqrt{10} \end{aligned}$$
$$= \frac{12\sqrt{10}}{5}$$

チャレンジ 26

△ABC において，AB = 2，BC = $\sqrt{5}+1$，CA = $2\sqrt{2}$ とする。また，△ABC の外接円の中心を O とする。

(1) このとき，∠ABC = $\boxed{\text{アイ}}$°であり，外接円 O の半径は

$\dfrac{\boxed{\text{ウ}}}{\boxed{\text{エ}}}\sqrt{\boxed{\text{オ}}}$ である。

(2) 円 O の円周上に点 D を，直線 AC に関して点 B と反対側の弧の上にとる。△ABD の面積を S_1，△BCD の面積を S_2 とするとき

$$\frac{S_1}{S_2} = \sqrt{5}-1 \quad \cdots ①$$

であるとする。∠BAD ＋ ∠BCD = $\boxed{\text{カキク}}$° であるから

CD = $\dfrac{\boxed{\text{ケ}}}{\boxed{\text{コ}}}$ AD となる。このとき CD = $\dfrac{\boxed{\text{サ}}}{\boxed{\text{シ}}}\sqrt{\boxed{\text{スセ}}}$ である。

さらに，2 辺 AD，BC の延長の交点を E とし，△ABE の面積を S_3，△CDE の面積を S_4 とする。このとき

$$\frac{S_3}{S_4} = \frac{\boxed{\text{ソ}}}{\boxed{\text{タ}}} \quad \cdots ②$$ である。①と②より $\dfrac{S_2}{S_4} = \dfrac{\sqrt{\boxed{\text{チ}}}}{\boxed{\text{ツ}}}$ となる。

(本試)

ポイント

$\boxed{\text{ケ}}\sim\boxed{\text{セ}}$

CD = x，AD = y とおいて，①と余弦定理から x, y の連立方程式を作ります。

解答

(1) $\boxed{\text{ア}}\sim\boxed{\text{オ}}$

余弦定理より，

$$\cos B = \frac{2^2 + (\sqrt{5}+1)^2 - (2\sqrt{2})^2}{2 \cdot 2 \cdot (\sqrt{5}+1)}$$　←　**パターン 79**

$$= \frac{2(\sqrt{5}+1)}{4(\sqrt{5}+1)} = \frac{1}{2}$$

$\therefore \quad B = 60°$

数と式

2次関数

データの分析

場合の数・確率

図形と計量

図形の性質

外接円 O の半径を R とすると，

$$2R = \frac{2\sqrt{2}}{\sin 60°} = \frac{2\sqrt{2}}{\frac{\sqrt{3}}{2}} = \frac{4\sqrt{2}}{\sqrt{3}} = \frac{4\sqrt{6}}{3}$$

← $2R = \dfrac{b}{\sin B}$（正弦定理 **パターン 78**）

$$\therefore \quad R = \frac{2}{3}\sqrt{6}$$

(2) $\boxed{\text{カ〜セ}}$ $CD = x$，$AD = y$ とおく。このとき，

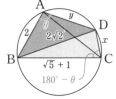

□ABCD は円に内接するので

$$\angle BAD + \angle BCD = 180°$$ ← **パターン 87**

$\angle BAD = \theta$ とおくと，$\dfrac{S_1}{S_2} = \sqrt{5} - 1$ より，

$$\frac{\frac{1}{\cancel{2}}y \cdot 2\sin\theta}{\frac{1}{\cancel{2}}x(\sqrt{5}+1)\sin(180°-\theta)} = \sqrt{5} - 1$$

← $\sin(180° - \theta) = \sin\theta$
より，この部分は消える

これより，

$$2y = (\sqrt{5}+1)(\sqrt{5}-1)x$$
$$2y = 4x$$

$$\therefore \quad x = \frac{1}{2}y \quad \cdots ③$$ ← $CD = \dfrac{1}{2}AD$（$\boxed{\text{ケコ}}$）

一方，

$$\angle ADC = 180° - \angle ABC = 180° - 60° = 120°$$ ← **パターン 87**

余弦定理より，

$$(2\sqrt{2})^2 = x^2 + y^2 - 2xy\cos 120°$$

$$\therefore \quad 8 = x^2 + y^2 + xy \quad \cdots ④$$

△ADC に注目

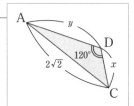

だから…

③，④を解けばよい !!

つづき

③より，$y = 2x$ なので，④に代入すると，

$$8 = x^2 + (2x)^2 + x \cdot 2x$$ ← $y = 2x$ を代入

$$8 = 7x^2$$

$$\therefore \quad x = \sqrt{\frac{8}{7}}$$

$$= \frac{2}{7}\sqrt{14}$$ ← CD

ポイント

ソ〜ツ

右図において，△ABE ∽ △CDE が成り立ちます。

証明
$\begin{cases} ∠AEB は共通 \\ ∠ABC = ∠CDE = 60° \end{cases}$
2角が等しいので
　　△ABE ∽ △CDE

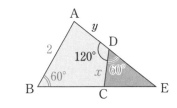

このとき，相似比は，$2 : x$ なので，相似比の2乗が面積比になります。

解答

ソ〜ツ

　△ABE ∽ △CDE であり，　← **ポイント** 参照

相似比は，$2 : x$ であるから，

$$\frac{S_3}{S_4} = \left(\frac{2}{x}\right)^2 = \frac{4}{x^2} = \frac{4}{\dfrac{8}{7}} = \frac{7}{2}$$

← $x^2 = \dfrac{8}{7}$ を代入

相似比の2乗が面積比

$$S_3 : S_4 = 7 : 2$$

ということは

　これより，

　　□ABCD : △CDE = 5 : 2

になる（図1）。さらに，$\dfrac{S_1}{S_2} = \sqrt{5} - 1$

（すなわち，△ABD : △BCD = $(\sqrt{5} - 1) : 1$）

に注意すると，（図2）のようになる。

　よって，

$$\frac{S_2}{S_4} = \frac{\sqrt{5}}{2}$$

〈面積比の計算の仕方〉

$S_1 : S_2 = (\sqrt{5} - 1) : 1$ より
$$△ABD = 5 \times \frac{\sqrt{5} - 1}{(\sqrt{5} - 1) + 1} = 5 - \sqrt{5}$$
$$△BCD = 5 \times \frac{1}{(\sqrt{5} - 1) + 1} = \sqrt{5}$$

（図1）

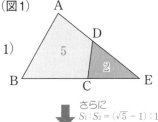

さらに
$S_1 : S_2 = (\sqrt{5} - 1) : 1$
より

（図2）

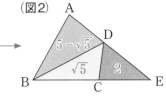

チャレンジ27

△ABC において，AB = 3，BC = 4，AC = 5 とする。∠BAC の二等分線と辺 BC との交点を D とすると

$$BD = \frac{\boxed{ア}}{\boxed{イ}}, \quad AD = \frac{\boxed{ウ}\sqrt{\boxed{エ}}}{\boxed{オ}}$$

である。

また，∠BAC の二等分線と △ABC の外接円 O との交点で点 A とは異なる点を E とする。△AEC に着目すると

$$AE = \boxed{カ}\sqrt{\boxed{キ}}$$

である。

△ABC の 2 辺 AB と AC の両方に接し，外接円 O に内接する円の中心を P とする。円 P の半径を r とする。さらに，円 P と外接円 O との接点を F とし，直線 PF と外接円 O との交点で点 F とは異なる点を G とする。このとき

$$AP = \sqrt{\boxed{ク}}\, r, \quad PG = \boxed{ケ} - r$$

と表せる。したがって，方べきの定理により $r = \dfrac{\boxed{コ}}{\boxed{サ}}$ である。

△ABC の内心を Q とする。内接円 Q の半径は $\boxed{シ}$ で，AQ = $\sqrt{\boxed{ス}}$ である。また，円 P と辺 AB との接点を H とすると，AH = $\dfrac{\boxed{セ}}{\boxed{ソ}}$ である。

以上から，点 H に関する次の(a)，(b)の正誤の組合せとして正しいものは $\boxed{タ}$ である。

(a) 点 H は 3 点 B，D，Q を通る円の周上にある。

(b) 点 H は 3 点 B，E，Q を通る円の周上にある。

$\boxed{タ}$ の解答群

	⓪	①	②	③
(a)	正	正	誤	誤
(b)	正	誤	正	誤

(本試)

308

チャレンジ編

数と式

2次関数

データの分析

場合の数・確率

図形と計量

図形の性質

ポイント

　△ABDは3辺の比が $1:2:\sqrt{5}$ の三角形とわかります。この三角形と相似な三角形を利用することにより，$\boxed{カ，キ}$，$\boxed{ク}$，$\boxed{ス}$，$\boxed{セ，ソ}$ の値が求まります。

　最後の $\boxed{タ}$ は方べきの定理の逆を利用します。

◆方べきの定理の逆

　2つの線分 AB と CD，または AB の延長と CD の延長が点 P で交わるとき，

$$PA \cdot PB = PC \cdot PD$$

が成り立つならば，4点 A，B，C，D は1つの円周上にある。

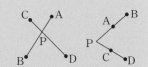

解答

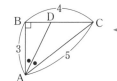

$AB^2 + BC^2 = CA^2$ なので，△ABC は直角三角形（したがって，△ABC の外接円は AC を直径とする円になります）

$\boxed{ア～オ}$

　AD は，∠BAC の二等分線であるから，

$$BD : DC = AB : AC = 3 : 5 \quad \text{パターン 94}$$

より，

$$BD = \frac{3}{8} \times BC = \frac{3}{2}$$

よって，三平方の定理より，

$$AD = \sqrt{AB^2 + BD^2} = \sqrt{3^2 + \left(\frac{3}{2}\right)^2} = 3\sqrt{1^2 + \left(\frac{1}{2}\right)^2} = \frac{3}{2}\sqrt{5}$$

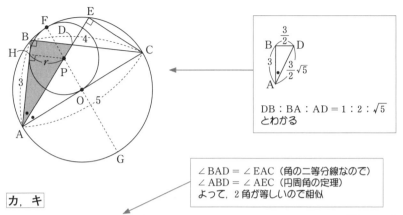

DB : BA : AD = 1 : 2 : $\sqrt{5}$
とわかる

∠BAD = ∠EAC（角の二等分線なので）
∠ABD = ∠AEC（円周角の定理）
よって，2角が等しいので相似

カ, キ

△ABD ∽ △AEC より，△AEC は 3 辺の比が $1 : 2 : \sqrt{5}$ の三角形。
これより，

$$AE = \frac{2}{\sqrt{5}} \times AC = \frac{2}{\sqrt{5}} \times 5 = 2\sqrt{5}$$

ク〜サ

点 P は AB, AC に接する円の中心なので，∠BAC の二等分線上（つまり，
AE 上）の点である。円 P と辺 AB の接点を H とすると，HP = r（= 半径）
で，△AHP ∽ △ABD なので， ← したがって，△AHP は 3 辺の比が $1 : 2 : \sqrt{5}$ の三角形

$$AP = \sqrt{5} \times HP = \sqrt{5}\,r$$

また，

$$PG = FG - FP = 5 - r$$

よって，方べきの定理より

$$PF \cdot PG = PA \cdot PE$$ ← パターン 97

$$r(5 - r) = \sqrt{5}\,r(2\sqrt{5} - \sqrt{5}\,r)$$ ← PE = AE − AP = $2\sqrt{5} - \sqrt{5}\,r$

$$5 - r = 10 - 5r$$ ← 両辺を r で割った

$$\therefore \quad r = \frac{5}{4}$$

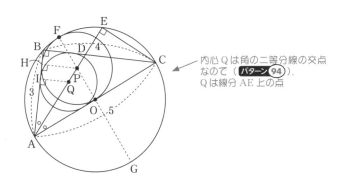

内心 Q は角の二等分線の交点なので（**パターン94**），Q は線分 AE 上の点

シ〜タ

　△ABC の内接円の半径を r_1, $S = $ △ABC とすると，

$$S = \frac{1}{2}(a+b+c)r_1 \quad \leftarrow \quad \text{パターン85}$$

より，

$$6 = \frac{1}{2}(4+5+3)r_1 \quad \leftarrow \quad S = \frac{1}{2} \times 3 \times 4 = 6$$

$$\therefore \quad r_1 = 1$$

円 Q と辺 AB の接点を I とすると，$IQ = r_1 = 1$ であり，△AIQ ∽ △ABD より，←ということは，△AIQ は 3 辺の比が $1 : 2 : \sqrt{5}$ の三角形

$$AQ = \sqrt{5} \times IQ = \sqrt{5}$$

また，△AHP ∽ △ABD より，←ということは，△AHP は 3 辺の比が $1 : 2 : \sqrt{5}$ の三角形

$$AH = 2 \times HP = 2 \times \frac{5}{4} = \frac{5}{2}$$

$$\leftarrow HP = r = \frac{5}{4}$$

ここで，

$$\begin{cases} AB \cdot AH = 3 \times \dfrac{5}{2} = \dfrac{15}{2} \\[2mm] AD \cdot AQ = \dfrac{3\sqrt{5}}{2} \times \sqrt{5} = \dfrac{15}{2} \\[2mm] AE \cdot AQ = 2\sqrt{5} \times \sqrt{5} = 10 \end{cases}$$

より，$AB \cdot AH = AD \cdot AQ$ は成立し，$AB \cdot AH = AE \cdot AQ$ は成立しない。したがって，方べきの定理および，その逆より，(a) は正しく，(b) は正しくない（①）。

　△ABC の重心を G とし，線分 AG 上で点 A とは異なる位置に点 D をとる。直線 AG と辺 BC の交点を E とする。また，直線 BC 上で辺 BC 上にはない位置に点 F をとる。直線 DF と辺 AB の交点を P，直線 DF と辺 AC の交点を Q とする。

(1)　点 D は線分 AG の中点であるとする。このとき，△ABC の形状に関係なく

$$\dfrac{\text{AD}}{\text{DE}} = \dfrac{\boxed{\text{ア}}}{\boxed{\text{イ}}}$$

である。また，点 F の位置に関係なく

$$\dfrac{\text{BP}}{\text{AP}} = \boxed{\text{ウ}} \times \dfrac{\boxed{\text{エ}}}{\boxed{\text{オ}}}, \qquad \dfrac{\text{CQ}}{\text{AQ}} = \boxed{\text{カ}} \times \dfrac{\boxed{\text{キ}}}{\boxed{\text{ク}}}$$

であるので，つねに

$$\dfrac{\text{BP}}{\text{AP}} + \dfrac{\text{CQ}}{\text{AQ}} = \boxed{\text{ケ}}$$

となる。

$\boxed{\text{エ}}$，$\boxed{\text{オ}}$，$\boxed{\text{キ}}$，$\boxed{\text{ク}}$ **の解答群**（同じものを繰り返し選んでもよい。）

⓪　BC	①　BF	②　CF	③　EF
④　FP	⑤　FQ	⑥　PQ	

(2)　AB = 9，BC = 8，AC = 6 とし，(1) と同様に，点 D は線分 AG の中点であるとする。ここで，4 点 B，C，Q，P が同一円周上にあるように点 F をとる。

　このとき，AQ$= \dfrac{\boxed{\text{コ}}}{\boxed{\text{サ}}}$ AP であるから

$$\text{AP} = \dfrac{\boxed{\text{シス}}}{\boxed{\text{セ}}}, \qquad \text{AQ} = \dfrac{\boxed{\text{ソタ}}}{\boxed{\text{チ}}}$$

であり

チャレンジ編

数と式

2次関数

データの分析

場合の数・確率

図形と計量

図形の性質

$$\text{CF} = \frac{\boxed{\text{ツテ}}}{\boxed{\text{トナ}}}$$

である。

(3) △ABC の形状や点 F の位置に関係なく、つねに $\dfrac{\text{BP}}{\text{AP}} + \dfrac{\text{CQ}}{\text{AQ}} = 10$

となるのは、$\dfrac{\text{AD}}{\text{DG}} = \dfrac{\boxed{\text{ニ}}}{\boxed{\text{ヌ}}}$ のときである。

(本試)

ポイント

　メネラウスの定理（ ）をフル活用する問題です。AG は中線なので、E は線分 BC の中点になります。このとき、

$$\text{BF} + \text{CF} = 2\text{EF}$$

が成り立ちます。

証明

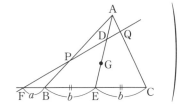

$\text{BF} = a$、$\text{BE} = \text{EC} = b$ とおくと、

$$\begin{cases} \text{BF} + \text{CF} = a + (a + 2b) = 2a + 2b \\ \text{EF} = a + b \end{cases}$$

よって、

$$\text{BF} + \text{CF} = 2\text{EF}$$

(2) 4点 B, C, Q, P が同一円周上のとき、方べきの定理より

$$\text{AP} \cdot \text{AB} = \text{AQ} \cdot \text{AC} \quad \cdots (\bigstar)$$

が成り立ちます。これより、

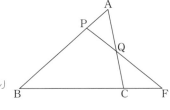

$$\begin{cases} \dfrac{\text{AP}}{\text{AB}} = \dfrac{\text{AQ} \cdot \text{AC}}{\text{AB}^2} = \dfrac{2}{27}\text{AQ} \quad \text{（☆）より} \\ \dfrac{\text{AQ}}{\text{AC}} = \dfrac{1}{6}\text{AQ} \quad \text{AB = 9, AC = 6 より} \end{cases}$$

となり、$\dfrac{\text{AP}}{\text{AB}} < \dfrac{\text{AQ}}{\text{AC}}$ が成り立つので、F は C の右側（B の左側ではない）

とわかります。

(1) **ア〜ケ**

AG：GE ＝ 2：1 で，D は AG の中点で

あるから　←── ということは，AD ＝ DG ＝ GE

$$\frac{AD}{DE} = \frac{1}{2} \quad \cdots ①$$

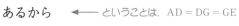

メネラウスの定理より，

$$\frac{BP}{PA} \cdot \frac{AD}{DE} \cdot \frac{EF}{FB} = 1 \quad ←── △ABE と直線 PF でメネラウスの定理（図 1）$$

$$\frac{CQ}{QA} \cdot \frac{AD}{DE} \cdot \frac{EF}{FC} = 1 \quad ←── △ACE と直線 PF でメネラウスの定理（図 2）$$

①を代入すると，点 F の位置に関係なく

$$\frac{BP}{AP} = 2 \times \frac{BF}{EF} \quad \cdots ②, \quad \frac{CQ}{AQ} = 2 \times \frac{CF}{EF}$$

（ **エ** ＝ ①, **オ** ＝ ③, **キ** ＝ ②, **ク** ＝ ③ ）

これより，

$$\frac{BP}{AP} + \frac{CQ}{AQ} = 2 \times \frac{BF + CF}{EF}$$

$$= 4 \quad \cdots ③$$

BF ＋ CF ＝ 2EF （**ポイント** 参照）

（図 1）

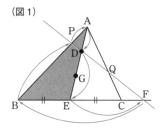

（図 2）

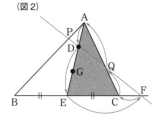

(2) コ～ナ

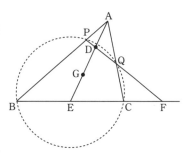

4点 B, C, P, Q が同一円周上のとき
方べきの定理より,

$$AP \cdot AB = AQ \cdot AC$$
$$9AP = 6AQ$$
$$\therefore \quad AQ = \frac{3}{2}AP$$

よって, $AP = 2x$, $AQ = 3x$ とおけ
るので, ③より,

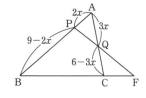

$$\frac{9-2x}{2x} + \frac{6-3x}{3x} = 4$$
$$3(9-2x) + 2(6-3x) = 24x$$
$$36x = 39$$
$$\therefore \quad x = \frac{13}{12}$$

これより,

$$AP = 2x = \frac{13}{6}, \quad AQ = 3x = \frac{13}{4}$$

$CF = y$ とおくと, ②より,

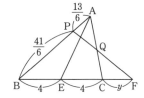

$$\frac{\dfrac{41}{6}}{\dfrac{13}{6}} = 2 \times \frac{8+y}{4+y}$$
$$41(4+y) = 26(8+y)$$
$$41y + 164 = 26y + 208$$
$$15y = 44$$
$$\therefore \quad y = \frac{44}{15}$$

チャレンジ編

数と式

2次関数

データの分析

場合の数・確率

図形と計量

図形の性質

(3) ニ ヌ

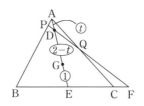

$AD : DG = t : (2-t)$ とおく。 ← このとき, $AD : DG : GE = t : (2-t) : 1$ になります

(1)と同様に，メネラウスの定理より，

$$\frac{BP}{PA} \cdot \frac{AD}{DE} \cdot \frac{EF}{FB} = 1, \quad \frac{CQ}{QA} \cdot \frac{AD}{DE} \cdot \frac{EF}{FC} = 1$$

ここで，

$$\frac{AD}{DE} = \frac{t}{3-t}$$

より，

$$\frac{BP}{AP} = \frac{3-t}{t} \times \frac{FB}{EF}, \quad \frac{CQ}{AQ} = \frac{3-t}{t} \times \frac{CF}{EF}$$

これを

$$\frac{BP}{AP} + \frac{CQ}{AQ} = 10$$

に代入すると，

$$\frac{3-t}{t} \cdot \frac{FB+CF}{EF} = 10$$

$BF + CF = 2EF$ (**ポイント** 参照)

$$\frac{3-t}{t} \cdot 2 = 10$$

$$6 - 2t = 10t$$

$$\therefore \quad t = \frac{1}{2}$$

したがって，

$$\frac{AD}{DG} = \frac{1}{3}$$

チャレンジ 29

△ABC において，AB ＝ AC ＝ 5，BC ＝ $\sqrt{5}$ とする。辺 AC 上に点 D を AD ＝ 3 となるようにとり，辺 BC の B の側の延長と △ABD の外接円との交点で B と異なるものを E とする。

CE・CB ＝ $\boxed{アイ}$ であるから，BE ＝ $\sqrt{\boxed{ウ}}$ である。

△ACE の重心を G とすると，AG ＝ $\dfrac{\boxed{エオ}}{\boxed{カ}}$ である。

AB と DE の交点を P とすると $\dfrac{DP}{EP} = \dfrac{\boxed{キ}}{\boxed{ク}}$ ……①

である。

△ABC と △EDC において，点 A，B，D，E は同一円周上にあるので ∠CAB ＝ ∠CED で，∠C は共通であるから

DE ＝ $\boxed{ケ}\sqrt{\boxed{コ}}$ ……②

である。①，②から，EP ＝ $\dfrac{\boxed{サ}\sqrt{\boxed{シ}}}{\boxed{ス}}$ である。

(本試)

ポイント

$\boxed{アイ}$ は方べきの定理（ パターン 97 ）。

$\boxed{キ, ク}$ はメネラウスの定理（ パターン 99 ）。「三角形」と「赤い直線」を見つけます。

$\boxed{ケ, コ}$ は，△ABC ∽ △EDC と △ABC が二等辺三角形であることに注目します。

解答

$\boxed{ア～ウ}$

方べきの定理より，

CE・CB ＝ CD・CA ＝ 2・5 ＝ 10

CB ＝ $\sqrt{5}$ であるから，

$\sqrt{5}$ CE ＝ 10

∴ CE ＝ $2\sqrt{5}$

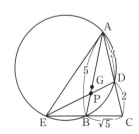

よって，
$$BE = CE - BC$$
$$= 2\sqrt{5} - \sqrt{5} = \sqrt{5}$$

エ〜カ

BE = BC であるから，AB は △ACE の中線。 ←

ということは，G は AB 上にあり，
AG : GB = 2 : 1（パターン**95**）

よって，

$$AG = \frac{2}{3}AB = \frac{2}{3} \times 5 = \frac{10}{3}$$

キ，ク

右図のように考えてメネラウスの △ECD と直線 AB で
メネラウスの定理
定理を用いると，←

$$\frac{DP}{EP} \cdot \frac{EB}{BC} \cdot \frac{CA}{AD} = 1$$

$$\frac{DP}{EP} \cdot \frac{\sqrt{5}}{\sqrt{5}} \cdot \frac{5}{3} = 1$$

$$\therefore \quad \frac{DP}{EP} = \frac{3}{5}$$

ケ〜ス

円周角の定理

$\angle CAB = \angle CED$，$\angle C$ は共通より，

$$\triangle EDC \backsim \triangle ABC \qquad \leftarrow \triangle ABC は二等辺三角形$$

これより，△EDC も二等辺三角形であるから，

$$DE = CE = 2\sqrt{5}$$

よって， キ，クより EP : PD = 5 : 3

$$EP = \frac{5}{8}ED = \frac{5\sqrt{5}}{4}$$

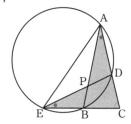

チャレンジ 30

標準 12分

(1) 円Oに対して，次の**手順1**で作図を行う。

手順1

(Step 1) 円Oと異なる2点で交わり，中心Oを通らない直線 l を引く。円Oと直線 l との交点を A，B とし，線分 AB の中点 C をとる。

(Step 2) 円Oの周上に，点D を ∠COD が鈍角となるようにとる。直線 CD を引き，円 O との交点で D とは異なる点を E とする。

(Step 3) 点 D を通り直線 OC に垂直な直線を引き，直線 OC との交点を F とし，円Oとの交点で D とは異なる点を G とする。

(Step 4) 点 G における円Oの接線を引き，直線 l との交点を H とする。

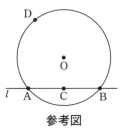

参考図

このとき，直線 l と点Dの位置によらず，直線 EH は円Oの接線である。このことは，次の**構想**に基づいて，後のように説明できる。

> **構想**
>
> 直線 EH が円 O の接線であることを証明するためには,
> $\angle \text{OEH} = \boxed{\text{アイ}}°$ であることを示せばよい。

手順1の(Step 1)と(Step 4)により, 4点 C, G, H, $\boxed{\text{ウ}}$ は同一円周上にあることがわかる。よって, $\angle \text{CHG} = \boxed{\text{エ}}$ である。一方, 点 E は円 O の周上にあることから, $\boxed{\text{エ}} = \boxed{\text{オ}}$ がわかる。よって, $\angle \text{CHG} = \boxed{\text{オ}}$ であるので, 4点 C, G, H, $\boxed{\text{カ}}$ は同一円周上にある。この円が点 $\boxed{\text{ウ}}$ を通ることにより, $\angle \text{OEH} = \boxed{\text{アイ}}°$ を示すことができる。

$\boxed{\text{ウ}}$ の解答群

⓪ B	① D	② F	③ O

$\boxed{\text{エ}}$ の解答群

⓪ $\angle \text{AFC}$	① $\angle \text{CDF}$	② $\angle \text{CGH}$
③ $\angle \text{CBO}$	④ $\angle \text{FOG}$	

$\boxed{\text{オ}}$ の解答群

⓪ $\angle \text{AED}$	① $\angle \text{ADE}$	② $\angle \text{BOE}$
③ $\angle \text{DEG}$	④ $\angle \text{EOH}$	

$\boxed{\text{カ}}$ の解答群

⓪ A	① D	② E	③ F

(2) 円 O に対して，(1)の**手順1**とは直線 l の引き方を変え，次の**手順2**で作図を行う。

手順2

(Step 1) 円 O と共有点をもたない直線 l を引く。中心 O から直線 l に垂直な直線を引き，直線 l との交点を P とする。

(Step 2) 円 O の周上に，点 Q を ∠POQ が鈍角となるようにとる。直線 PQ を引き，円 O との交点で Q とは異なる点を R とする。

(Step 3) 点 Q を通り直線 OP に垂直な直線を引き，円 O との交点で Q とは異なる点を S とする。

(Step 4) 点 S における円 O の接線を引き，直線 l との交点を T とする。

このとき，∠PTS = $\boxed{\ \text{キ}\ }$ である。

円 O の半径が $\sqrt{5}$ で，OT $= 3\sqrt{6}$ であったとすると，3 点 O, P, R を通る円の半径は $\dfrac{\boxed{\ \text{ク}\ }\sqrt{\boxed{\ \text{ケ}\ }}}{\boxed{\ \text{コ}\ }}$ であり，RT $= \boxed{\ \text{サ}\ }$ である。

$\boxed{\ \text{キ}\ }$ **の解答群**

⓪ ∠PQS	① ∠PST	② ∠QPS
③ ∠QRS	④ ∠SRT	

チャレンジ編

数と式

2次関数

データの分析

場合の数・確率

図形と計量

図形の性質

4点が同一円周上にあるための条件は, **パターン103** です。

　ウ, **カ** において, 同一円周上にある4点が2つ見つかり, そのうち3個は共通の点であることから5点が同一円周上にあることがわかります。

〈イメージ〉

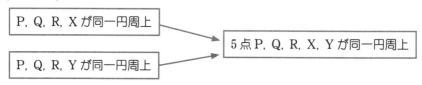

(2)も(1)と同様です。同一円周上にある4点を2つ見つけます（そのうち3個は共通の点なので, 5点が同一円周上にあるとわかります）。

解答

(1)　**ア, イ**

　直線 EH が円 O の接線であるためには

$$\angle \mathrm{OEH} = 90°$$

を示せばよい。

ウ〜カ

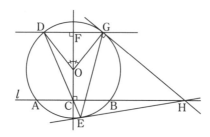

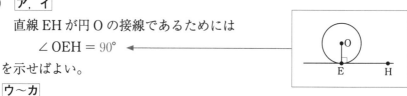

$$\begin{cases} \angle \mathrm{OCH} = 90° & \longleftarrow \text{Cは弦 AB の中点なので OC} \perp \text{AB} \\ \angle \mathrm{OGH} = 90° & \longleftarrow \text{GHはGにおける接線} \end{cases}$$

対角の和が180°より

より, 4点 C, G, H, O は同一円周上にある（ **ウ** = ③）。(☆)

これより，

$$\angle CHG = \angle FOG \quad (\boxed{\text{エ}} = \text{④}) \quad \cdots ①$$

円に内接する四角形の性質

一方， $\angle FOG = \angle FOD$ より

$$\angle FOG = \frac{1}{2}\angle DOG = \angle DEG \quad (\boxed{\text{オ}} = \text{③}) \quad \cdots ②$$

円周角と中心角の関係

であるから，①，②より

$$\angle CHG = \angle DEG$$

したがって，円周角の定理の逆より，4点 C，G，H，E は同一円周上にある（ $\boxed{\text{カ}} = \text{②}$ ）。← (☆)と合わせると，5点 O，C，G，H，E は同一円周上にある

$$\therefore \quad \angle OEH = \angle OCH = 90°$$

円周角の定理

(2) $\boxed{\text{キ}}$ （1）と同様に

QS ⊥ OP なので直線 PO は∠QOS を二等分します

$$\begin{cases} \angle OPT = 90° \quad \leftarrow \text{(Step 1) より} \\ \angle OST = 90° \quad \leftarrow \text{ST は S における接線} \end{cases}$$

対角の和が 180° より

より，4点 O，P，T，S は同一円周上にある（☆☆）。よって，

円に内接する四角形の性質

$$\angle PTS = \frac{1}{2}\angle QOS$$

$$= \angle QRS \quad (\boxed{\text{キ}} = \text{③}) \quad \cdots (※)$$

中心角と円周角の関係

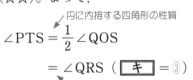

$\boxed{\text{ク～サ}}$

円に内接する四角形の性質の逆

（※）より，4点 P，T，S，R は同一円周上にあり，（☆☆）と合わせると5点 O，P，T，S，R は同一円周上にある。

これより，

OT を直径とする円

$$(\text{O，P，R を通る円の半径}) = \frac{1}{2}OT = \frac{3\sqrt{6}}{2}$$

また，

$$\angle ORT = 90° \quad \leftarrow \text{直径の円周角は } 90°$$

より，

$$RT = \sqrt{OT^2 - OR^2}$$
$$= \sqrt{(3\sqrt{6})^2 - (\sqrt{5})^2} = 7$$

チャレンジ編

数と式

2次関数

データの分析

場合の数・確率

図形と計量

図形の性質

チャレンジ 31

△ABC において，AB = 3，BC = 8，AC = 7 とする。

(1) 辺 AC 上に点 D を AD = 3 となるようにとり，△ABD の外接円と直線 BC の交点で B と異なるものを E とする。このとき，

BC・CE = $\boxed{\text{アイ}}$ であるから，CE = $\dfrac{\boxed{\text{ウ}}}{\boxed{\text{エ}}}$ である。

直線 AB と直線 DE の交点を F とするとき，$\dfrac{\text{BF}}{\text{AF}}$ = $\dfrac{\boxed{\text{オカ}}}{\boxed{\text{キ}}}$ であるから，AF = $\dfrac{\boxed{\text{クケ}}}{\boxed{\text{コ}}}$ である。

(2) ∠ABC = $\boxed{\text{サシ}}$° である。△ABC の内接円の半径は $\dfrac{\boxed{\text{ス}}\sqrt{\boxed{\text{セ}}}}{\boxed{\text{ソ}}}$ であり，△ABC の内心を I とすると BI = $\dfrac{\boxed{\text{タ}}\sqrt{\boxed{\text{チ}}}}{\boxed{\text{ツ}}}$ である。

(本試)

ポイント

(1) $\boxed{\text{アイ}}$ は方べきの定理です（ パターン 97 ）。 $\boxed{\text{オ〜キ}}$ はメネラウスの定理（ パターン 99 ）。△ABC と直線 EF に注目します。

$\boxed{\text{ク〜コ}}$ は $\boxed{\text{オ〜キ}}$ を利用して BA：AF を求めます。

(2) 内接円の半径は，パターン 85 です。$\boxed{\text{タ〜ツ}}$ は，BI が ∠ABC の二等分線であることに注意して，△IDB の 3 辺の比を考えます。

解答

(1) $\boxed{\text{ア〜エ}}$

方べきの定理より，

$$BC \cdot CE = CA \cdot CD$$
$$= 7 \cdot 4 = 28$$

BC = 8 であるから，

$$8\,CE = 28$$

∴ CE = $\dfrac{7}{2}$

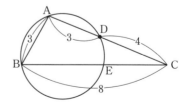

オ〜コ

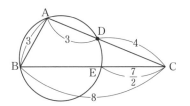

$$BE = BC - CE = 8 - \frac{7}{2} = \frac{9}{2}$$

△ABC と直線 EF で
メネラウスの定理

である。右図のように考えてメネラウスの定理を用いると，

$$\frac{BF}{FA} \cdot \frac{AD}{DC} \cdot \frac{CE}{EB} = 1 \quad \blacktriangleleft \quad \boxed{パターン\ 99}$$

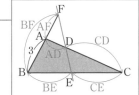

$$\frac{BF}{FA} \cdot \frac{3}{4} \cdot \frac{\dfrac{7}{2}}{\dfrac{9}{2}} = 1$$

$$\therefore \quad \frac{BF}{AF} = \frac{12}{7} \quad \cdots ①$$

よって，BA : AF = 5 : 7 であるから，

$$AF = \frac{7}{5} AB$$

$$= \frac{7}{5} \times 3$$

$$= \frac{21}{5}$$

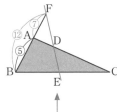

BF : AF = 12 : 7 より
BA : AF = 5 : 7

(2) $\boxed{\text{サシ}}$

余弦定理より,

$$\cos B = \frac{3^2 + 8^2 - 7^2}{2 \cdot 3 \cdot 8} \quad \xleftarrow{\quad} \cos B = \frac{c^2 + a^2 - b^2}{2ca}$$

$$= \frac{24}{48} = \frac{1}{2}$$

$$\therefore \quad B = 60°$$

$\boxed{\text{ス〜ソ}}$

△ABC の面積を S とすると,

$$S = \frac{1}{2} \cdot 3 \cdot 8 \sin 60° = \frac{1}{2} \cdot 3 \cdot 8 \cdot \frac{\sqrt{3}}{2} = 6\sqrt{3}$$

である。△ABC の内接円の半径を r とおき,

$$S = \frac{1}{2}(a+b+c)r \quad \xleftarrow{\quad} \boxed{\text{パターン 85}}$$

に代入すると,

$$6\sqrt{3} = \frac{1}{2}(3+8+7)r$$

$$9r = 6\sqrt{3}$$

$$\therefore \quad r = \frac{2\sqrt{3}}{3}$$

$\boxed{\text{タ〜ツ}}$

△ABC の内接円と辺 AB の接点を D とすると,

$$\begin{cases} \angle \text{IDB} = 90° & \xleftarrow{} \text{D は接点} \\ \angle \text{DBI} = 30° & \xleftarrow{} \text{BI は} \angle \text{ABC の} \\ & \quad\quad\quad \text{二等分線} \\ \text{ID} = \dfrac{2}{3}\sqrt{3} & \xleftarrow{} \text{内接円の半径} \end{cases}$$

△IDB に注目する!!

であるから,

$$\text{BI} = 2\,\text{ID} = \frac{4\sqrt{3}}{3} \quad \xleftarrow{} \begin{array}{l} \text{△IDB は } 90°, \ 60°, \ 30° \text{ の直角三角形なので} \\ \text{三辺の比は } 2:1:\sqrt{3} \end{array}$$

志田　晶（しだ　あきら）

　北海道釧路市出身。名古屋大学理学部数学科から同大学大学院博士課程に進む。専攻は可換環論。大学院生時代に河合塾、駿台予備学校の教壇に立ち、大学受験指導の道にはまる。

　2008年度より、河合塾から東進ハイスクール・東進衛星予備校に電撃移籍。その授業は、全国で受講可能。

　河合塾講師時代は、サテライト（衛星授業）を担当のほか、中部地区数学科の人気講師として、あらゆる学力層より圧倒的な支持を得ていた。

　著書に、『改訂版　大学入学共通テスト　数学Ⅱ・Bの点数が面白いほどとれる本』『差がつくテーマ100選　志田晶の　数学Ⅲの点数が面白いほどとれる本』『志田晶の　確率が面白いほどわかる本』『スマートな解法から裏ワザまで　志田晶の　数学覚醒講義』（以上、KADOKAWA）、『数学Ⅰ・A一問一答【完全版】2nd edition』『志田の数学Ⅰ　スモールステップ完全講義』（以上、ナガセ）、『数学で解ける人生の損得』（宝島社）など多数。また、共著書として『改訂版　9割とれる　最強のセンター試験勉強法』（KADOKAWA）、監修書籍として『数学の勉強法をはじめからていねいに』（ナガセ）がある。

改訂第2版　大学入学共通テスト
数学Ⅰ・Aの点数が面白いほどとれる本
0からはじめて100までねらえる

2020年7月28日　初版　第1刷発行
2022年8月8日　改訂版　第1刷発行
2024年7月2日　改訂第2版　第1刷発行

著者／志田　晶

発行者／山下　直久

発行／株式会社KADOKAWA
〒102-8177　東京都千代田区富士見2-13-3
電話　0570-002-301（ナビダイヤル）

印刷所／TOPPANクロレ株式会社
製本所／TOPPANクロレ株式会社

©Integral 2024　Printed in Japan
ISBN 978-4-04-606234-5　C7041

志田晶の黄色本

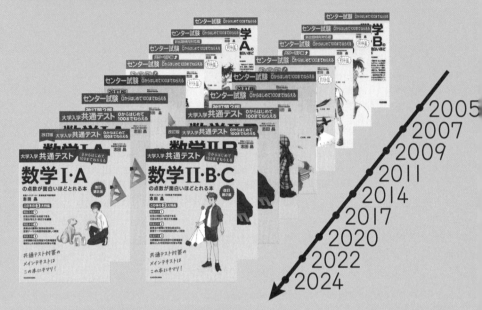

2005
2007
2009
2011
2014
2017
2020
2022
2024

40万人以上の先輩が選んだ安心感

共通テスト
数学対策の最前線！